智能传感器理论基础及应用

宋 凯 主 编

陈寅生 张洪泉 副主编

電子工業出版社
Publishing House of Electronics Industry
北京 · BEIJING

内 容 简 介

本书系统、全面地阐述了智能传感器理论基础及应用技术，全书内容共 7 章，第 1 章绪论，介绍智能传感器的历史背景及发展现状；第 2 章智能传感器智能化功能及其实现技术，重点介绍智能传感器的基本功能、数据处理方式及其实现途径；第 3 章智能传感器信息处理技术，介绍预测滤波器、时-频分析法、数据驱动法、熵方法、模式识别法 5 种智能传感器信息处理技术；第 4 章自确认传感器技术，介绍自确认传感器原理、结构、自确认传感器方法、主要功能；第 5 章智能声发射传感器及其应用，介绍智能声发射传感器检测术及其在轴承故障诊断系统中的应用；第 6 章智能气体传感器及其应用，介绍智能气体传感器技术及其在大气污染物检测中的应用；第 7 章智能压力传感器及其应用，介绍智能压力传感器技术及其在火箭发动机试验台系统中的应用。

本书可作为高等院校测控技术与仪器、电子信息工程、自动化、电气工程、系统工程、电子科学与技术等专业高年级本科生教材，也可作为研究生"智能测试理论基础及应用""现代传感器技术"等课程的教学用书，还可供相关领域的科研人员、工程技术人员参考。

图书在版编目（CIP）数据

智能传感器理论基础及应用 / 宋凯主编. —北京：电子工业出版社，2021.1
ISBN 978-7-121-40251-7

Ⅰ. ①智… Ⅱ. ①宋… Ⅲ. ①智能传感器 Ⅳ.①TP212.6

中国版本图书馆 CIP 数据核字（2020）第 257282 号

责任编辑：郭穗娟
印　　刷：北京七彩京通数码快印有限公司
装　　订：北京七彩京通数码快印有限公司
出版发行：电子工业出版社
　　　　　北京市海淀区万寿路 173 信箱　邮编　100036
开　　本：787×1092　1/16　印张：13.5　字数：342 千字
版　　次：2021 年 1 月第 1 版
印　　次：2023 年 7 月第 4 次印刷
定　　价：79.80 元

凡所购买电子工业出版社图书有缺损问题，请向购买书店调换。若书店售缺，请与本社发行部联系，联系及邮购电话：（010）88254888，88258888。

质量投诉请发邮件至 zlts@phei.com.cn，盗版侵权举报请发邮件至 dbqq@phei.com.cn。

本书咨询联系方式：（010）88254502，guosj@phei.com.cn。

前　　言

传感器是自动控制系统中用于获取信息的关键器件。一方面，自动化技术水平越高，自动控制系统对传感器技术的依赖程度越高；另一方面，传感器测量值的准确性和有效性直接影响自动控制系统的性能。

在近 20 年来，传感器技术的重要发展方向之一是智能传感器。随着材料科学、大规模集成电路及微型处理器的不断进步，智能传感器得到了空前的发展。据报道，由于智能传感器具有强大的信号处理功能，大多数系统工程师都倾向于建议采用智能传感器进行自动控制系统的开发与设计。

传统传感器一直被用于自动控制系统以测量各种过程参数。当信号调理电路与传感器连接时，可以有效地提高传感器的性能。信号调理操作在自动控制系统中非常常见，并且在测量和过程控制领域已经普遍应用。随着微处理器和数字处理技术的出现，这种信号调理操作得到了迅速发展。人们发现这些技术对自动控制系统性能具有良好的促进作用。许多配备了微处理器的智能传感器吸引了大量的消费者。微处理器对智能传感器提供了硬件支持与软件载体，使得智能传感器信息处理技术得到进一步发展。

本书内容共 7 章，讨论了一些实用的智能传感器信息处理技术并介绍了几种智能传感器的典型应用案例。

编者一直致力于研究智能传感器及其信息处理，本书是编者多年来在智能传感器领域的科研成果积累和教学经验的总结，凝聚了近年来诸多新的研究成果。本书部分章节内容涉及多位同人的工作，部分内容已在国内外相关刊物上发表。宋凯编写第 5、6、7 章，陈寅生编写第 3、4 章，张洪泉编写第 1、2 章并统稿。

本书所涉及的研究内容得到了基础加强重点项目（2019-JCJQ-ZD-235-00）、国家自然科学基金（61803128、61473095、61327804、61201306、60971020）、国家重点项目（2016YFE0110500、2006AA040101）、中国博士后科学基金（2020M670920）、航天科学技术基金（JZJJX20190013、JZ20180213、JZ20170204）、黑龙江省级财政资助项目（GX17A014）、国家重点实验室开放项目（SKT1905）和黑龙江省博士后基金（LBH-Z19167）的支持。在本书出版之际，致以诚挚的感谢！

由于编者水平有限，书中定然存在不足之处，希望广大读者批评指正。

编　者

2020 年 5 月

前　言

目　　录

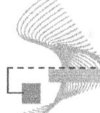

第1章　绪　　论

1.1　传感器技术概述

人类可以通过感官来感知自然环境的变化，但是人类的感知范围受到自然界的限制。为了更好地认识世界，传感器应运而生，它的运用延伸了人类的感官功能。例如，红外线传感器能够检测超出人类已知色谱范围的光线；超声波传感器能够检测出人耳接收范围以外的超声波。经过几十年的蓬勃发展，传感器技术已经应用到了人们的日常生活，并发挥着不可替代的作用。

传感器经常在恶劣的环境条件之下工作，如应用于水下勘探、核反应堆及生物医学领域。在这些极端条件下，传感器时常造成设备产生不准确的输出信号，导致信噪比较低。在对传感器输出信号进一步应用之前，往往需要把传感器信号放大、滤波和处理。在测控系统中，传感器提供的模拟信号通过调理电路，再经过数字总线连接到控制器；处理器负责数据解析并进行决策，再由执行器实施。典型测控系统的基本结构如图 1-1 所示。可以看出，由于传感器是感知被测参数的源头，传感器测量值的准确性和稳定性将直接影响测控系统的性能，因此传感器在测控系统中的作用举足轻重。

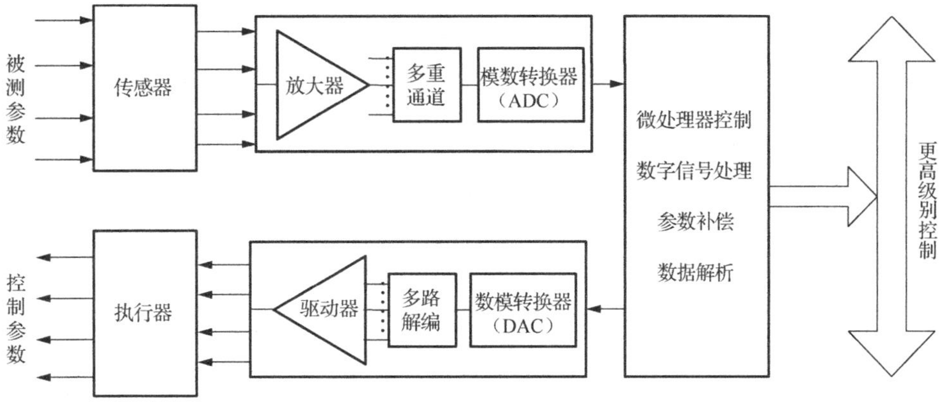

图 1-1　典型测控系统的基本结构

1.2 现代传感器技术

1.2.1 现代传感器技术特征

与传统传感器的制作工艺完全不同，20 世纪 70 年代开始发展起来的现代传感器技术以既有优良电性能又有极好力学性能的硅材料为基础，采用微米级的微机械加工技术（包括硅的各向异性刻蚀技术、干湿法刻蚀技术、控制腐蚀深度的自停止技术、形成空腔/梁等可动三维结构的牺牲层技术、将分离件整合的键合技术等）代替传统的车削、铣削、铯削、磨削、焊接等宏观加工工艺。国外，把它称为专用集成微型传感技术。由现代传感器技术制作的敏感元件也是微机电系统（Micro-Electronic Mechanical System，MEMS）技术的开端。由现代传感器技术制作的传感器通常称为集成传感器或固态传感器，例如，已作为工业产品的集成传感器有 20 世纪 70 年代美国霍尼韦尔公司生产的硅压阻式传感器、20 世纪 90 年代初日本横河电机株式会社生产的硅谐振式传感器、20 世纪 90 年代末美国罗斯蒙特及日本富士公司生产的硅电容式压力（差）传感器，以及美国摩托罗拉公司生产的硅加速度传感器等。

1.2.2 集成/固态传感器的特点

（1）微型化。微型压力传感器已经小到可以放在注射针头内送进血管测量血液流动情况，还可以装在飞机或发动机叶片用于测量气体的流速和压力。美国最近研究成功的微型加速度计可以使火箭或飞船的制导系统的质量从几千克下降至几克。

（2）结构一体化。压阻式压力（差）传感器是最早实现一体化结构的。传统的制作方法是由宏观机械加工金属圆膜片与圆柱状环，然后把二者粘贴形成周边固支结构的“硅杯”，最后在金属圆膜片上粘贴电阻变换器（应变片）而构成压阻式压力（差）传感器，这一制作过程不可避免地存在蠕变、迟滞、非线性特性。采用微机械加工和集成化工艺，不仅使“硅杯”一次性成型，而且电阻变换器与“硅杯”是完全一体化的，进而可在“硅杯”非受力区制作调理电路、微处理器单元甚至微执行器，从而实现不同程度的一体化甚至整个系统的一体化。

（3）精度高。比起分体结构，传感器结构本身一体化后，迟滞、重复性指标大大改善，时间漂移大大减小，精度提高。后续的信号调理电路与敏感元件一体化后可以大大减小由引线长度带来的寄生参量的影响，这对电容式传感器有特别重要的意义。

（4）多功能。微米级敏感元件结构的实现特别有利于在同一块硅片上制作不同功能的多个传感器。例如，压阻式压力（差）传感器是采用微机械加工技术最先实现应用的集成传感器，但是它受温度与静压的影响，总精度只能达到 0.1%。相关科研人员致力于改善它的温度性能，花费了 20 余年时间却无重大进展。美国霍尼韦尔公司发展了多功能敏感元件，它在 20 世纪 80 年代初期研制成功的 ST-3000 型智能变送器，就是在一块硅片上制作了能感受压力、压力差及温度 3 个参量的、具有 3 种功能（可测静压、压力差、温度）的敏感元件结构的传感器，不仅增加了传感器的功能，而且又通过数据融合技术消除了温度与静压的影响，提高了传感器的稳定性与精度。

（5）阵列式。利用微米技术可以在 $1cm^2$ 的硅芯片上制作含有几千个压力传感器的阵列。例如，日本丰田中央研究所半导体研究室用微机械加工技术制作的集成应变计式面阵触觉传感器，在 8mm×8mm 的硅片上制作了 1024（32×32）个敏感触点（桥），基片四周还制作了信号处理电路，其元件总数约为 16000 个。

敏感元件构成阵列后，配合相应的图像处理软件，可以实现图形成像且构成多维图像传感器，还可以通过计算机/微处理器解耦运算、模式识别、神经网络技术的应用，消除传感器的时变误差和交叉灵敏度的不利影响，提高传感器的可靠性、稳定性与分辨能力。

传感器的集成化是传感器的发展方向，又是传感器向微型化、阵列化、多功能化、智能化方向发展的基础。随着微电子技术的飞速发展，大规模集成电路工艺技术日臻完善，MEMS 技术、微纳米技术、现代传感器技术协同发展，现在已有不同集成度的电路芯片及传感器系统芯片商品面市。

1.3 智能传感器概述

1.3.1 智能传感器的定义

在传统意义上，传感器的输出信号大部分是模拟信号，它不具备信号处理和联网功能，它需要连接到特定的测量仪器以实现信号处理和传输功能。而智能传感器（Intelligent Sensor，也称为 Smart Sensor）具有比传统传感器更多的功能，是现代信息技术的重要组成部分。

通常情况下，按传感器敏感元件分类，将传感器类型分为物理量传感器、化学量传感器、生物量传感器。随着材料科学、传感器工艺及计算机技术的持续发展，智能传感器应运而生。智能传感器的概念最早是由美国国家航空航天局（NASA）在开发航天飞船的过程中引入的，并于 1979 年形成产品。飞船需要大量传感器向地面或航天器发送数据，如温度、位置、速度和姿态，即便使用大型计算机，也很难同时处理大量的数据。此外，航天器限制了计算机的体积和质量，因而希望传感器本身具有信息处理功能。因此，当传感器与微处理器集合使用时，智能传感器就产生了。

通常将具有某些特有智能特征的传感器定义为智能传感器。智能传感器是一种可以感知和检测特定对象的信息，具有学习、判断和处理信号的功能，并且具有通信和管理功能的新型传感器。智能传感器具有自动校准、标定、补偿和采集数据的能力，它的能力决定了智能传感器具有高精度、高分辨率、高稳定性、高可靠性以及良好的适应性。与传统传感器相比，它具有较高的性价比。因此，智能传感器的发展对测控系统具有重大的意义。

由于不同学者对“智能”的理解不相同，导致智能传感器的定义也不同。一般情况下，智能传感器有以下4种定义：

（1）任何集成电子元件的传感器都是智能的。

（2）只有那些集成了微处理器的传感器才是智能的。

（3）包括一些逻辑功能或具有一些决策能力的传感器是智能的。

（4）具有能够与用户通信和修改自身相应的片外处理器的传感器是智能传感器。

综上所述，可以总结出智能传感器至少需要具备以下一种能力：

（1）具有执行逻辑功能的能力。

（2）具有执行双向通信的能力。

（3）具有决策的能力。

除了以上功能，智能传感器还加强了以下功能：

（1）自校准功能。

（2）运算功能。

（3）通信功能。

（4）复合传感功能。

图1-2所示为智能传感器的功能框图。智能传感器具有测量、配置、验证和通信4项基本功能。每种基本功能都含有至少2个子功能。尽管这4项基本功能都十分重要，并且各自在智能传感器的设计中起着至关重要的作用，但在很大程度上决定了智能传感器的功能是测量和验证功能。验证功能是为传感器测量提供服务，例如，对智能传感器的测量值进行持续监控，持续监控的结果可以存储在系统更新（FIFO结构）的数据库中，并用于传感器维护。它提供了必要的诊断服务，允许用户在检测到故障时定位故障位置。通信功能允许智能传感器和其他设备之间的双向通信，它是由现场总线进行连接的。

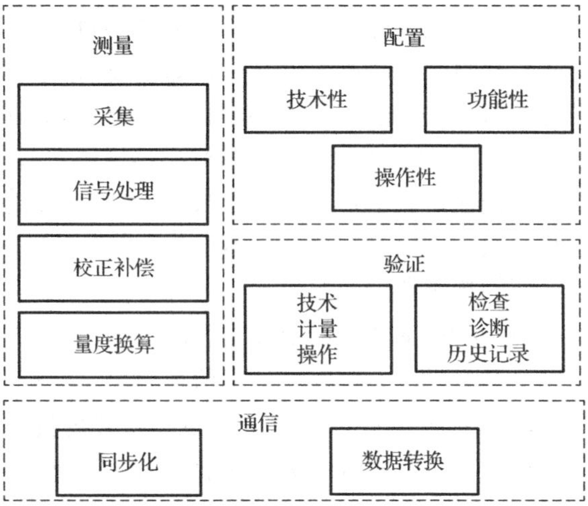

图1-2　智能传感器的功能框图

简而言之，智能传感器可以分为两类：一类是带有处理电路及用于提高信噪比的有源器件的传感器，另一类是带有电子电路的传感器，用于信号处理和决策，将信号转换成各种形式的信息，以供系统进一步操作。

1.3.2 智能传感器的特点

与传统传感器相比，智能传感器在结构上更为复杂化，功能上更加智能化。在 20 世纪 80 年代，智能传感器主要集中在微处理器上，并将传感器信号调理电路、微电子计算机、存储器和接口电路集成到芯片中，使得传感器具有一定的人工智能。在 20 世纪 90 年代，智能测量技术得到了改进，使传感器实现了小型化、集成化、阵列化、数字化结构，使用方便、操作简单，并具有自诊断、存储和信息处理功能，以及数据存储功能、多参数测量功能、网络通信功能、逻辑思维和判断功能。

1. 结构特点

传统传感器、集成传感器与智能传感器在结构上的区别如图 1-3 所示。传统传感器主要由转换器构成，物理量、化学量及生物量通过测量窗转换到传感器元件，随后将非电量转换为电信号。例如，从一般的角度来看，电路中的热电阻可以被认为是一种测量温度的传统传感器，那么电流表可以被认为是转换器；从仪器的角度来看，传统传感器被定义为一种测量装置，当它暴露在非电的现象中时，显示出电的特性。传感器能识别这种现象，以一种特定的方式把它转换成一个可量化的属性，然后通过转换器得到一个电信号。

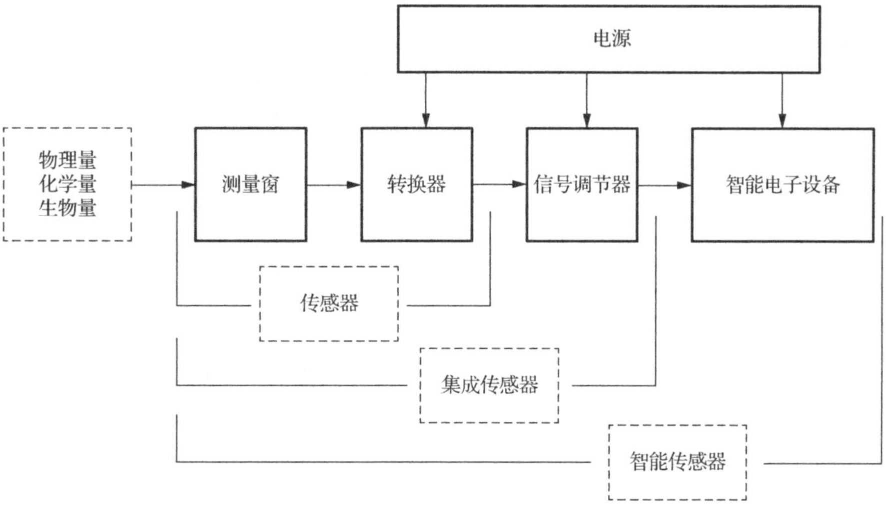

图 1-3 传统传感器、集成传感器与智能传感器在结构上的区别

集成传感器具有可靠性高、体积小、成本低、性能好、系统兼容性好等优点，这些优点得益于集成传感器具有信号放大能力和信号预处理能力，并能将信号传送至微处理器。

集成传感器具有处理微小信号的能力，这是因为电子元器件与传感器被集成在一个基片上。集成电路技术的发展大大减少了集成传感器的体积。在实际应用中，要求传感器具有更灵敏、免维护等特点，因而集成传感器必须具有更好的温度性能、长期稳定性和灵敏度。

智能传感器包括测量窗、转换器、信号调节器、智能电子设备及电源。智能传感器相比于集成传感器的主要优势是通过智能电子设备进行信号的分析、处理与决策。智能传感器不但能够将被测量与输出电信号建立联系，而且能够根据电信号对被测量进行分析并做出相应的判断。智能传感器的优点使之成为测控系统的重要组成部分，它能够提高测控系统的稳定性与可靠性。集成电子技术的发展趋势是将传统传感器逐渐转换成智能传感器，智能传感器的发展与应用将为测控系统带来前所未有的变化。

2. 功能特点

（1）高精度。智能传感器通过自动零位校正和零位去除，通过标准参考值实时自动对比系统整体基准，对非线性系统误差、大量实时数据进行分析和处理，消除了偶然误差的影响，确保智能传感器的准确性。

（2）高可靠性和高稳定性。智能传感器系统可以自动补偿工作条件的特性、零漂移引起的环境参数变化、环境温度及漂移引起的系统电源电压波动等灵敏度；可以自动转换范围内的被测参数，系统实时进行自我检查，对数据的合理性进行分析和判断，自动地处理紧急或异常情况。

（3）高信噪比和高分辨率。智能传感器具有数据存储和信息处理功能，通过数字滤波和相关分析，可以去除输入数据中的噪声，自动提取有用数据；通过数据融合、神经网络技术，可以消除交叉敏感条件对许多参数的影响。

（4）较强的自我适应能力。智能传感器具有判断、分析和处理功能，它可以根据系统的工作情况来决定各部分的电源和高端计算机的数据传输速率，从而使系统在最佳低功耗状态下工作并优化传输效率。

（5）更高的性能和价格比。智能传感器具有高性能，这一功能是通过计算机与微处理器/微芯片的结合，使用低成本集成电路技术和功能强大的软件来实现的，因此它具有很高的性价比。

1.3.3 智能传感器的组成

智能传感器是一个十分复杂的系统，需要将不同的原理相结合并应用到设计、执行与实现各个阶段。此外，智能传感器集成了相当数量的模拟与数字子系统。传感器需要进行大量的数字和模拟信号处理，这使智能传感器的开发变得更加困难。一般智能传感器结构中的主要子系统如下：

（1）敏感元件。

（2）放大器（可变增益）。

（3）模拟滤波器。

（4）数据转换。

（5）补偿电路。

（6）数字信息处理。

（7）数字通信处理。

敏感元件是智能传感器设计与实现的核心。放大器用于放大敏感元件输出的信号，是智能传感器最基本的功能需求之一。模拟滤波器也是一个基本的功能要求，它可以在数据转换阶段阻止混叠影响。数据转换是将模拟信号转换为离散信号，数字处理器必不可少。在数据转换阶段，模数（A/D）转换的过程是非线性的，并且因为信号传递包含其他信息，会导致 A/D 转换过程信号失真。该阶段需要采用相应的软件对信息进行控制，以减小误差。

补偿电路是智能传感器的核心功能之一，也是智能传感器智能化的表现，但是补偿电路可能会影响传感器系统的基本设计。智能传感器可以补偿任何被监测系统在可接受范围内不稳定的参数。毫无疑问，数字信息处理是智能传感器所独有的功能。尽管补偿电路和数据信息处理之间可能存在一些重叠功能，但在某些应用领域，它们变得相当独立。智能传感器系统需要压缩信息和数据，以便检查输入信息和输出信息的完整性，以确保它们是符合规则的。数字信息处理阶段可能是破坏信息而不是创建信息，甚至向系统引入虚假信息。

智能传感器非常重要的一个功能是数字通信处理，虽然它可以作为主处理器芯片的一部分来实现数字信息处理功能，但通常需要属于自己的处理器。系统总线多点通信模式是智能传感器进行通信处理的一般形式。

1.3.4 智能传感器的形式

按智能化程度分类，智能传感器分为以下 3 种。

1. 初级智能传感器

初级智能传感器是指其组成中没有微处理器，只有敏感单元与（智能）信号调理电路，二者被封装在一个外壳中。这是智能传感器系统最早出现的商品化形式，也是最广泛使用的形式，也被称为“初级智能传感器”。功能上，它具有比较简单的自动校零、非线性的自校正、温度自动补偿功能。这些简单的智能化功能是由硬件电路来实现的，通常把这种硬件电路称为智能调理电路。

2. 中级智能传感器

中级智能传感器是其组成中除了敏感单元与信号调理电路，还必须含有微处理器，三者组成的一个完整的传感器系统被封装在一个外壳里，如现场总线中使用的各种型号的智能传感/变送器。其中的传感器可以是集成化的，也可以是经典的，它具有比较完善的智能化功能，这些智能化功能主要是由功能强大的软件来实现的。

3. 高级智能传感器

高级智能传感器的集成度进一步提高，其中的敏感单元实现多维阵列化，同时配备了更强大的信息处理软件，从而具有高级的智能化功能。这种传感器系统不仅具有完善的智能化功能，而且还具有更高级的传感器阵列信息融合功能，或者具有成像与图形处理等功能。

1.3.5 传感器智能化的途径

（1）使用特定的功能材料，即智能材料。智能材料对智能传感器的设计至关重要，设计者需要对材料的化学、物理特征及数学模型的理论分析具有非常深刻的理解。智能材料之所以被称为智能材料，是因为它们只输出有效的信号，能够抑制环境噪声和外界干扰。智能材料能很好地将测量目标与传感器材料相匹配，以实现近乎理想的信号选择性。智能材料广泛应用于传感器中，特别是在生物传感器中的应用。

（2）采用功能性机械结构，即智能结构。功能性机械结构具有寻找有效信号的能力，并在此过程中抑制环境噪声及外界干扰。这种结构需要应用高端的硅技术和硅微机械加工技术来实现，同时需要结合超大规模集成电路（VLSI）技术。

（3）与微型计算机或微处理器集成。通常采用传感器元件和微处理器进行集成，并结合可编程的方式实现传感器的智能化算法。

1.3.6 智能传感器的发展及趋势

尽管智能传感器具有明显的优势，但它的发展依然受到诸多因素的限制。集成电路的设计是影响智能传感器发展的重要因素，如非常规的需求、特殊的工作环境对智能传感器特有的限制。

（1）智能传感器的输出信号通常较小，因此电路需要具有处理毫伏范围内信号的能力，才能获得较好的灵敏度。

（2）智能传感器的输出信号往往是缓变信号，因此，不需要选用高速电路，而选择精度高和分辨率高的电路。

智能传感器技术需要向高精度发展。随着自动化生产水平的提高，对传感器的需求也不断提高，因此必须开发具有高灵敏度、高精度、快速响应和良好互换性的新型传感器，以确保生产自动化的可靠性。

（3）智能传感器所需要的特殊工艺步骤会改变常规集成元件的基本规格，会导致某些元件的可靠性下降。

智能传感器技术向高可靠性和宽温度范围发展。传感器的可靠性直接影响电子设备的抗干扰性能，具有高可靠性和宽温度范围的传感器是发展的重要方向。

（4）将智能传感器模拟信号转换成数字信号，意味着在同一芯片上存在模拟信号和数字信号，数字信号对传感器中的模拟信号的干扰可能引起较大的误差。

智能传感器也向数字化和智能化的方向持续发展。随着电子技术的飞速发展，传感器的功能已经大大超越了基本概念，其输出信号不再是单个模拟信号（0～10 mV），而是经过微型计算机处理的数字信号。有些传感器甚至具有控制的功能，这种传感器也称为数字传感器。

（5）各种控制设备的功能越来越强，要求各个部位越小越好，因此传感器本身的体积要尽可能小，这需要开发新材料和加工技术。传统的加速度计由重力块和弹簧制成，它体积大、稳定性差、寿命短，而通过激光等各种微加工技术制成的硅加速度传感器体积小、互换性好、可靠性高。

（6）传感器一般是非电力转换工具，需要外部电源驱动。在户外，传感器通常由电池或太阳能供电。微功率传感器和无源传感器的发展是传感器必然的发展方向，因为它们能节省能源和改善系统的使用寿命。目前，诸如 T12702 型运算放大器之类的低功耗芯片发展迅速，其静态工作电流仅为1.5 A，而工作电压仅为2～5V。

（7）网络化。网络化是传感器发展的重要方向，网络的作用和优势正在逐渐显现，网络传感器必将推动电子科学技术的发展。

总之，目前智能传感器正处于不断发展阶段，随着敏感材料、制造工艺、集成电路等技术的持续发展，智能传感器在测控系统中将发挥越来越重要的作用。

1.3.7 智能传感器的开发重点

（1）机器智能在故障检测和预测中的应用。任何系统都必须在发生错误或引起严重后果之前检测或预测可能的问题。目前，对异常状态的模型还没有很好的定义，仍然缺乏异常状态检测技术，迫切需要将传感器信息和有关知识相结合以提高机器智能。

（2）在正常状态下，可以通过传感器的高精度和高灵敏度感知目标的物理参数，但是在检测故障和误操作方面的进展甚微。因此，迫切需要开发新型智能传感器对故障进行检测和预测。

（3）应用电流感测技术，可以精确地感测单个点上的物理量或化学量，但是对于多维状态感测来说却很困难。例如，进行环境测量时，其特征参数分布广泛，具有时空相关性，这是亟待解决的问题。因此，有必要加强多维状态传感器的研究与开发。

（4）遥感目标成分分析。大多数化学成分分析都是基于样品材料的，有时很难对目标材料进行采样。在平流层测量臭氧含量，遥感与雷达或激光探测技术相结合的被测光谱是一种可能的方法。没有样品成分的分析结果，很容易受到传感系统和目标成分之间各种噪声或介质的干扰，开发传感器系统的机器智能，有望解决这一问题。

1.4 智能传感器中的软件方法

智能传感器应该能够自主地适应环境的变化，并能对由传感元件老化等问题引起的漂移和偏置效应进行自我调节。这种智能传感器的主要特点是将可靠的、自确认的信号或特征传递给更高级别的监控系统，以达到信息融合、跟踪和估计的目的。不良的传感器数据应由传感器识别，并标记测量质量问题，同时估计可能导致传感器发生故障的原因。这种情况下，往往需要以软件为解决方案帮助用户获取更加可靠的数据。这类软件框架是通用的，其目标是能够将相关技术应用于各种类型的传感器。

1.4.1 软件子模块

智能传感器的输出数据包括对被测对象的估计、对测量值不确定度的估计，以及用于不同模式下的多个传感器的数据融合等过程。直观地看，如果传感器数据的不确定度较大，那么它在数据融合过程中的权重就会相应降低。从统计上来说，测量值不确定度可以完全由被测量的概率密度函数（PDF）来描述，其中概率密度函数的平均值和方差分别对应测量估计值和测量值的不确定度。智能传感器提供的其他信息包括故障警报和传感器退化的原因。采用这些技术的传感器输出信号也应该符合标准 IEEE 1451.4（用于传感器即插即用模拟和数字接口）。要使传感器输出信息符合这种结构，需要使用很多软件子模块把原始测量数据转换标准协议数据。智能传感器的各子模块之间的交互关系如图 1-4 所示。

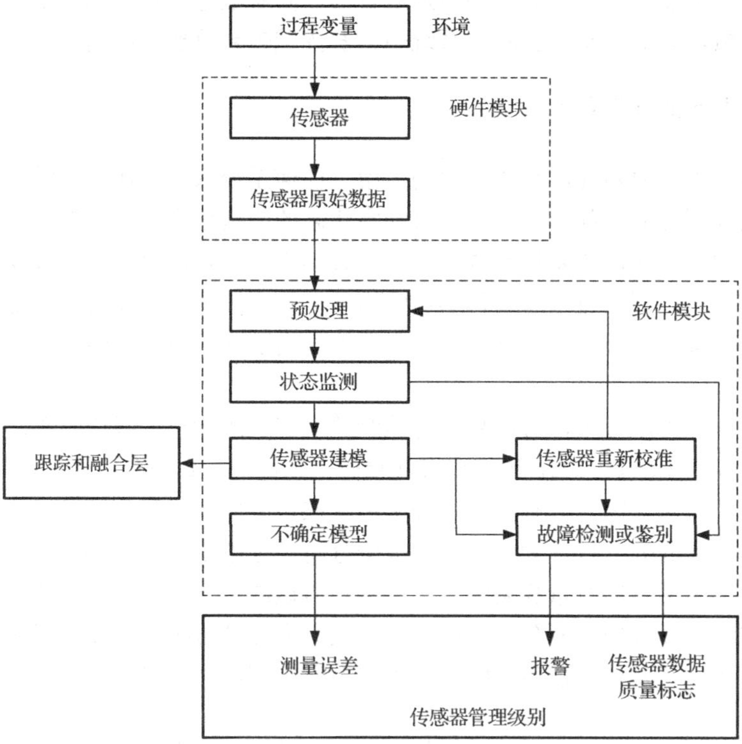

图 1-4 智能传感器的各子模块之间的交互关系

1.4.2 预处理

传感器的物理感应元件会对其放置的环境产生响应，进而影响传感器的正常输出。在预处理阶段将敏感元件的响应信号（如声学的强度或温度）转化为更能代表原始环境数据的物理量，如电流或电压。因此，预处理是智能传感器的基本功能之一，通过它的传感器数据校准功能对传感器中的偏置效应和老化影响进行补偿。根据不同的应用情况，校准过程可能包括可以使用查找表实现的信号线性化、使用归一化方法消除直流偏置效应，以及对信号进行调节以纠正由温度效应引起的偏差。预处理还可以实现抗混叠的基本滤波，提高系统的信噪比。所有校准参数，如查找表中的系数和过滤器参数，都是设备预先设定的，如果检测到传感器的变化，就需要更新这些参数的设定。遵循标准 IEEE 1451.4 可以将这些参数存储在特定的传感器电子数据表中，方便在新系统中放置传感器时进行自配置。

1.4.3 状态监测与故障检测模块

传感器常用于监测系统的状态，以检测其异常行为。例如，由机器轴承振动产生的频谱特征可以作为轴承磨损的一个指标。结合专家系统知识，对某些频谱成分的观测结果可以用来检测轴承特定失效机制的发生。然而，在概念上传感器数据自身的状态监测与利用传感器实现系统状态的监测是不同的。因为状态监测系统必须对过程变量的真正变化具有鲁棒性，以便降低对故障的误报率。例如，一个加速度计在指定的频率和振幅范围内检测振动，不会因为外界干扰而引起误警报。智能传感器软件中包含两种传感器状态监测和故障检测方法，即基于模型的残差分析和基于新型检测方法的故障检测。

基于模型的残差分析，利用存储在缓冲区中的近期测量值，计算当前测量值与基于模型的方法得到的预测测量值之间的残差，如图 1-5 所示。模型输出值和当前传感器输出测量值之间的显著差异表示可能发生故障。

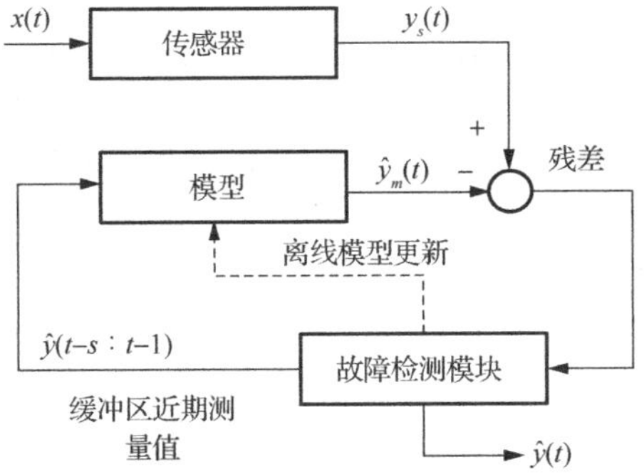

图 1-5 当前测量值与基于模型的方法得到的预测测量值之间的残差计算过程

新型检测方法是一类基于潜在信息的统计特征来识别不正常或者不可预见的故障状态的技术统称。在传感器状态监测的情况下，在给定环境下传感器健康状态的数据分布应该是相对平稳的。然而，如果传感器被移动到一个未知的环境，那么由于传感器漂移、损坏可能会导致输出数据的分布改变。新型检测方法将传感器新采集的数据标记为“新数据”。利用传感器以往采集的数据组成训练样本数据，可以直接推导出健康传感器的数据分布。通过该数据分布，提供了一种用来估计传感器的“新数据”与传感器健康运行期间获得的数据是否属于同一数据分布的方法。如果“新数据”不符合这一数据分布，就被归类为异常数据，并推断这可能是由传感器特性的变化引起的。

1.5 智能传感器的实现方式

1.5.1 非集成化智能传感器

非集成化智能传感器是一个由传统传感器（采用非集成化工艺制作的传感器仅有获取信号的功能）、信号调理电路、带数字总线接口的微处理器组合而成的智能传感器系统，其框图如图 1-6 所示。

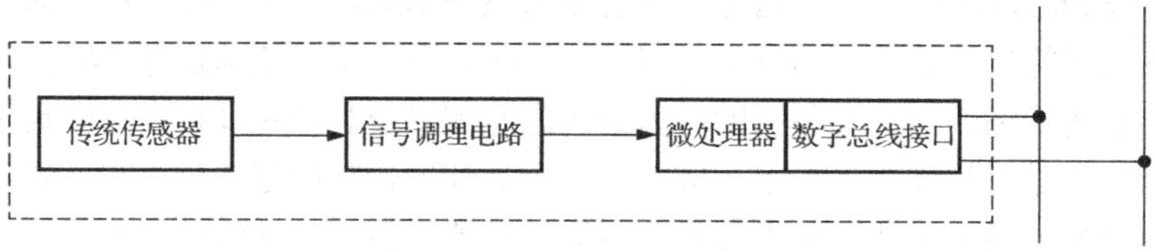

图 1-6 非集成化智能传感器框图

图 1-6 中的信号调理电路是用来调理传感器输出的信号的，即把传感器输出信号进行放大并转换为数字信号后输入微处理器，再由微处理器的数字总线接口挂接在现场数字总线上。这是一种实现智能传感器系统的最快途径。例如，美国的罗斯蒙特公司、SMAR 公司生产的电容式智能压力（差）变送器系列产品，就是在原有传统非集成化电容式变送器基础上，附加一块带数字总线接口的微处理器插板后组装而成的，并开发和配备通信、控制、自校正、自补偿、自诊断等智能化软件，从而使传感器智能化。

这种非集成化智能传感器是在现场总线控制系统发展形势的推动下迅速发展起来的。因为这种控制系统要求挂接的传感器/变送器必须是智能型的，对于自动化仪表生产厂家来说，原有的一整套生产工艺设备基本不变，所对厂家而言，非集成化是一种实现智能传感器系统最经济、最快捷的途径。

广大的科研工作者、工程技术人员为了提高测量精度，提高系统的性能，也都针对各自的传统传感器采用各种智能化技术，构建了符合自己需求的智能传感器系统。非集成化智能传感器不仅应用在自动化仪表领域，也应用在更多领域。

1.5.2 集成化智能传感器

大规模集成电路工艺技术以硅作为基本材料制作敏感元件、信号调理电路、微处理器单元，并把它们集成在一块芯片上构成智能传感器系统。

然而，要在一块芯片上实现智能传感器系统存在着许多困难和棘手的问题。例如：

（1）哪一种敏感元件比较容易采用标准的集成电路工艺来制作？

（2）选用何种信号调理电路，使需要外接的元件如精密电阻、电容、晶振等数量最少？

（3）由于制作了敏感元件后留下的芯片面积有限，因此需要寻求占用面积最小的模/数转换器形式。

（4）由于芯片面积有限，以及制作敏感元件与数字电路的优化工艺不兼容，因此微处理器单元及可编程只读存储器的规模、复杂性与完善性受到很大限制。

（5）对功耗与环境、电磁耦合给芯片带来的相互影响，应该如何消除？

1.5.3　智能传感器混合集成

根据需求，将系统的敏感单元、信号调理电路、微处理器单元、数字总线接口，以不同的组合方式集成在两块或三块芯片上，并把芯片装在一个外壳里，实现混合集成，可采用如图 1-7 所示的 4 种方式来实现。图中，集成化敏感单元包括（对结构型传感器）弹性敏感元件及变换器。信号调理电路包括多路开关、仪表放大器、基准、模/数转换器等。微处理器单元包括数字存储器（EPROM、ROM/RAM）、I/O 接口、微处理器、数/模转换器等。

在图 1-7（a）中，三块集成化芯片被封装在一个外壳里。在图 1-7（b）、图 1-7（c）、图 1-7（d）中，两块集成化芯片被封装在一个外壳里。

图 1-7（a）、图 1-7（c）中的（智能）信号调理电路具有部分智能化功能，如自动校零、自动进行温度补偿，因为这种电路带有零点校正电路和温/湿度补偿电路，它们不用与微处理单元封装在一起而单独出售。图 1-7（a）、图 1-7（b）中的集成化敏感单元也可以用片外传感器来替代。

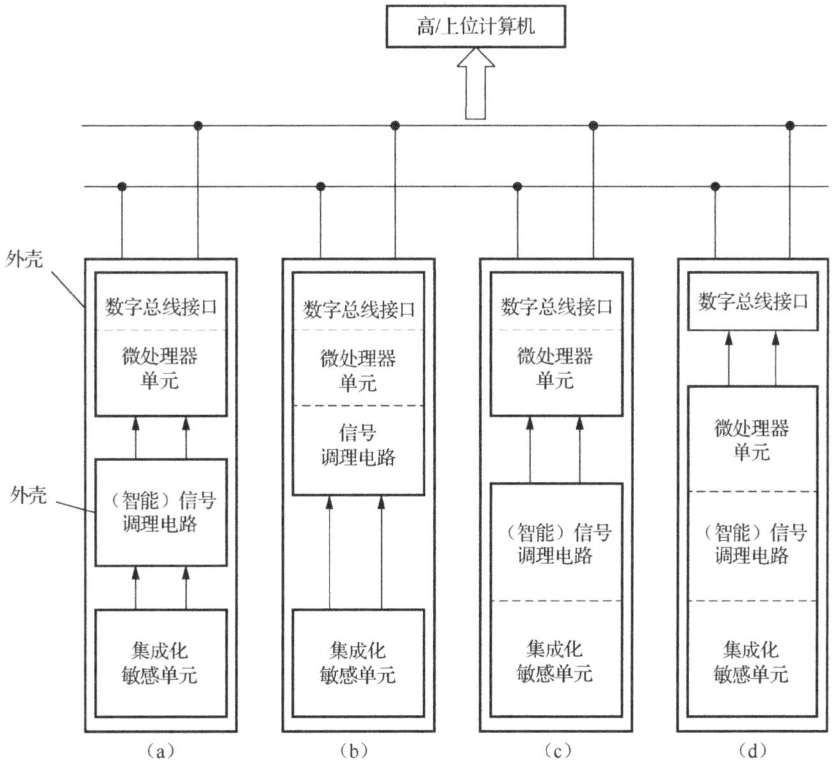

图 1-7　在一个封装中可能存在的 4 种智能传感器混合集成方式

参 考 文 献

[1] Chang F C, Huang H C. A survey on intelligent sensor network and its applications[J]. Journal of Network Intelligence, 2016, 1(1): 1-15.

[2] Powner E T, Yalcinkaya F. From basic sensors to intelligent sensors: definitions and examples[J]. Sensor Review, 1995, 15(4): 19-22.

[3] Boltryk P J, Harris C J, White N M. Intelligent sensors—a generic software approach[C]//Journal of Physics: Conference Series. IOP Publishing, 2005, 15(1): 155.

[4] Staroswiecki M. Intelligent sensors: A functional view[J]. IEEE Transactions on Industrial Informatics, 2005, 1(4): 238-249.

[5] Powner E T, Yalcinkaya F. Intelligent sensors: structure and system[J]. Sensor Review, 1995, 15(3): 31-35.

[6] Khaleghi B, Khamis A, Karray F O, et al. Multisensor data fusion: A review of the state-of-the-art[J]. Information fusion, 2013, 14(1): 28-44.

[7] Yurish S Y. Sensors: smart vs. intelligent[J]. Sensors & transducers, 2010, 114(3): I.

第2章　智能传感器智能化功能及其实现技术

为了保障智能传感器可靠且准确地工作，要求智能传感器能够对自身的故障进行自动检测，及时发现故障、排除故障。智能传感器的自校准功能可极大地提高测量精度，通过量程自动转换可以实现传感器操作的自动化。本章主要介绍智能传感器的自检技术、自动校准技术和量程自动转换技术。

2.1　智能传感器的基本功能

传感器产生故障的因素很多，外部因素有强电磁场的冲击、机械振动、温/湿度的变化等，使用和维护不当也可能引起传感器的损坏或失效。内部因素主要是传感器内部老化引起其性能下降和参数变化，当这种变化超过一定的容限时就会形成传感器故障。和传统传感器不同，智能传感器除硬件故障外还可能出现软件故障。

对待故障的策略就是检测故障，在故障发生时或发生前及时发现，及时排除，从而使传感器可靠地工作。所谓自检，就是利用事先编制好的检测程序对传感器进行自动检测，并对故障进行定位。自检功能给智能传感器的使用和维修带来很大的方便。

2.1.1　智能传感器的自检技术

1. 自检方式

智能传感器的自检方式有4种，即开机自检、周期自检、按键自检和连续监控。

（1）开机自检。开机自检是对传感器正式工作之前所进行的全面检查，在传感器电源接通之后进行。在自检过程中，如果没发现异常问题，智能传感器就自动进入测量程序；如果发现异常问题，就会及时报警，以避免传感器带故障工作。

（2）周期性自检。周期性自检是指在传感器运行过程中，间断插入自检操作，这种自检方式可以保证传感器在运行过程中一直处于正常状态。周期性自检不影响传感器的正常工作。

（3）按键自检。按键自检是通过按动“自检”按键实现的，当用户对传感器的可信度发生怀疑时，便通过该键来启动一次自检过程。若不设“自检”按键，则不能进行。

（4）连续监控。连续监控的实现需要设置专门电路或者检错码，用于实时监视传感器的运行状态。一旦出现某种故障，就立即停止传感器工作，使之转入出错处理程序。

2. 自检实例

1）只读存储器（ROM）或可擦除可编程只读存储器（EPROM）的自检

由于 ROM 中存在传感器的控制软件，因而对 ROM 的检测是至关重要的。ROM 故障的测量算法常采用“校验和”方法，具体做法如下：在将程序机器码写入 ROM 的时候，保留一个单元（一般是最后一个单元），此单元不写入程序机器码，而是写入“校验字”，“校验字”应能满足 ROM 中所有单元的每一列数都具有奇数个 1。自检程序的内容如下：对每一列数进行异或运算，如果 ROM 无故障，那么各列的运算结果应该都为“1”，即“校验和”等于 FFH。这种“校验和”算法见表 2-1。

表 2-1 “校验和”算法

ROM 地址	ROM 中的内容								
0	1	1	0	1	0	0	1	0	
1	1	0	0	1	1	0	0	1	
2	0	0	1	1	1	1	0	0	
3	1	1	1	1	0	0	1	1	
4	1	0	0	0	0	0	0	1	
5	0	0	0	1	1	1	1	0	
6	1	0	1	0	1	0	1	0	
7	0	1	0	0	1	1	1	0	（校验字）
	1	1	1	1	1	1	1	1	（校验和）

理论上，这种方法不能发现同一位上的偶数个错误，但是因为出现此类错误的概率很小，所以一般可以不予考虑。若要考虑，则必须采用更复杂的校验方法。

2）随机存取存储器（RAM）自检

RAM 是否正常地测量算法，是通过检验其“读 / 写功能”的有效性来体现的。通常选用特征字 55H（01010101B）和 AAH（10101010B），分别对 RAM 的每个单元进行先写入后读出的操作，其自检流程图如图 2-1 所示。

判别读 / 写内容是否相符的常用方法是“异或法”，即把 RAM 单元的内容求反并与原码进行“异或”运算。若运算结果为 FFH，则表明该 RAM 单元读 / 写功能正常；否则，说明该单元存在故障。最后，再恢复原单元内容。上述检验属于破坏性检验，只能用于开机自检。

3）总线自检

许多智能传感器中的微处理器总线都是经过缓冲器与各个 I/O 设备和插件相连接的，这样，即使缓冲器以外的总线出了故障，也能维持微处理器正常工作。所谓总线自检是指对经过缓冲器的总线进行检测。由于总线没有记忆能力，因此设置了两组锁存触发器，用于分别记忆地址总线和数据总线上的信息。这样，只要执行一条对存储器或 I/O 设备的写操作指令，地址总线和数据总线上的信息就能分配到两组 8D 触发器（地址锁存触发器和数据锁存触发器）中。对这两组锁存触发器分别进行读操作，便可判断总线是否存在故障。总线检测电路如图 2-2 所示。

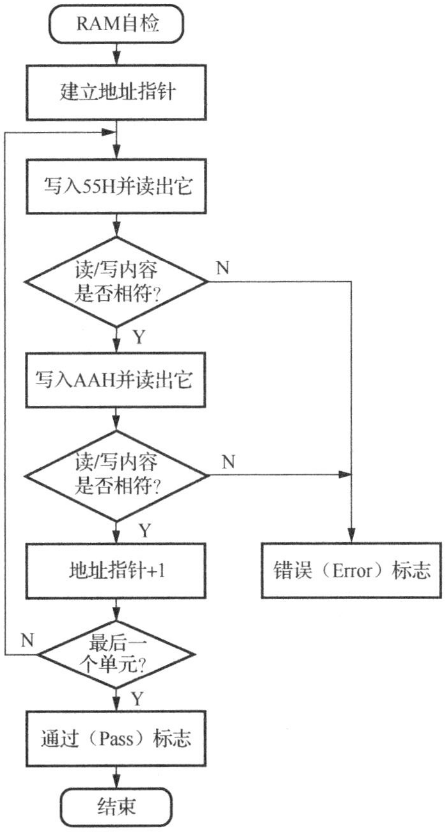

图 2-1　RAM 自检流程图

总线自检程序应该对每一根总线进行检测。具体做法是使被检测的每根总线依次为 1 态，其余总线为 0 态。如果某一根总线停留在 0 态或 1 态，说明有故障存在。总线故障一般是由于印制线路板工艺不佳使两线相接触而引起的。需要指出的是，存有自检程序的 ROM 芯片与 CPU 的连线应不通过缓冲器，否则，若总线出现故障，则不能进行自检。

3. 自检软件

上面介绍的各个自检项目一般要分别编成子程序，以便需要时调用。假设各段子程序的入口地址为 TSTi（i=0,1,2...），对应的故障代号为 TNUM（0,1,2...）。编程时，由序号通过表 2-2 所示的测试指针表（TSTPT）来寻找某一项自检子程序的入口。若检测到有故障发生，则显示其故障代号 TNUM。对于周期性自检，由于它是在测量间隙进行的，为了不影响传感器的正常工作，有些周期性自检项目不宜进行，如显示器周期性自检、按键周期性自检、破坏性 RAM 周期性自检等，而对于开机自检和按键自检则不存在这个问题。

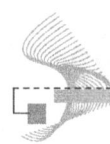

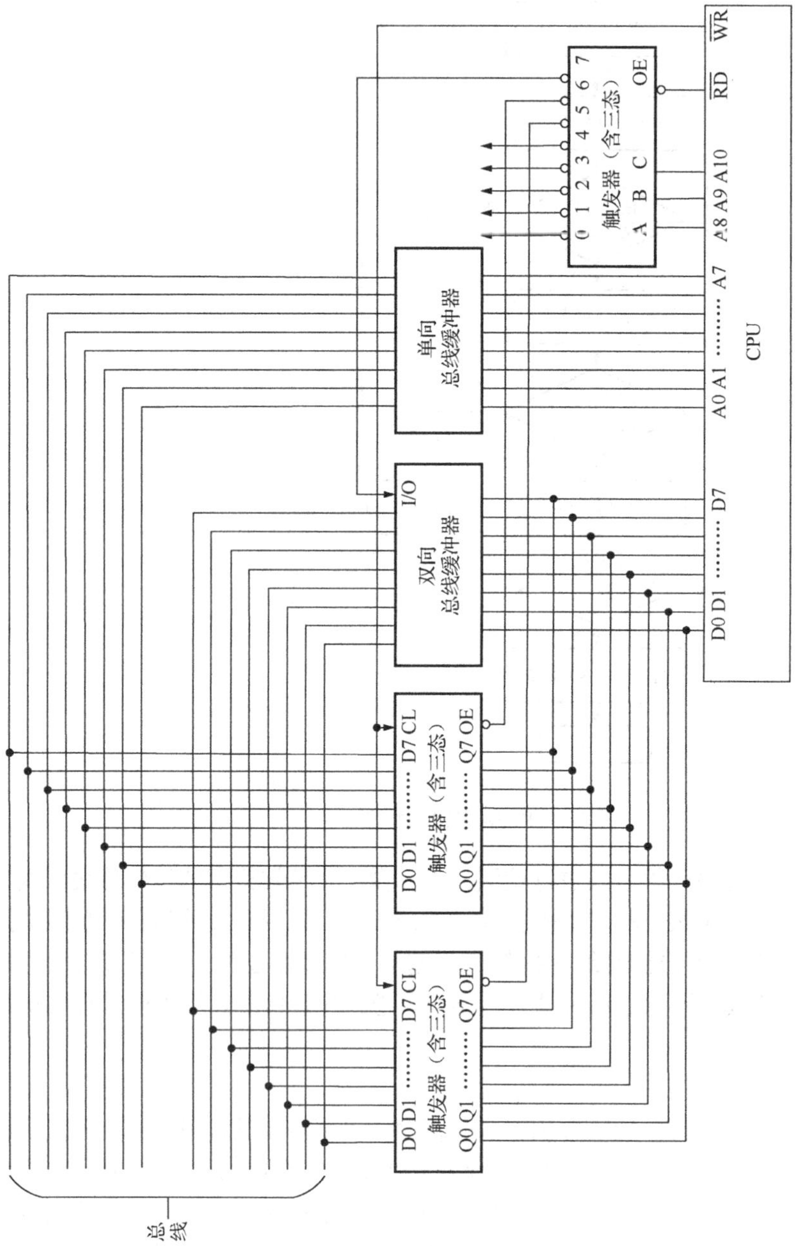
CPU
A0 A1 ……… A7
A8 A9 A10
RD
WR
D0 D1 ……… D7
单向
总线缓冲器
双向
总线缓冲器
I/O
触发器（含三态）
A B C
0 1 2 3 4 5 6 7
OE
D0 D1 ……… D7 CL
触发器（含三态）
Q0 Q1 ……… Q7 OE
D0 D1 ……… D7 CL
触发器（含三态）
Q0 Q1 ……… Q7 OE
总线

图 2-2　总线检测电路

表 2-2　测试指针表

测试指针	入口地址	故障代号	偏移量
TSTPT	TST0	0	以 TNUM 为偏移量
	TST1	1	
	TST2	2	
	TST3	3	
	…	…	

一个典型的含有自检功能的智能传感器操作流程图如图 2-3 所示。其中，开机自检被安排在传感器通电之前进行，检测项目尽量多选。周期性自检被安排在两次测量之间进行，由于允许两次测量的时间有限，所以一般每次只插入一项自检内容。多次测量之后，才能完成传感器的全部自检项目。图 2-4 给出了能完成上述任务的周期性自检子程序的操作流

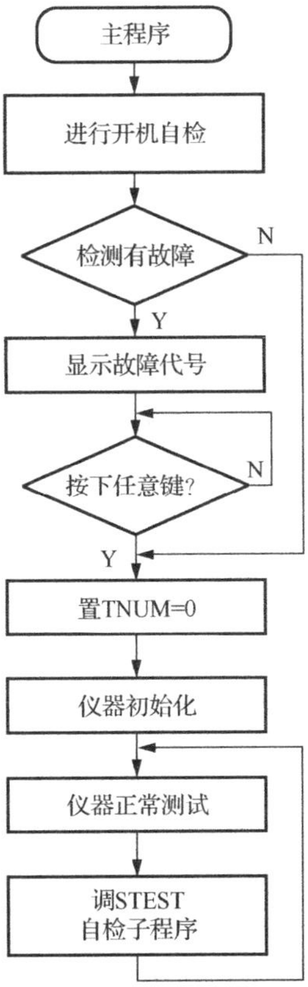

图 2-3　含有自检功能的智能传感器操作流程图

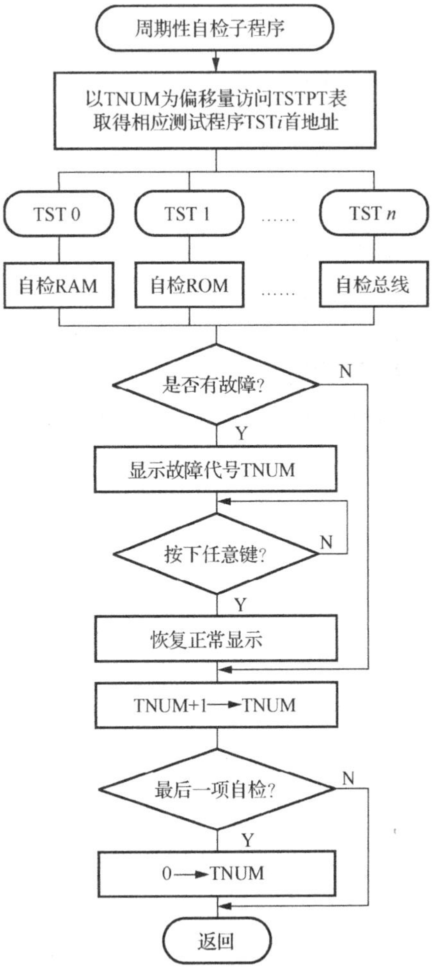

图 2-4　周期性自检子程序的操作流程图

程图。根据 TNUM 进入测试指针表取得子程序 TST*i* 并执行该程序。如果发现有故障，就进入故障显示操作。故障显示操作一般要先关闭全部显示器，然后显示故障代号 TNUM，提醒操作人员传感器已有故障。当操作人员按下任意键后，就退出故障显示（有些传感器在故障显示一定时间之后自动退出）。无论故障发生与否，每进行一项自检，就使 TNUM 加 1，以便在下一次测量间隙中进行另一项自检。

上述自检软件的编程方法具有一般性，由于各类传感器的功能及性能差别很大，故智能传感器的实际自检算法的制定应结合各自的特点来考虑。

2.1.2 智能传感器的自动校准技术

与传统传感器的手动校准不同，智能传感器都是可编程控制的，在控制器的程控命令指挥下，可以自动进行校准。

1. 传感器系统误差及其校准

传感器准确度是用测量误差来衡量的，测量误差包括偶然误差和系统误差。偶然误差主要是由于周围环境和传感器内部偶然因素的作用造成的。为了减小偶然误差，除了要稳定的测量环境，还要在规定条件下对被测量进行多次测量，再利用统计方法对测量数据进行平均和滤波处理。系统误差是由于传感器内部和外部的固定不变或按确定规律变化的因素的作用造成的。可利用校准的方法来减小传感器的系统误差。

（1）根据系统误差的变化规律，采用一定的测量方法或计算方法，将它从传感器的测量结果中扣除。

（2）准确度等级高的传感器其系统误差小，因此，可用准确度等级高的标准传感器去修正准确度低的被测传感器。有两种方案可供使用：

① 采用相同类型的准确度等级高的标准传感器（见图 2-5）进行比对校准。校准时，标准传感器和被校传感器同时测量可调信号源输出的一个信号，把标准传感器的显示值作为被测信号的真值，它与被校传感器显示值的差值即该传感器的测量误差。然后，由小到大改变信号源的输出值，可以获得传感器在所有测量点上的校准值。

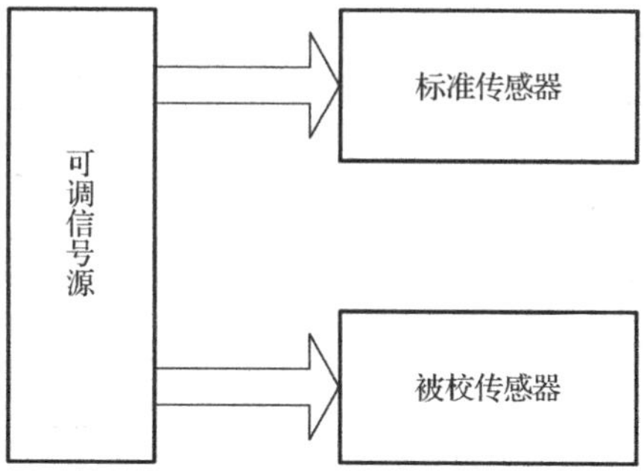

图 2-5 采用相同类型的准确度等级高的标准传感器进行比对校准

② 采用准确度等级高的可步进调节输出值的标准信号源，即可调标准信号源（见图 2-6）。校准时，把可调信号源的显示值作为真值，它与被校传感器显示值的差值就是该传感器的测量误差。然后，从小到大调节标准信号源的输出值，可以测量出被校传感器在所有测量点上的校准值。

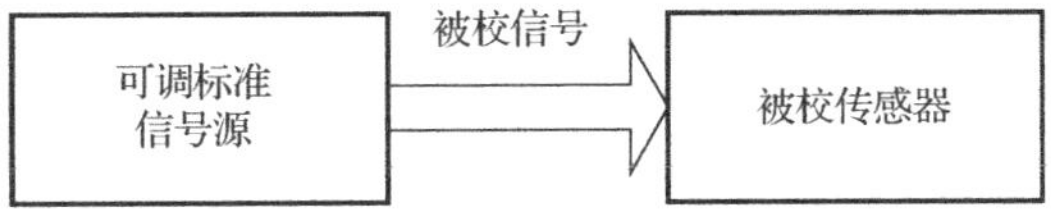

图 2-6　采用用可调标准信号源进行校准

2. 传感器内部自动校准

传感器内部自动校准就是利用传感器内部微处理器和内附的校准信号源消除环境因素对测量准确度的影响，补偿工作环境的变化。它根据系统误差的变化规律，使用一定的测量方法或计算方法来扣除系统误差。传感器内部自动校准不需要任何外部设备和连线，只需要按要求启动内部自动校准程序，即可完成自动校准。下面介绍常用的传感器内部自动校准方法。

1）输入偏置电流自动校准

输入型前置放大器是高精度智能传感器的常用部件之一，应保证传感器的高输入阻抗、低输入偏置电流和低漂移性能，否则会给测量带来误差。例如，为了消除输入偏置电流带来的误差，在数字多用表中设计了输入偏置电流的自动补偿和校准电路。输入偏置电流自动校准原理示意如图 2-7 所示，在传感器输入高端和低端连接一个带有屏蔽作用的 10MΩ 电阻盒，输入偏置电流 I_b 在该电阻上产生电压降，经模/数转换器转换后存储于非易失性校准存储器内，作为输入偏置电流的修正值。在正常测量时，微处理器根据修正值选出适当的数字量输入数/模转换器，经输入偏置电流补偿电路产生补偿电流，抵消 I_b，从而消除传感器输入偏置电流带来的测量误差。

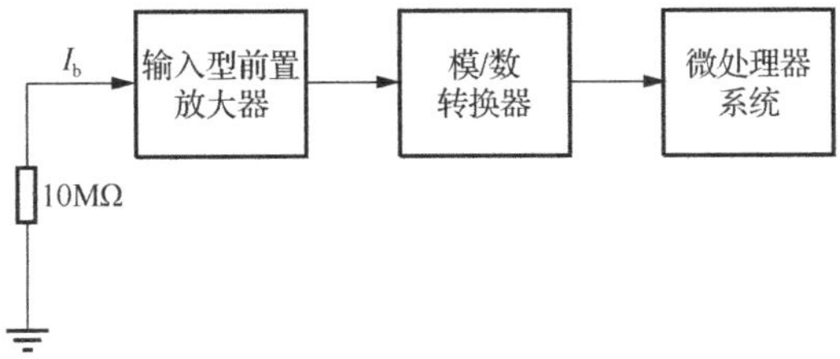

图 2-7　输入偏置电流自动校准原理示意

2）零点漂移自动校准

传感器零点漂移是造成零点误差的主要原因之一。智能传感器可自动进行零点漂移校准。智能传感器进行零点校准时，需中断正常的测量过程，把输入端短路（使输入值为零）。这时，整个传感器输入通道的输出为零位输出。但由于存在零点漂移误差，使传感器的输出值并不为零。根据整个传感器的增益，将传感器的输出值折算成输入通道的零位输入值，并把这一零位输入值存在内存单元中。在正常测量过程中，传感器在每次测量后均从采样值中减去原先存入的零位值，从而实现了零点漂移自动校准。这种零点漂移自动校准方法已经在智能化数字电压表、数字欧姆表等传感器中得到广泛应用。需要特别注意的是，在使用校准信号源进行零点漂移校准前，一般应分别执行正零点和负零点漂移的校准，并把校准值同时存储于校准存储器中。

3）增益误差自动校准

在智能传感器的测量输入通道中，除了存在零点漂移，放大器的增益误差及器件的不稳定因素也会影响测量数据的准确性，因而必须对这类误差进行校准。增益误差自动校准的基本思路如下：在传感器通电后或每隔一定时间，测量一次基准参数，例如，用数字电压表测量基准电压和接地零电压，然后用前面介绍的建立误差校正模型的方法，确定并存储校正模型的参数。在正式测量时，根据测量结果和校正模型求校准值。增益误差自动校准原理示意如图 2-8 所示。

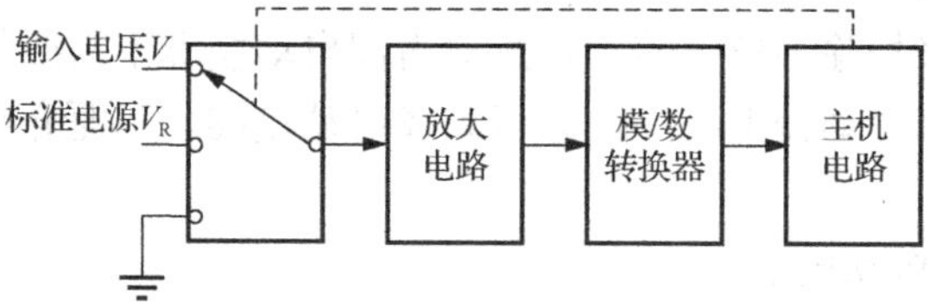

图 2-8　增益误差自动校准原理示意

增益误差自动校准电路的输入部分有一个多路开关，由传感器内的微处理器控制。校准时先把开关接地，测出这时的输出值 x_0。然后把开关接到标准电源 V_R，测量输出值 x_1，并将 x_0 和 x_1 存入内存中。通过计算可得到式（2-3）所示的校准计算式。

校准的关键在于建立系统误差模型。误差模型的数学表达式中含有若干表示误差的系数，为此，需要通过校准方法确定这些系数。例如，设信号测量值和实际值是呈线性关系的，利用上述电路分别测量标准电源 V_R 和接地短路电压信号，由此获得误差方程组，即

$$\begin{aligned} V_R &= a_1x_1 + a_0 \\ 0 &= a_1x_0 + a_0 \end{aligned} \tag{2-1}$$

式中，x_1，x_0 分别两次测量值。

解上述方程组，可得

$$\begin{aligned} a_1 &= \frac{V_R}{x_1 - x_0} \\ a_0 &= \frac{V_R x_0}{x_0 - x_1} \end{aligned} \tag{2-2}$$

从而得到校准计算式，即

$$y = \frac{V_R(x - x_0)}{x_1 - x_0} \tag{2-3}$$

这样，对于任何输入电压 V，可以利用式（2-3）对测量结果进行校准，从而消除传感

器零点漂移和增益误差。

3. 传感器外部自动校准

传感器外部自动校准通常采用高精度的外部标准。在进行外部校准时，传感器校准常数要参照外部标准来调整。例如，对一些智能传感器，只需要操作者按下自动校准的按键，显示器便提示操作者应输入的标准电压值；操作者按提示要求将相应标准电压值输入之后，再按一次键，智能传感器就进行一次测量，并将标准量（或标准系数）存入校准存储器；然后显示器提示下一个要求输入的标准电压值，再重复上述测量和存储过程。当对预定的校正测量完成之后，校准程序还能自动计算每两个校准点之间的插值公式的系数，并把这些系数也存入校准存储器，这样就在传感器内部固定存储了一张校准表和一张插值公式系数表。在正式测量时，它们将和测量结果一起形成经过修正的准确测量值。校准存储器可以采用 EEPROM 或 Flash ROM，以确保断电后数据不丢失。

外部校准一旦完成，新的校准常数就被保存在测量传感器存储器的被保护区域内，并且用户无法改变，这样就避免了由于偶然的调整对校准完整性造成影响。一般情况下，由传感器制造商提供相应的校准流程，以及在基于计算机的测量传感器装置上进行外部校准所必需的校准软件。

2.1.3　智能传感器的量程自动转换技术

很多智能传感器的输入信号动态范围都很大，为了保证智能传感器系统的测量精度，需要设计其量程的自动转换电路。量程自动转换电路可以采用微处理器控制程控增益放大器的方法来实现，也可以通过控制模拟开关的切换来实现。

1. 基本要求

量程自动转换是大多数智能传感器的基本功能，它能根据被测量的大小自动选择合适的量程，以保证测量值有足够的分辨力和准确度。除此之外，量程自动转换还应满足以下基本要求。

1）尽可能高的测量速度

量程自动转换的测量速度，是指根据被测量的大小自动选择合适的量程并完成一次测量所需要的速度。例如，当测量某一量程时，若发现被测量已超过该量程的满度（升量程阈值），则应立刻回到最高量程进行一次测量，将测量结果与各量程的降量程阈值相比较，寻找合适的量程。当发生超量程时，只需经过一次最高量程的测量，即可找到正确的量程。而在降量程（读数小于正在测量的量程的降量程阈值）时，只需将读数直接同较小量程的降量程阈值进行比较，就可找到正确的量程，而无须对逐个量程进行测量。此外，在大多数情况下，被测量并不一定会经常发生大幅度变化。因此，一旦选定合适的量程，就应该在该量程继续测量，直到发现过载或被测量值低于降量程阈值为止。

2）确定性

量程自动转换的确定性是指在升、降量程时，不应该发生在两个相邻量程间反复选择的现象。这种情况是由于分档差的存在造成的。例如，某一电压表 20V 量程存在着负的测量误差，而 2V 量程又存在着正的测量误差。那么，在升降量程转换点附近就有可能出现反复选择量程的现象。假设被测电压为 2V，在 20V 量程读数可能为 1.999V，低于满度值的十分之一，理应把量程降到 2V 再进行测量。但是，2V 量程读数为 2.002V，超过满度值，应该升至 20V 量程进行测量。于是就产生了两个相邻量程间的反复选择，造成被选量程的不确定性。

量程选择的不确定性可以通过给定升、降量程阈值同差的方法来解决。通常可采用减小降量程阈值的方法。例如，对降量程阈值选取满刻度值的 9.5%而不是 10%，对升量程阈值选取满刻度值 100%。这样，只要两个相邻量程的测量误差绝对值之和不超过 0.5%，就不会造成被选量程的不确定性。

3）安全性

由于每次测量并不是都从最高量程开始的，而是在选定量程上进行，因此不可避免地会发生被测量超过选定量程的最大测量范围，甚至达到传感器的最大允许值。这种过载现象须经过一次测量后才能被发现。因此，量程输入电路必须具有过载保护能力。当发生过载时，传感器至少在一次测量过程中仍能正常工作，并且不会损坏。

2. 量程自动转换电路举例

量程自动转换电路根据其用途的不同，分为不同的形式，但就其组成来说，可以分成衰减器、放大器、接口及开关驱动 3 部分。图 2-9 给出了电压量程自动转换电路。

在量程自动转换电路中，通常使用继电器作为高压衰减电路的切换开关，而低压电路则通常使用模拟开关。量程自动转换电路接口实质上是一个开关控制接口，无论使用何种开关，其接口电路的方式基本相同，所不同的是驱动电路。图 2-9 中的电压量程自动转换电路接口使用 MCS-51 单片机 3 个位输出口，驱动电路采用反向输出形式。当 MCS-51 单片机的某个位输出口的输出为“1”时，该位继电器开关被激励。

该量程自动转换的衰减电路具有 1 和 100 两种衰减系数。当 K_1 被激励时，开关切换到 A 端，衰减系数为 100；当激励撤销时，开关切换到 B 端，衰减系数为 1。K_2 控制前置放大器的放大倍数。当 K_2 被激励时，开关切换到 C 端，放大器增益为 1；反之，放大器增益为 10。K_3 控制放大器输出，当其被激励时，放大器输出电压被衰减 10 倍；否则，直接输出原值。若对这 3 个开关动作状态进行不同组合，则该电路具有 200mV、2V、20V、200V 和 2000V 5 个量程。各量程下的开关动作状态如表 2-3 所示。当运算放大器为理想放大器，并且线性增益范围为−20～20V，电阻比值为 $R_1/R_3=99$ 和 $R_5/R_6=9$ 时，按表 2-3 中的开关动作状态，无论哪个量程电路都将输出±2V 的满刻度电压。

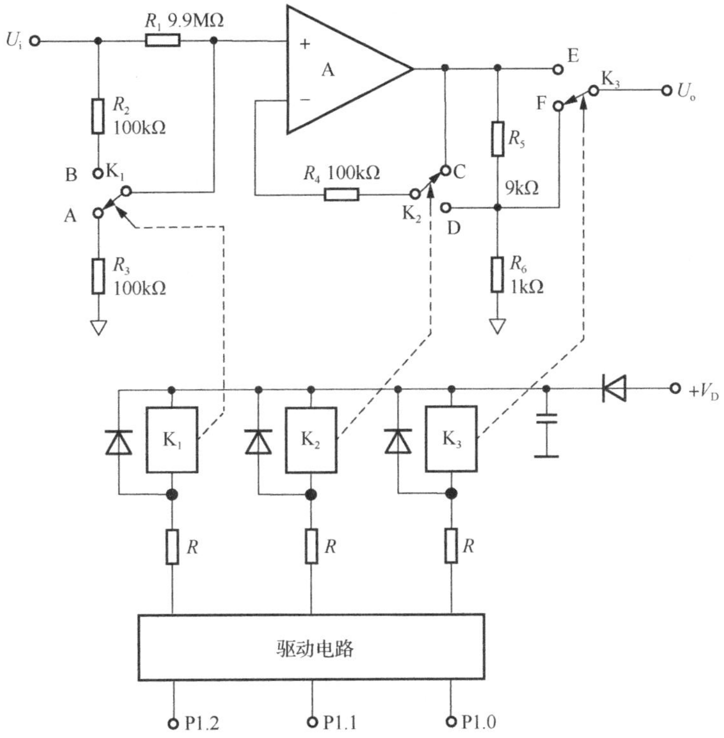

图 2-9　电压量程自动转换电路

表 2-3　各量程下的开关动作状态

开关 / 动作状态 / 量程	K_1	K_2	K_3
200mV	B	D	F
2V	B	C	F
20V	B	C	E
200V	A	C	F
2000V	A	C	E

3. 量程自动转换电路的控制

仍以图 2-9 所示的电压量程自动转换电路为例，其后续 A/D 转换器若具有四位半有效读数，并且各个相邻量程分档误差的绝对值之和小于 0.5%，则各量程升降阈值如表 2-4 所示。量程自动转换程序流程如图 2-10 所示。该程序被调用时，把最新的测量数据与当前量程的阈值进行比较。若当前量程合适，则显示测量读数后返回主程序。反之，则进行量程选择，找到新的合适量程后，返回主程序。下一次测量就在新选择的量程下进行。量程自动转换程序流程分为 3 条支路，分别是降量程、保护现行量程和升量程。

表 2-4　各量程升降阈值

量程个数 n	量程	升量程阈值 UL_n	降量程阈值 DL_n	现行量程激励码
5	2000V	2000.0	195.00	×××××000
4	200V	200.00	19.500	×××××001
3	20V	20.000	1.950 0	×××××100
2	2V	2.000.0	0.195 0	×××××101
1	200mV	0.200 00	0.000 00	×××××111

当测量读数小于当前量程降量程阈值，即 $|U_i|<DL_n$ 时，实施降量程操作。降量程操作采用逐挡阈值比较，直到读数大于阈值，即到 $|U_i|>DL_n$ 时为止。由于最低量程降量程阈值为零，所以总能找到合适量程。

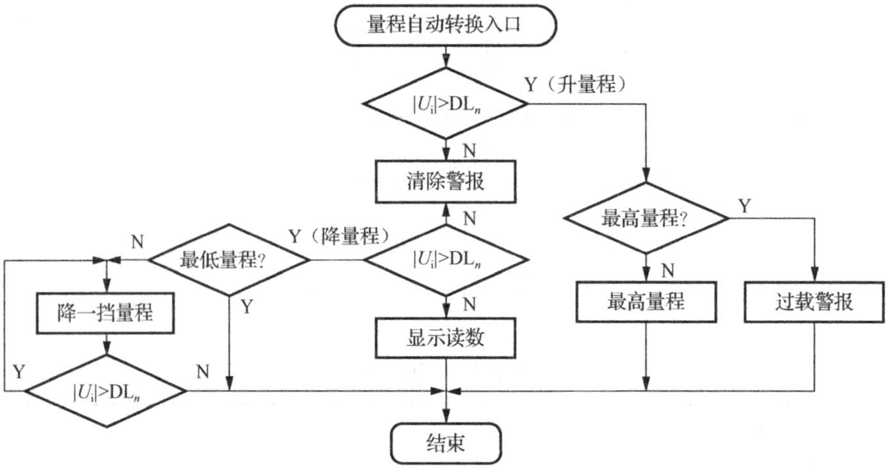

图 2-10　量程自动转换程序流程

当 $|U_i|>DL_n$ 时，程序进入升量程支路，升量程采用一次转换到最高量程的方法，即每当发生过载后的第一次测量总在最高量程下进行。若最高量程并非为合适量程，则在下一次量程自动转换程序被调用时，自动实施降量程操作并找到合适量程。这种方法的好处在于能通过一次中间测量即可找到合适量程，而且输入电路的过载时间最短；仅为一次测量时间。

具备量程自动转换电路的传感器过载是不可避免的，其最大过载值可达到传感器的最低量程和最高量程满刻度值之比。图 2-9 所示电路在 200mV 量程下，输入值达到 2000V，在这样高的过载情况下，如果没有采取保护措施，那么器件很快被过载损坏。因此，在量程自动转换电路中必须采取过电压和过电流保护措施。

2.1.4　智能传感器的标度变换技术

智能传感器在测量过程中，通常首先通过传感器把外界的各种信号变换成模拟信号，然后将其转换为微处理器能接受的数字信号。由于被测对象的各种数据的量纲与 A/D 转换器的输入值不尽相同，这些参数经传感器和 A/D 转换器转换后得到的二进制数码并不一定等于原来带有量纲的参数值，仅对应于参数值相对量的大小，因此必须将其转换成带有量纲的物理量值后才可进行运算和显示，这种转换过程即标度变换。标度变换方法有多种，选择哪种方法取决于被测定参数传感器的传输特性，在智能传感器设计过程中应根据实际要求选用适当的标度变换方法。

进行标度变换时，需要通过一个关系式，用测量得到的数字量表示出被测量的客观值，通常分为线性参数标度变换和非线性参数标度变换两种。

1. 线性参数标度变换

线性参数标度变换是最常用的标度变换方法，其变换前提条件是被测参数与 A/D 转换结果呈线性关系。

线性参数标度变换的公式为

$$A_x = A_0 + (A_{\mathrm{m}} - A_0)\frac{N_x - N_0}{N_{\mathrm{m}} - N_0} \tag{2-4}$$

经变换得

$$\frac{A_x - A_0}{A_{\mathrm{m}} - A_0} = \frac{N_x - N_0}{N_{\mathrm{m}} - N_0} \tag{2-5}$$

式中，A_0 为测量量程的下限值；A_{m} 为测量量程的上限值；A_x 为实际测量值（物理量）；N_0 为测量量程的下限值所对应的数字量；N_{m} 为测量量程的上限值所对应的数字量；N_x 为测量值所对应的数字量。

为了使程序设计简单，一般假设测量量程的下限值 A_0 所对应的数字量 $N_0=0$，则式（2-4）可写成

$$A_x = A_0 + (A_{\mathrm{m}} - A_0)\frac{N_x}{N_{\mathrm{m}}} \tag{2-6}$$

在多数测量系统中，测量量程的下限值 $A_0=0$，对应的 $N_0=0$，则式（2-6）可进一步简化为

$$A_x = A_{\mathrm{m}}\frac{N_x}{N_{\mathrm{m}}} \tag{2-7}$$

式（2-5）、式（2-6）和式（2-7）就是不同情况下的线性刻度传感器测量参数的标度变换公式。

2. 非线性参数标度变换

一般情况下，非线性参数的变化规律各不相同，故其标度变换公式也需根据各自的具体情况建立，通常采用下述两种方法：按非线性参数变化规律直接进行标度变换；先进行非线性校正，然后再按线性参数标度变换进行。

下面以具体实例介绍通过被测量各个参数间的关系来确定标度变换公式的方法。在流量测量中，流量与压力差之间的关系为

$$Q = K\sqrt{\Delta P} \tag{2-8}$$

式中，Q 为流量；ΔP 为节流装置的压力差；K 为刻度系数，它与流体的性质、节流装置的尺寸有关。

可见，流体的流量与被测流体流过节流装置前后产生的压力差的平方根成正比，由此可得到测量流体时的标度变换公式，即

$$Q_x = Q_0 = +(Q_m - Q_0)\sqrt{\frac{N_x - N_0}{N_m - N_0}} \tag{2-9}$$

式中，Q_x 为被测流体的流量值；Q_m 为流量仪表的上限值；Q_0 为流量仪表的下限值；N_x 为所测得的压力差的数字量；N_m 为压力差上限值所对应的数字量；N_0 为压力差下限值所对应的数字量。

Q_m、Q_0、N_m，N_0 均为常数，令

$$K_1 = \frac{Q_m - Q_0}{\sqrt{N_m - N_0}} \tag{2-10}$$

式（2-9）变为

$$Q_x = Q_0 + K_1\sqrt{N_x - N_0} \tag{2-11}$$

若 $N_0=0$，则

$$Q_x = Q_0 K_1\sqrt{K_x Q} \tag{2-12}$$

2.2　智能传感器测量数据处理

智能传感器在工业应用中所处环境通常较为恶劣，因此，提高传感器测量准确度和改进数据处理方法非常重要，利用自补偿和自动检测、抗干扰的数字滤波、多传感器的数据融合等智能化技术可以有效解决这些问题。智能传感器可以实现对测量过程的控制并进行数据处理，其测量数据的处理包括非数值运算和数值运算。通过各种数据处理方法，可以消除测量过程中的系统误差和随机误差。本节介绍典型的智能传感器测量数据处理方法。

2.2.1　测量数据的非数值处理

在智能传感器中除了进行数值计算，还经常对各种数据和符号进行不以数值计算为目的的非数值处理。例如，把一批无序数据按照一定顺序进行排序、从相关数据表中查找某个数据元素、识别来自接口或键盘的命令等。设计者在编程时，要根据设计的目的，充分考虑这些数据的特性和数据元素之间的相互关系，然后采用相应的处理方法。

1. 线性表查找

查找也称检索，就是从内存的数据表中找出某个数据元素（或一项记录）。一个数据

表往往包含若干记录，根据查表目的，在每个记录中指定一个关键项，表中的 N 个记录都有关键项，N 个关键项的内容互不相同。线性表查找就是从表中找出一个关键项与已知的关键字一致的数据元素，进而找到与此关键项相关联的记录中的部分或全部信息。例如，从成绩单中查找张明的成绩，表中学生的姓名就是关键项，根据各元素的关键项查到张明后，就可以查到他的各科成绩。这类查表是计算机和智能传感器中经常遇到的操作。下面介绍几种基本的查表方法。

1）顺序查找

顺序查找就是从头开始，按照顺序把表中元素的关键项逐一与给定的关键字进行比较。若比较结果相同，则所比较的元素就是要查找的元素；若表中所有元素的比较结果都不相同，则该元素在表中查找不到。这种查找方法适用排列无序（不按一定的规律排列）的表格或清单，例如，从随机测量记录中查找某个测量值。顺序查找是基本的查表方法，查找速度相对较慢。对于无序表，特别是表中记录项不多的情况下，用顺序查找法是适宜的。

2）对半查找

有序表的数据排列有一定规律，就不必像无序表那样逐一查找，可以采用对半查找（也称二分法查找）。对半查找就是每次截取表的一半元素，确定所要查找的元素在哪一部分，然后逐步细分，缩小检索范围，从而大大加快查找速度。

3）直接查表法

这是智能传感器中经常使用的快速查表方法，这种方法无须像上述两种方法那样逐一比较表中的关键项，进而查找表中那个关键项的记录，只须通过关键项或经过简单计算，即可找到该数据。因此，要求关键项与数据记录所在的位置或次序有严格的对应关系，这种方法仅适用于有序表格。

例如，为驱动八段数码管显示器，需要查找出欲显示数据的段码。0～9 的段码按数字的 ASCII 码顺序排列，这样，可以根据所显示数字的 ASCII 码，直接从段码表中查找出数字的段码，并把它输入显示驱动电路中。

2. 链表的插入、删除和查找

链表是一种特殊的数据结构，它与一般的线性表相比，具有插入和删除比较方便的特点，它适用于需经常进行插入和删除的表格操作。

1）链式结构

链表采用链式结构，它与按顺序分配的线性表不同。线性表的数据元素在存储器内是任意存放的，既不要求连续性，也不要求按顺序排列。在链表中，为了确定数据元素在线性表中的位置，需要一个指针，用于指明下一个数据元素在存储器中的位置。数据元素值和指针两者组成链表的一个节点。一个线性链表由一个起始指针 FIRST 和若干节点组成，起始指针指向链表的第一个节点，链表的最后一个数据元素的指针为 0，表示后面没有其他数据元素。线性链表一般用图 2-11（a）所示的结构来表示。

对链表进行插入或删除操作时，还需要留出一定的存储空间，并将这些存储空间组成一个链表，称为自由表或可利用空间表，如图 2-11（b）所示。指针 FREE 指向自由表的第一个节点。当链表需要插入一个节点时，取出自由表中 FREE 指针指向的节点插入链表中；当链表需要删除一个节点时，把该节点插入自由表的第一个节点前面，使之成为 FREE 指向自由表的第一个节点。一般来说，几个链表可以合用一个自由表，这样可提高存储空间的利用率。

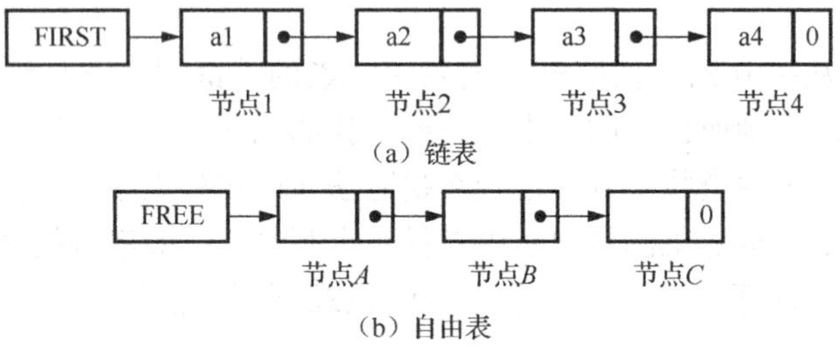

图 2-11　线性链表的表示方法

为了方便链表的查找、插入和删除操作，链表的指针一般都指向下一个数量元素的指针单元。

2）链表的初始化

链表的初始化主要是指自由表的初始化，即把链表将要使用的存储单元构成一个自由表。

链表的初始化方法取决于链表的大小、节点的字节数和寻址方法。下面以一种适用于 80C51 单片机的链表结构为例，说明链表的初始化方法。

设链表的每个节点的数据长度为 4 个字节，各个链表的全部节点数小于 50 个，则链表的总长度小于 $4\times50+n\times50$，这里 n 为指针节数。由于现在链表的总长度小于 256 字节，故可用 2 个字节的指针。这样链表总长度小于 250 字节，可放于外部 RAM 的一个页面中（256 字节为一页面）。

选择链表区的第 0 个单元作为 FREE 指针，第 1 个单元作为 FIRST1 指针，第 2 个单元作为 FIRST2 指针。在初始化时，使 FIRST1 和 FIRST2 置 0，表示它们均为空链表，然后把链表区其他所有单元都串联到 FREE 指向的自由表中。

设链表区在外部 RAM 的一个页面中，该页面的首地址为 DPTR，第 0、1、2 个单元分别为 FREE、FIRST1、FIRST2 指针。链表初始化程序功能为清零 FIRST1、FIRST2 指针，把 FREE 指针置为 3，把 03 开始的各个空单元构成一个自由表。该自由表的节点为 5 个字节，第一个字节为指针（指向下一个节点的指针单元），后 4 个字节为数据。根据初始化要求，可画出如图 2-12 所示的链表初始化程序框图。在计算下一个节点地址时，如果不大于 256 字节，就把下一个节点指针单元地址写入当前指针；否则，把结束标志“0”写入当前指针。

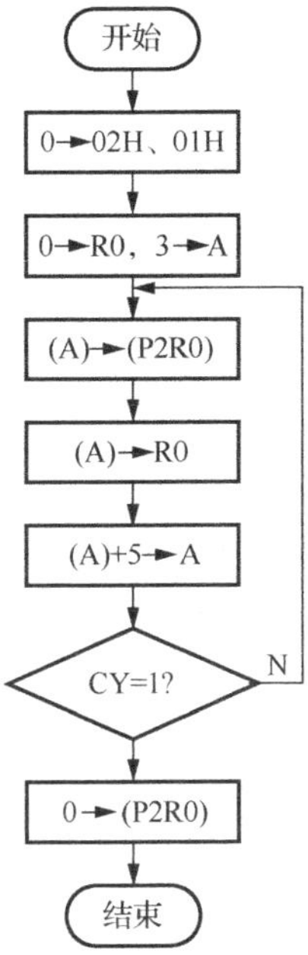

图 2-12　链表初始化程序框图

3）链表的插入

图 2-13 表示把自由表的节点 A 插入链表节点 2 与节点 3 之间的操作过程。一般来说，如果要在节点 *K* 和节点 *K*+1 之间插入新节点（*K*=0 表示 FIRST 指针），可按如下步骤进行操作：

（1）先判断 FREE 指针是否为 0，若为 0，则表示自由表空，不能进行插入操作；若不为 0，则可以进行下列操作。

（2）将 FREE 指针指向自由表的下一个节点。

（3）确定节点 *K* 的地址。

（4）在新节点的指针域内存放 *K*+1 节点的地址。

（5）在节点 *K* 的指针域内写入新节点的指针。

（6）存储新节点数据。

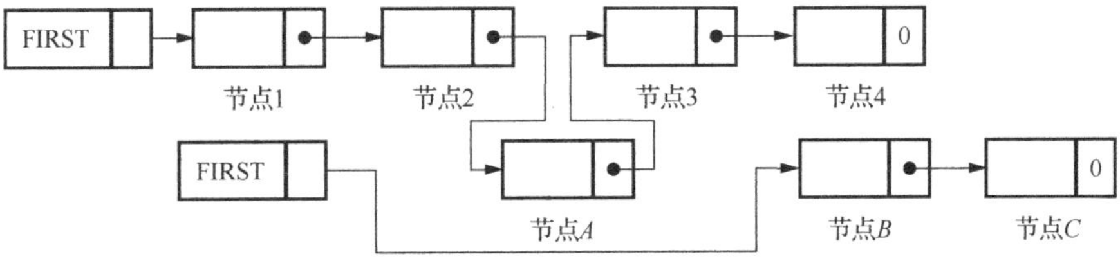

图 2-13　把自由表的节点 *A* 插入链表节点 2 与节点 3 之间的操作过程

图 2-14 为链表插入子程序框图。入口处（R0）指向链表的节点 *K*，P2 为链表区高位地址，自由表结构同图 2-13 中的结构。执行时，从自由表中取出一个节点 *A*，插入（R0）

指向的节点 *K*。执行后，（R0）指向插入单元的指针。图中的操作仅把节点 *A* 插入节点 *K* 之后，不包括存储节点 *A* 的数据。

4）链表的删除

图 2-15 为从链表中删除节点 2 的操作示意，从链表中删除节点 2 使之成为自由表的第一个节点的操作。一般来说，要删除链表的节点 *K*，并在删除后放入自由表中，可按如下步骤进行操作：

① 保存节点 *K* 的指针值。

② 把 FREE 指针值写入 *K* 的指针中。

③ 把节点 *K* 的地址写入 FREE 指针中。

④ 把保存的原节点 *K* 的指针值写入节点 *K*-1 的指针中。

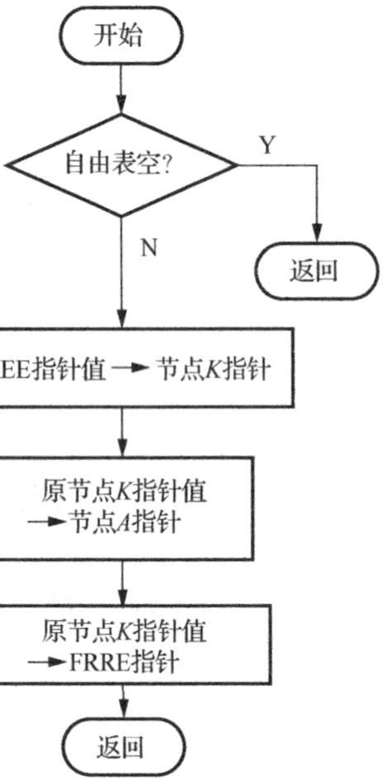

图 2-14　链表插入子程序框图

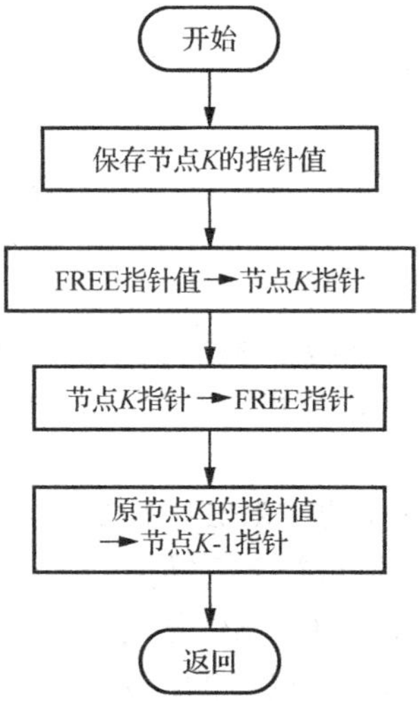

图 2-15　从链表中删除节点 2 的操作示意

5）链表的查找

链表的查找比较方便，一般就从 FIRST 指向的第一个节点开始向后逐一进行查找。当发现给定值 *x* 等于数据项中的关键字时，说明节点已找到；否则，再找下一个节点，直至查找到或指针值等于 0 为止。

入口处（R0）指向链表的 FIRST 指针，P2 为链表区的高位地址。链表节点中指针后的第一个字节为数据的关键字。寄存器 B 存放给定值 *x*。要求在链表中查找到给定值 *x* 等于关键字时，把关键字后的两个字节的内容送到 R3R4 中，（R0）指向下一个节点。找不到时，（R0）指向链表末尾一个节点的指针单元。

3. 排序

排序是使一组记录按照其关键字的大小，有序地排列，这是智能传感器中经常遇到的操作。排序的方法很多，下面介绍 2 种常用的方法。

1）气泡排序法

气泡排序法是依次比较两个相邻的一对数据，如果发现它们不符合规定的递增（或递减）顺序，就交换这两个数据的位置。第一对（第一个和第二个数据）比较完后，接着比较第二对（第二个和第三个数据），直到清单中所有的数据依次比较完为止。第一轮排序结束，这时最大或最小的数据降到清单中最低的位置。第一轮排序需要进行（N−1）次比较。同理，第二轮比较需要进行（N−2）次比较，第二轮排序结束后，次最大或次最小的数据排在低部往上第二位置上。重复上述过程，直至全部排完为止。

2）希尔排序法

希尔排序法是一种容易编程且运行速度较快的排序方法，它也采用一对数据进行比较。若两个数据的顺序符合排序的要求，则保持原状态不变；若两个数据的顺序不符合排序要求，则互相交换位置。首先，确定比较数据的间距 h_t，比较所有间距为 h_t 的各对数据，若其符合排序要求，则保持原状态不变，继续向前比较；若其不符合排序要求，则交换这两个数据的位置，并沿反向逐对比较，遇到符合要求的数据对时，再继续向前比较，直到表中所有间距为 h_t 的数据排序正确为止。然后，设 $h_{t-1}=h_t/2$，以 h_{t-1} 为间距，比较各对数据，进行排序。以此类推，每进行一轮后，减小一次间距，即设 $h_{t-i-1}= h_{t-1}/2$，直到 h=1 时为止，全部数据按规定次序排列完毕。

图 2-16 表示希尔排序过程。

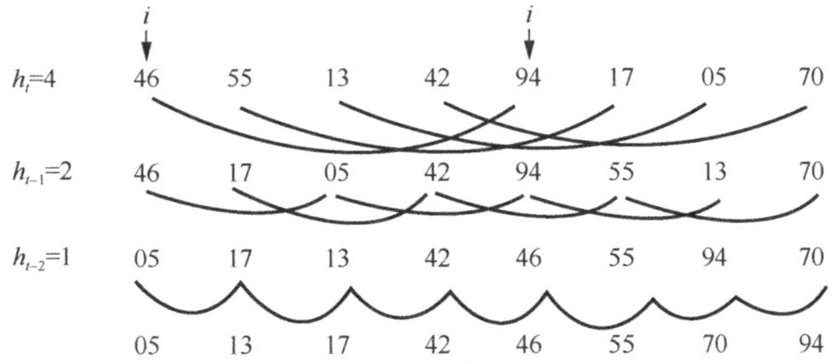

图 2-16　希尔排序过程

2.2.2　系统误差的数据处理

系统误差是指按一定规律变化的误差，它表现为在相同条件下多次测量同一物理量时，其误差的大小和符号保持不变或按一定规律变化。系统误差是由于测量系统内部的原因造成的，如由传感器内部基准、放大器的零点漂移、增益漂移、非线性等产生的误差。由于系统误差有规律可循，因此可以利用一定的算法进行校准或补偿。智能传感器可以将系统误差模型及校正算法存储在其内部的微处理器中，以便对测量数据进行系统误差修正。为此，必须研究系统误差的规律，建立系统误差的模型，确定校正算法和数学表达式。

1. 系统误差模型的建立

校正系统误差的关键在于建立系统误差的模型。建立系统误差模型时，要根据传感器或系统的具体情况进行分析，找出产生误差的原因。系统误差模型的数学表达式中含有若干表示误差的系数，为此，需要通过校准方法确定这些系数如 a_0 和 a_1。例如，传感器中的运算放大器测量电压时，引入了零位误差和增益误差。设测量值 x 和实际值 y 呈线性关系，可用 $y = a_1 x + a_0$ 来表示。为了消除这个系统误差的影响，必须求出该表达式中的系数。现用这个电路分别测量标准电源 V_R 和短路电压信号，由此获得两个误差方程

$$V_R = a_1 x_1 + x_0 \quad 0 = a_1 x_0 + a_0 \tag{2-13}$$

其中，x_1, x_0 为两次的测量值。解方程组可得

$$a_0 = \frac{V_R x_0}{x_0 - x_1} \tag{2-14}$$

$$a_1 = \frac{V_R}{x_1 - x_0} \tag{2-15}$$

从而得到校正计算式

$$y = \frac{V_R (x - x_0)}{x_1 - x_0} \tag{2-16}$$

这样，对于任何测量值 x，可以通过式（2-16）求出实际值 y，从而实时地消除系统误差。但是实际情况要比上述例子复杂得多，对系统中的误差来源往往不能充分了解，常常难以建立适当的系统误差模型。因此，只能通过实验测量获得的一组离散数据，建立一个反映测量值变化的近似数学模型。此类建模的方法很多，下面介绍常用的代数插值法和最小二乘法。

1）代数插值法

设有 n+1 组离散点 $(x_0, y_0), (x_1, y_1), \cdots, (x_n, y_n)$，未知函数 $f(x)$，并且

$$f(x_0) = y_0, f(x_1) = y_1, \cdots, f(x_n) = y_n \tag{2-17}$$

所谓代数插值法就是设法找一个函数 $g(x)$，使之在 $x_i(i=0,1,\cdots,n)$处与 $f(x_i)$相等。满足这个条件的函数 $g(x)$称为 $f(x)$的插值函数，x_i 称为插值节点。然后在下一步计算中可以用 $g(x)$近似代替 $f(x)$。

插值函数 $g(x)$可以为各种函数形式，由于多项式容易计算，一般常用 n 次多项式作为插值函数，并记 n 多项式为 $p_n(x)$，这种插值方法称为代数插值法，也称为多项式插值法。

现要用一个次数不超过 n 的代数多项式实现近似代替：

$$p_n(x) = a_n x^n + a_{n-1} x^{n-1} + \cdots + a_1 x^1 + a_0 \tag{2-18}$$

使式（2-18）在插值节点处满足

$$p_n(x_0) = f(x_i) = x_i \quad i = 1, 2, \cdots, n \tag{2-19}$$

由于多项式 $p_n(x)$中的未定系数有 n＋1 个，由式（2-18）和式（2-19）可得到关于系数 $a_n, \cdots, a_1, a_0$ 的线性方程组，即

$$\begin{cases} a_n x_0^n + a_{n-1} x_0^{n-1} + \cdots + a_1 x_0^1 + a_0 = y_0 \\ a_n x_1^n + a_{n-1} x_1^{n-1} + \cdots + a_1 x_1^1 + a_0 = y_1 \\ \cdots \\ a_n x_n^n + a_{n-1} x_n^{n-1} + \cdots + a_1 x_n^1 + a_0 = y_n \end{cases} \tag{2-20}$$

可以证明，当 $x_0, x_1, \cdots, x_n$ 互异时，式（2-20）有唯一的一组解。因此，一定存在一个唯一的 $p_n(x)$满足所要求的插值条件。

这样，我们只要根据已知的 x_i 和 $y_i(i=0,1,\cdots,n)$去求解方程组（2-20），就可以求出 $a_i(i=0,1,\cdots,n)$，从而得到 $p_n(x)$。这是求插值多项式的最基本方法。

（1）线性插值。线性插值是从一组数据（x_i, y_i）中选取两个代表性的（x_0, y_0）和（x_1, y_1），然后根据插值原理，求出插值方程，即式（2-21）中的待定系数 a_1 和 a_0。

$$p_n(x) = \frac{x - x_1}{x_0 - x_1} y_0 + \frac{x - x_0}{x_0 - x_1} y_1 = a_1 x + a_0 \tag{2-21}$$

$$a_1 = \frac{y_0 - y_1}{x_0 - x_1}, \quad a_0 = y_0 - a_1 x_0 \tag{2-22}$$

若所选的（x_0，y_0）和（x_1，y_1）是非线性特性曲线 $f(x)$或数组的两端点 A、B，则图 2-17 中的直线表示插值方程，即式（2-21），这种线性插值就是最常用的直线方程校正法。

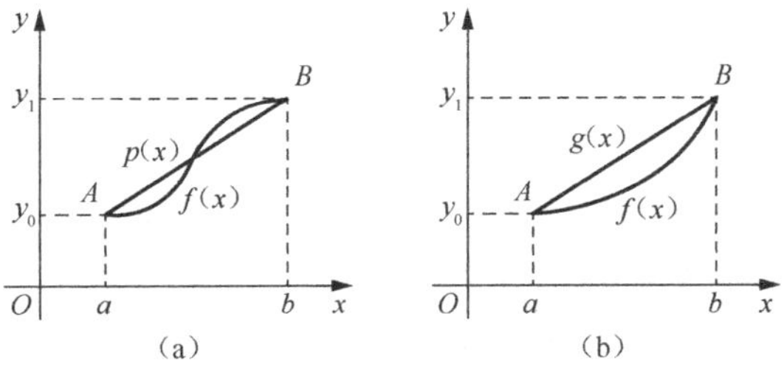

图 2-17 非线性特性曲线的直线方程校正

设 A、B 两点的坐标分别为[a，$f(a)$]和[b，$f(b)$]时，则根据式（2-21）就可以建立直线方程的数学模型 $p_1(x) = a_1 x + a_0$，式中 $p_1(x)$ 表示 $f(x)$的近似值。当 $x_i \neq x_0$ 时，$p_1(x)$ 与 $f(x)$ 有拟合误差 V_i，其绝对值为

$$V_i = \left| p_1(x_i) - f(x_i) \right|, \quad (i = 0, 1, \cdots, n) \tag{2-23}$$

在 x 的取值区间[a，b]，若始终存在 $V_i < \varepsilon$（ε 为允许的拟合误差），则直线方程 $p_1(x) = a_1 x + a_0$ 就是理想的校正方程。实际测量时，每采样一次，就用该方程计算 $p_1(x)$，并把 $p_1(x)$ 作为被测量值的校正值。

（2）抛物线插值。抛物线插值是在数据中选取(x_0，y_0)、(x_1，y_1)、(x_2，y_2)3 点，进行抛物线拟合，如图 2-18 所示。显然，抛物线拟合的精度比直线拟合的精度高。相应的插值方程为

$$p_n(x) = \frac{(x - x_1)(x - x_2)}{(x_0 - x_1)(x_0 - x_2)} y_0 + \frac{(x - x_0)(x - x_2)}{(x_1 - x_0)(x_1 - x_2)} y_1 + \frac{(x - x_0)(x - x_1)}{(x_2 - x_0)(x_2 - x_1)} y_2 \tag{2-24}$$

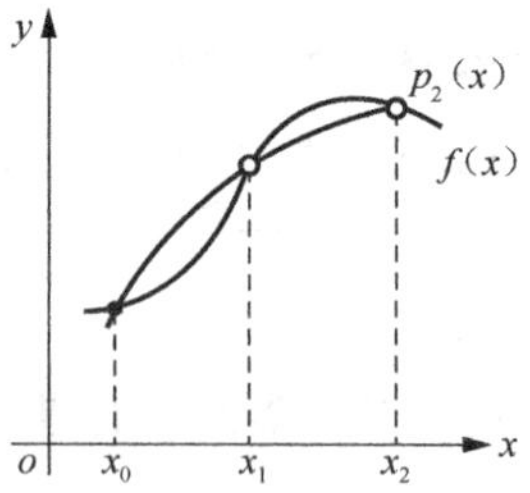

图 2-18　抛物线拟合

进行多项式插值首先要决定多项式的次数 n，一般需根据测试数据的分布，通过经验凑试法来决定。在确定多项式次数后，需选择自变量 x_i 和函数值 y_i，因为一般得到的离散数组的数目均大于 $n+1$，所以应选择适当的插值节点 x_i 和 y_i。插值节点的选择与插值多项式的误差大小有很大关系，在同样的 n 值条件下，选择合适的（x_i，y_i）值，可以减小误差。在开始时，可先选择等分值的（x_i，y_i），以后再根据误差的分布情况，改变（x_i，y_i）的取值。考虑到对计算实时性的要求，多项式的次数一般不宜选得过高。由于存在某些非线性特性，即使提高多项式的次数也很难提高拟合精度，反而增加了运算时间。此时，采用分段插值方法往往能得到更好的效果。

2）最小二乘法

可利用 n 次多项式进行拟合，因为拟合折线恰好经过这些节点，可以保证在 $n+1$ 个节点上校正误差为零。但是，如果这些实验数据含有随机误差，那么得到的校正方程并不一定能反映其实际的函数关系。因此，对于含有随机误差的实验数据的拟合，通常选择“误差平方和最小”这一标准来衡量逼近结果。这样，使逼近模型比较符合实际关系，同时函数的表达形式也比较简单。这就是本节要介绍的最小二乘法原理。

设被逼近函数为 $f(x_i)$，逼近函数为 $g(x_i)$，x_i 为 x 上的离散点，逼近误差为

$$V_i(x_i)=\left|f(x_i)-g(x_i)\right| \tag{2-25}$$

记

$$\varphi=\sum_{i=1}^{n}V^2(x) \tag{2-26}$$

令 φ 趋向于最小值，即在最小二乘法意义上使 $V(x)$ 最小化。为了使逼近函数简单，通常选择多项式。下面介绍用最小二乘法实现直线拟合和曲线拟合。

（1）直线拟合。设有一组实验数据如图 2-19 中的叉点所示，现在要作一条最接近这些数据点的直线。直线可有很多条，关键是找一条最佳的。设这组实验数据的最佳拟合直线方程（回归方程）为

$$y=a_1x+a_0 \tag{2-27}$$

式中，a_1 和 a_0 为回归系数。令

$$\varphi_{a_0,a_1}=\sum_{i=1}^{n}V_i=\sum_{i=1}^{n}\left[y_i-(a_0+a_1x)\right]^2 \tag{2-28}$$

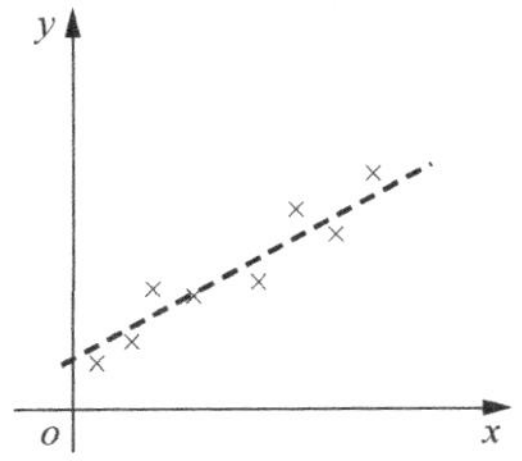

图 2-19　最小乘法直线拟合

根据最小二乘法原理，要使 φ_{a_0,a_1} 值最小，须按通常求极值的方法，对 a_0 和 a_1 求偏导数，并令其为 0，得

$$\frac{\partial\varphi}{\partial a_0}=\sum_{i=1}^{n}\left[-2\left(y_i-a_0-a_1x_i\right)\right]=0 \tag{2-29}$$

$$\frac{\partial\varphi}{\partial a_1}=\sum_{i=1}^{n}\left[-2x_i\left(y_i-a_0-a_1x_i\right)\right]=0 \tag{2-30}$$

又可得如下方程组，即正则方程组：

$$\sum_{i=1}^{n}y_i=a_0n+a_1\sum_{i=1}^{n}x_i \tag{2-31}$$

$$\sum_{i=1}^{n}x_iy_i=a_0\sum_{i=1}^{n}x_i+a_1\sum_{i=1}^{n}x_i^2 \tag{2-32}$$

解得

$$a_0=\frac{\left(\sum_{i=1}^{n}y_i\right)\left(\sum_{i=1}^{n}x_i^2\right)-\left(\sum_{i=1}^{n}x_iy_i\right)\left(\sum_{i=1}^{n}x_i\right)}{n\left(\sum_{i=1}^{n}x_i^2\right)-\left(\sum_{i=1}^{n}x_i\right)^2} \tag{2-33}$$

$$a_1=\frac{\left(\sum_{i=1}^{n}x_iy_i\right)-\left(\sum_{i=1}^{n}x_i\right)\left(\sum_{i=1}^{n}y_i\right)}{n\left(\sum_{i=1}^{n}x_i^2\right)-\left(\sum_{i=1}^{n}x_i\right)^2} \tag{2-34}$$

将各测量数据（校正点数据）代入正则方程组，即可解得回归方程的回归系数 a_0 和 a_1，从而得到这组测量数据在最小二乘法意义上的最佳拟合直线方程。

（2）曲线拟合。为了提高拟合精度，通常对 n 个实验数据对 $(x_i,y_i)(i=1,2,\cdots,n)$ 选用 m 次多项式即式（2-35）作为描述这些数据的近似函数关系式（回归方程）。

$$y=f\left(x\right)=a_0+a_1x+a_2x^2+\cdots+a_mx^m=\sum_{j=1}^{m}a_jx^j \tag{2-35}$$

如果把 (x_i,y_i) 的数据代入该多项式，就可得到 n 个方程，即

$$\begin{cases} y_1-\left(a_0+a_1x_1+\cdots+a_mx_1{}^m\right)=V_1 \\ y_2-\left(a_0+a_1x_2+\cdots+a_mx_2{}^m\right)=V_2 \\ \cdots \\ y_n-\left(a_0+a_1x_n+\cdots+a_mx_n{}^m\right)=V_m \end{cases} \tag{2-36}$$

简记为

$$V_i=y_i-\sum_{j=0}^{m}a_jx_i^j,(i=1,2,\cdots,n) \tag{2-37}$$

式中，V_i 为在 x_i 处由式（2-35）所示的回归方程计算得到的值与测量值的误差。

根据最小二乘法原理，若要求系数 a_j 的最佳估计值，则应使误差 V_i 的平方之和最小，即使式（2-38）的值最小。

$$\varphi(a_0,a_1,\cdots,a_m)=\sum_{i=1}^{n}V_i^2=\sum_{i=1}^{n}[y_i-\sum_{j=0}^{n}a_jx_i^j]^2 \tag{2-38}$$

由此可得如下正则方程组：

$$\frac{\partial\varphi}{\partial a_k}=-2\sum_{i=1}^{n}\left[\left(y_i-\sum_{j=0}^{m}a_jx_i^k\right)x_i^k\right]=0 \quad (i=1,2,\cdots,n) \tag{2-39}$$

用于计算 $a_0,a_1,\cdots,a_m$ 的线性方程组为

$$\begin{bmatrix} m & \sum x_i & \cdots & \sum x_i{}^m \\ \sum x_i & \sum x_i{}^2 & \cdots & \sum x_i{}^{m+2} \\ \cdots & \cdots & \cdots & \cdots \\ \sum x_i{}^m & \sum x_i{}^{m+1} & \cdots & \sum x_i{}^{2m} \end{bmatrix}\begin{bmatrix} a_0 \\ a_1 \\ \cdots \\ a_m \end{bmatrix}=\begin{bmatrix} \sum y_i \\ \sum x_iy_i \\ \cdots \\ \sum x_i{}^m y_i \end{bmatrix} \tag{2-40}$$

式中，$\sum$ 表示 $\sum_{i=1}^{m}$ 。

由式（2-40）可求得 $m+1$ 个未知数 a_j 的最佳估计值。拟合多项式的次数越高，拟合的结果就越精确，但计算量很大。一般在满足精度要求的条件下，尽量降低拟合多项式的次数。除了用 m 次多项式来拟合，还可以用其他函数如指数函数、对数函数、三角函数等进行拟合。

2. 系统误差的标准数据校正法

实际测量时现场情况往往很复杂，有时难以通过理论分析建立起智能传感器的误差校正模型。这时可以通过实验，即用实际的校正手段来求得校正曲线，然后，把曲线上的各个校正点的数据以表格形式存入智能传感器的内存中。一个校正点的数据对应一个（或几个）内存单元，在以后的实时测量中，通过查表来修正测量结果。

例如，如果一个模拟放大器的系统误差机理是未知的，可以在它的输入端逐次加入已知电压 $x_1,x_2,\cdots,x_n$ ，在输出端测出相应的结果 $y_1,y_2,\cdots,y_n$ ，进而得到一条校正曲线。然后，在智能传感器的内存中建立一张校正数据表，把 $y_i(i=1,2,\cdots,n)$ 作为 EPROM 的地址，把对

应的 $x_i(i=1,2,\cdots,n)$ 作为内容存入这些 EPROM 中。实际测量时，若测得一个 y_i，就去查表访问 y_i 这个地址，所读出的内容即校正后的测量结果。

当实测值介于两个校正点 y_i 和 y_{i+1} 之间时，若仅通过查表，则只能按其最接近的 y_i 或 y_{i+1} 查找，这显然会引入一定的误差。因此，可以利用前面所介绍的线性插值或抛物线插值的方法，求出该点的校正值。查表法和代数插值法相结合可以减少误差，提高测量精度和数据处理速度。通常情况下采用线性插值法。为了进一步提高测量精度，需要增加校正数据表中的校正数据，这样会增加表的长度，增大占用的存储空间和查表时间。但是在存储器容量及微处理器运算速度不断增加的今天，这一矛盾已不像过去那样突出。

3. 非线性校正

许多传感器、元器件及测试系统的输出信号与被测参数之间存在明显的非线性关系。为了使智能传感器直接显示各种被测参数并提高测量精度，必须对其非线性进行校正，使之线性化。非线性校正的方法很多，例如，用查表法进行修正，从所描述非线性的方程中求得校正函数，利用代数插值法、最小二乘法求得拟合曲线等。这里只介绍智能传感器中常用的 3 种校正方法。

1）校正函数

假设器件的输出-输入特性 $x=f(y)$ 存在非线性，须引入函数 $g(x)$，即

$$R=g(x)=g[f(y)] \tag{2-41}$$

若使变量 R 与 y 之间呈线性关系，则函数 $g(x)$ 就是校正函数了。校正函数 $g(x)$ 往往是被校正函数的反函数。

例如，热电偶的温度与热电势之间关系可表示为一条较复杂的曲线，它可以用如下数学表达式描述，即

$$R=a+bx_p+cx_p^2+dx_p^3 \tag{2-42}$$

式中，x_p 是与冷端温度 T_0 有关的函数：

$$x_p=x+a'+b'T_0+c'T_0^2 \tag{2-43}$$

只要知道热电偶的冷端温度 T_0（例如用热敏电阻测量），并将其代入式（2-43）中，就不难得到温度与热电偶之间的数学表达式，即非线性校正算法：

$$R=Dx^3+Cx^2+Bx+a \tag{2-44}$$

对于不同型号的热电偶，系数 a、b、c、d 和 a'、b'、c'、d'也不相同，这些系数可从有关手册中查到，并作为常数存储在 ROM 内。对于难以用准确的函数式表达的信号，不宜用校正函数进行校正。

2）用代数插值法进行校正

用代数插值法进行非线性校正，是工程上经常使用的方法。式（2-21）就是利用线性插值法得到的校正方程。下面以镍铬-镍铝热电偶为例，说明非线性校正的方法。0～400℃下的镍铬-镍铝热电偶分度表如表 2-5 所示。

表 2-5　镍铬-镍铝热电偶分度表

温度/℃	0	10	20	30	40	50	60	70	80	90
	热电势/mV									
0	0.00	0.40	0.80	1.20	1.61	2.02	2.44	2.85	3.27	3.86
100	4.10	4.51	4.92	5.33	5.73	6.14	6.54	6.94	7.34	7.74
200	8.14	8.54	8.94	9.34	9.75	10.15	10.56	10.97	11.38	11.80
300	12.21	12.62	13.04	13.46	13.87	14.29	14.71	15.13	15.55	15.97
400	16.40	16.82	17.67	17.67	18.09	18.51	18.94	19.36	19.79	20.21

要求用直线方程进行校正，允许误差小于 3℃。现取 0℃和 490℃（400℃+90℃）的两个坐标 $A(0,0)$和 $B(20.21,490)$，按式(2-22)可求得 $a_1=24.245$，$a_0=0$，即 $p_1(x)=24.245x$，这就是直线的校正方程。可以验证，在两个端点的拟合误差为 0，而在 $x=11.38$ mV 时，$p_1(x)=275.91$ ℃，误差为 4.09 ℃，达到最大值。240～360℃范围内的拟合误差均大于 3℃。

显然，对于非线性程度严重或测量范围较宽的非线性特性，采用一个直线方程进行校正，往往很难满足智能传感器的精度要求。为了提高校正精度，可采用分段直线方程来进行非线性校正，即用折线逼近曲线。对分段后的每一段折线用一个直线方程来校正，即

$$p_{1i}(x)=a_{1i}x+a_{0i} \quad (i=1,2,\cdots,N) \tag{2-45}$$

折线的节点有等距节点与非等距节点两种。

（1）等距节点分段直线校正法。该方法适用于特性曲线的曲率变化不大的场合。每一段折线都用一个直线方程代替，分段数 N 取决于非线性程度和对校正精度的要求。非线性越严重或校正精度要求越高，则分段数 N 越大。为了实时计算方便，常取 $N=2^m, m=0,1,2,\cdots,N$。式（2-45）中的 a_{1i} 和 a_{0i} 可离线求得。采用等分法，每一段折线的拟合误差一般各不相同。拟合结果应保证

$$\max p\left[V_{\max i}\right]\leqslant\varepsilon \tag{2-46}$$

式中，$V_{\max i}$ 为第 i 段的最大拟合误差，ε 为测量要求的非线性校正误差。求得的 a_{1i} 和 a_{0i} 存入智能传感器的 ROM 中。实际测量时先用程序判断输入的被测量位于折线的哪一段，然后取出该折线段对应的 a_{1i} 和 a_{0i} 进行计算，即可求得到被测量的相应近似值。

（2）非等距节点分段直线校正法。对于曲率变化大的曲线，若采用等距节点分段直线校正法进行非线性校正，要使最大误差满足要求，分段数 N 就会变得很大，各折线段误差大小不均匀。同时，N 增加，使得 a_{1i} 和 a_{0i} 的数目相应增加，占用较多内存空间。为了解决这个问题，可以采用非等距节点分段直线校正法，即在线性较好的部分节点间的距离取得大些，反之取得小些，使各折线段的误差均匀分布。非等距节点分段直线校正示例如图 2-20 所示，该曲线用不等分的三段折线校正可达到所要求的精度，若采用等距节点分段直线校正法，至少要用四五

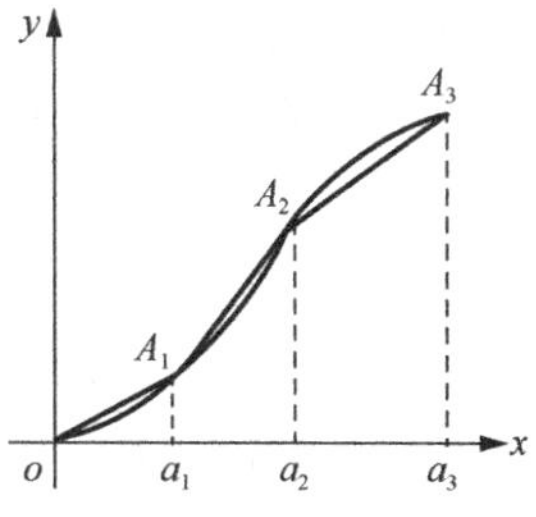

图 2-20　非等距节点分段直线校正示例

段折线校正。

三段非等距节点分段直线的数学表达式为

$$p_1(x)=\begin{cases}a_{11}x+a_{01}, & 0\leqslant x<a_1\\ a_{12}x+a_{02}, & a_1\leqslant x<a_2\\ a_{13}x+a_{03,} & a_2\leqslant x<a_3\end{cases} \tag{2-47}$$

现在用两段非等距节点分段直线校正法校正智能传感器的非线性，在表 2-5 所列的数据中选取 3 点：(0，0)、(10.15，250)、(20.21，490)，现用经过这三点的两个直线方程来代替整个表格，并可求得方程：

$$p_1(x)=\begin{cases}24.63x, & 0\leqslant x<10.15\\ 23.86x+7.85, & 10.15\leqslant x<20.21\end{cases} \tag{2-48}$$

可以验证，利用式（2-48）中的两个插值方程对表 2-5 所列的数据进行非线性校正，每一点的误差均不大于 2℃。最大绝对误差发生在 130℃处，误差值为 1.278℃。

可见，利用非等距节点分段直线校正法可以大大提高智能传感器非线性的校正精度。对于非线性严重的特性曲线，必须合理确定分段数和选择合适节点，才能保证校正精度，提高运算速度，减少占用的内存空间。

3）利用最小二乘法进行非线性校正

利用最小二乘法对实验数据进行直线拟合，用拟合的直线表示输出和输入之间的线性关系，并满足允许的误差要求，这种方法可以消除实验数据中随机误差的影响。

仍以镍铬-镍铝热电偶的非线性校正为例，选取表 2-5 中的 3 点（0，0）、（10.15，250）、（20.21，490），与前面的非等距节点分段直线校正法所用的数据相同。设两段直线方程分别为

$$y=a_{01}+a_{11}x, \quad 0\leqslant x<10.15 \tag{2-49}$$

$$y=a_{02}+a_{12}x, \quad 10.15\leqslant x<20.21 \tag{2-50}$$

根据最小二乘法直线拟合的算法，由式（2-32）和（2-34）求得

$$a_{01}=-0.122, \quad a_{11}=24.57, \quad a_{02}=9.05, \quad a_{12}=23.83 \tag{2-51}$$

可以验证，第一段直线最大绝对误差发生在 130℃处，误差为 0.836℃，第二段直线最大绝对误差发生在 250℃处，误差为 0.925℃。与两段非等距节点分段直线校正法的校正结果相比较可以看出，采用最小二乘法所得到的校正方程的绝对误差较小。

4. 温度误差的补偿

传感器中的放大器、模拟开关、模/数转换器等各种集成电路，都受温度的影响而产生温度误差，因此温度变化会影响整个传感器的性能指标。在智能传感器出现以前，电子传感器要采用各种硬件方法进行温度补偿，造成其中的电路很复杂。由于智能传感器中有微处理器，可以充分发挥软件的优势，利用各种算法进行温度补偿。为此，需要建立比较精确的温度误差数学模型，并采用相应的算法。另外，为了实现自动补偿，必须在传感器里安装测温元件，常用的测温元件是 PN 二极管、热敏电阻或 AD590 等，把它们接在电路中，

可将温度转换成电量，经信号调理电路、模/数转换器转换成与温度有关的数字量θ，最后利用θ的变化计算温度的补偿量。

表示传感器温度误差的数学模型，需要通过理论分析或实验来建立。例如，某些智能传感器采用如下较简单的数学模型：

$$y_c = y\left(1 + a_0\Delta\theta\right) + a_1\Delta\theta \tag{2-52}$$

式中，y为未经温度误差校正的测量值；

y_c为经温度误差校正后的测量值；

$\Delta\theta$为实际工作环境温度与标准温度之差；

a_0，a_1为温度变化系数，a_1用于补偿零位漂移，a_0用于补偿智能传感器灵敏度的变化。

2.2.3 随机误差的数据处理

为了克服随机干扰引入的误差，可以采用硬件进行滤波。由于智能传感器中有微处理器，可以用软件算法来实现数字滤波。数字滤波可以抑制有效信号中的干扰成分，消除随机误差，同时对信号进行必要的平滑处理，以保证仪表及系统的正常运行。

由于计算技术的飞速发展，数字滤波器在通信、雷达、测量、控制等领域中得到广泛的应用，它具有如下的优点：

（1）数字滤波是计算机的运算过程，不需要硬件，因此可靠性高，不存在阻抗匹配问题，而且可以对频率很高或很低的信号进行滤波，这是模拟滤波器所不具备的。

（2）数字滤波器是用软件算法实现的，因此可以使多个输入通道共用一个软件“滤波器”，从而降低仪表的成本。

（3）只要适当改变软件滤波程序或运算参数，就能方便地改变数字滤波器特性，这对于低频、脉冲干扰、随机噪声特别有效。

尽管数字滤波器具有许多模拟滤波器所不具备的特点，但它并不能代替模拟滤波器。因为输入信号必须转换成数字信号后才能进行数字滤波，有的输入信号很小，而且混有干扰信号，所以必须使用模拟滤波器。另外，在采样测量中，为了消除混叠现象，往往在信号输入端增加抗混叠滤波器，这也是数字滤波器所不能代替的。可见，模拟滤波器和数字滤波器各有各的作用，都是智能传感器中不可缺少的。

智能传感器中常用的数字滤波方法有限幅滤波、中位值滤波、算术平均滤波、滑动平均滤波和低通数字滤波等。

1. 限幅滤波

尖脉冲干扰信号随时可能窜入智能传感器中，使得测量信号突然增大，造成严重失真。对于这种随机干扰，限幅滤波是一种十分有效的方法。其基本方法是通过比较相邻时刻（n和n−1时刻）的两个采样值y_n和$\overline{y}_{n-1}$，若它们的差值过大，超出了参数可能的最大变化范围，则认为发生了随机干扰，并视这次采样值y_n为非法值，予以剔除。y_n作废后，可以用$\overline{y}_{n-1}$代替y_n，或采用递推的方法，由$\overline{y}_{n-1}$、$\overline{y}_{n-2}$（n−1、n−2时刻的滤波值）来近似推出

y_n，其相应的算法为

$$\Delta y_n = |y_n - \overline{y}_{n-1}|, \quad \begin{cases} \leqslant a & \overline{y}_n = y_n \\ > a & \overline{y}_n = \overline{y}_{n-1} \end{cases} \tag{2-53}$$

式中，a 表示相邻两个采样值之差的最大变化范围。

上述限幅滤波方法很容易用程序判断的方法实现，也称程序判断法。

在应用这种方法时，关键在于 a 值的选择。过程的动态特性决定其输出参数的变化速度。因此，通常按照参数可能的最大变化速度 $V_{\max}$ 及采样周期 T，决定 a 值，即

$$a = V_{\max} T \tag{2-54}$$

2. 中位值滤波

中位值滤波就是对某一个被测量连续采样 n 次（一般 n 取奇数），然后把 n 次采样值按大小排队，取中间值为本次采样值。中位值滤波能有效地克服因偶然因素引起的波动或智能传感器不稳定引起的误码所造成的脉冲干扰。对温度、液位等缓慢变化的被测量，采用这种方法能收到良好的效果；但对于流量、压力等快速变化的参数，一般不采用中位值滤波方法。

3. 算术平均滤波

算术平均滤波就是连续取 n 个采样值进行平均。其数学表达式为

$$\overline{y} = \frac{1}{N}\sum_{i=1}^{N} y_i \tag{2-55}$$

算术平均滤波法用于对一般具有随机干扰的信号进行滤波。这种信号的特点是围绕着一个平均值，在某一范围附近作上下波动。因此，仅取一个采样值作为滤波值是不准确的。算术平均滤波方法对信号的平滑度完全取决于 N。从理论上讲，在无系统误差的情况下，当 $N \to \infty$，其平均值趋近于最大期望值，但实际上 N 是有限的。当 N 较大时，平滑度高，灵敏度降低；当 N 较小时，平滑度低，灵敏度提高。应根据具体情况选取 N，既保证滤波效果，又尽量减少计算时间。

4. 滑动平均值滤波

利用算术平均值滤波时，每计算一次数据，需测量 N 次。对于测量速度较慢或要求计算速度较高的实时系统，该方法是无法使用的。例如，某 ADC 芯片转换速率为 10 次/秒，要求每秒输入 4 次数据，并且 N 不能大于 2。下面介绍一种只需进行一次测量，就能得到一个新的算术平均值的方法——滑动平均值滤波。

滑动平均值滤波采用队列作为测量数据存储器，队列的长度固定为 N，每进行一次新的测量，把测量结果放于队尾，扔掉原来队首的一个数据。这样在队列中始终有 N 个“最新”的数据。计算平均值时，只要把队列中的 N 个数据进行算术平均，就可得到新的算术平均值。这样每进行一次测量，就可计算得到一个新的算术平均值。

5. 低通数字滤波

若将普通硬件 RC 低通滤波器特性的微分方程用差分方程来表示，则可以用软件算法来模拟硬件滤波器的功能。简单的 RC 低通滤波器的传递函数可以写为

$$G(S)=\frac{Y(s)}{X(s)}=\frac{1}{\tau s+1} \tag{2-56}$$

式中，$\tau=RC$，即滤波器的时间常数。

由式（2-56）可以看出，RC 低通滤波器实际上是一个一阶滞后滤波系统。将式（2-56）离散可得其差分方程的表达式，即

$$Y(n)=(1-\alpha)Y(n-1)+\alpha X(n) \tag{2-57}$$

式中，$X(n)$ 为本次采样值；$Y(n)$ 为本次滤波的输出值；$Y(n-1)$ 为上次滤波的输出值；$\alpha=1-\mathrm{e}^{-T/\tau}$ 为滤波平滑系数；T 为采样周期。

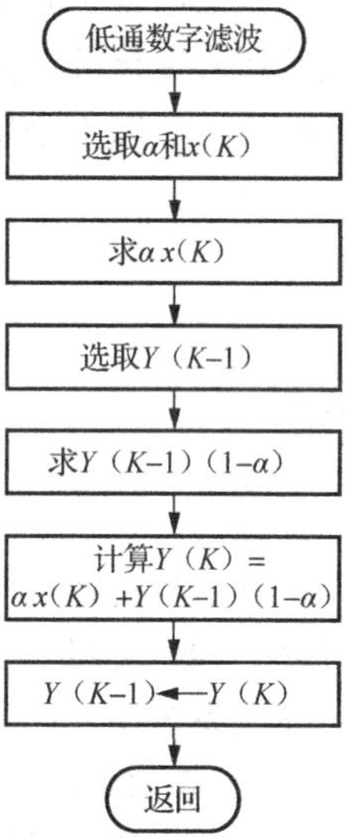

图 2-21　实现 RC 低通数字滤波的流程图

采样周期 T 应远小于 τ，因此 α 值远小于 1。结合式（2-57）可以看出，本次滤波的输出值 $Y(n)$ 主要取决于上次滤波的输出值 $Y(n-1)$（注意，不是上次的采样值）。本次采样值对滤波的输出值贡献比较小，这就模拟了具有较大惯性的低通滤波功能。低通数字滤波对滤除变化非常缓慢的被测信号中的干扰成分十分有效。硬件模拟滤波器在处理低频时，电路实现很困难，而数字滤波器不存在这个问题。实现低通数字滤波的流程图如图 2-21 所示。

式（2-57）所表达的低通滤波的算法与加权平均滤波的算法有一定的相似之处，低通数字滤波算法中只有两个系数 α 和 $1-\alpha$，并且式（2-57）的基本意图是加重上次滤波器输出的值，因而在输出过程中，任何快速的脉冲干扰都将被滤掉，仅保留下缓慢变化的信号，故称之为低通滤波。

假如将式（2-57）变为

$$Y(K)=\alpha X(K)-(1-\alpha)Y(K-1) \tag{2-58}$$

则可实现高通数字滤波。

参 考 文 献

[1] 刘君华. 智能传感器系统(第二版)[M]. 西安: 西安电子科技大学出版社, 2010.
[2] 张鸣, 李赟. 智能传感器功能综述[J]. 无线互联科技, 2014(04): 137.
[3] Gary W. Hunter, Joseph R. Stetter, Peter J. Hesketh, 刘炯权. 智能传感器系统[J]. 化学传感器, 2012, 32(01): 5-11.
[4] 王祁, 赵永平, 魏国. 智能仪器设计[M]. 哈尔滨：哈尔滨工业大学出版社, 2016.
[5] 陈黎敏. 智能传感器的数据处理方法[J]. 传感器技术, 2004(05): 56-58.
[6] 杨晓婕, 周云利, 成明胜. 智能传感器数据预处理方法的研究[J]. 测控技术, 2005(03): 4-5+9.

第 3 章　智能传感器信息处理技术

3.1 概　　述

传统传感器是一种利用敏感元件将被测物理量转换为电信号的装置。相对于传统传感器，智能传感器最大的特点是具有专用信息处理功能。随着智能传感器硬件结构中敏感元件、信号调理电路、微处理器集成程度的不断提高，智能传感器的信息处理能力显著增强，极大地支持了智能传感器的功能扩展。本章介绍智能传感器中常用的信息处理技术，这些技术有助于实现传感器的信号特征提取、故障检测与隔离、故障诊断等功能。主要包括预测滤波器、时-频分析法、数据驱动法、熵方法及模式识别法。

3.2 预测滤波器

3.2.1 多项式预测滤波器

多项式预测滤波器是智能传感器对其测量值进行短期预测的一个重要模型，能够对用于测量缓慢变化物理量的传感器测量值的可信性进行有效分析。下面对多项式预测滤波器算法进行简要介绍[1]。

假设信号 $x(n)$ 是由下述方程描述的一阶多项式：

$$x(n)=\sum_{l=0}^{L}p(l)n^{l} \tag{3-1}$$

式中，$p(l)(l=0,1,\cdots,L)$ 为多项式的系数。

如果采用信号 $x(n)$ 的前 K 个时刻的值 $x(n-K+1),\cdots,x(n)$ 来预测信号的将来值 $x(n+N)$，即

$$x(n+N)=\sum_{k=0}^{K-1}h(k)x(n-k) \tag{3-2}$$

显然，式（3-2）是一个以 $h(k)(k=0,1,\cdots,K-1)$ 为系数的有限冲激响应（FIR）滤波器。由式（3-1）和式（3-2）可知，

$$\sum_{l=0}^{L}p(l)[n+N]^{l}=\sum_{k=0}^{K-1}h(k)\sum_{l=0}^{L}p(l)[n-k]^{l} \tag{3-3}$$

将式（3-3）展开为 L+1 个等式，

$$p(l)[n+N]^l=\sum_{k=0}^{K-1}h(k)\sum_{l=0}^{L}p(l)[n-k]^l \tag{3-4}$$

消去等式两边的 $p(l)$，得

$$\sum_{k=0}^{K-1}k^l h(k)=(-N)^l \tag{3-5}$$

式中，$l=0,1,\cdots,L$。式（3-5）称为多项式预测滤波器系数 $h(k)$ 的约束条件，但由于通过该式无法确定唯一的 $h(k)$，故还需要其他的约束条件。

考虑到通常遇到的信号都是混有噪声的，为了使噪声通过该滤波器的增益最小，通常希望滤波器的噪声增益 $\mathrm{NG}=\frac{1}{\pi}\int_0^{\pi}\left|\phi(\mathrm{e}^{\mathrm{j}w})\right|^2\mathrm{d}w$ 最小，其中 $\phi(\bullet)$ 为滤波器的传递函数。

对于式（3-2）描述的 FIR 滤波器，噪声增益可以改写为

$$\mathrm{NG}=\sum_{k=0}^{K-1}\left|h(k)\right|^2 \tag{3-6}$$

利用拉格朗日乘子法，在式（3-5）的约束下使式（3-6）在两种情况下的最小的最优解分别为

当 $N=1,L=1$ 时，

$$h(k)=\frac{4K-6k-4}{K(K-1)} \tag{3-7}$$

当 $N=1,L=2$ 时，

$$h(k)=\frac{9K^2+(-27-36k)K+30k^2+42k+18}{K^3-3K^2+2K} \tag{3-8}$$

式中，$k=0,1,\cdots,K-1$。当 N 和 L 为其他值时，请参考文献[2]的计算方法及计算结果。

该预测模型建立的前提是当智能传感器刚投入工作时，智能传感器的前 N 个采样点都有效且无故障，利用该数据序列构建多项式预测滤波器，N 为多项式预测滤波器的长度。在线实时更新过程如下：若在下一个采样点 N 没有故障发生，则用实际值更新多项式预测滤波器，如式（3-9）所示；若确认有故障存在，该多项式预测滤波器的估计值将代替实际测量值，并用估计值更新多项式预测滤波器[3]，如式（3-10）所示。这样，预测模型能够具有良好的适应性。当然，阈值的选择将决定该预测模型对故障幅值的灵敏性，阈值的设置与被监测信号的种类和特点有关。

$$X_{\mathrm{new}}=\{x_1,x_2,\cdots,x_N\} \tag{3-9}$$

$$X_{\mathrm{new}}=\{x_1,x_2,\cdots,\hat{x}_N\} \tag{3-10}$$

3.2.2 灰色预测滤波器

灰色系统理论是由华中科技大学教授邓聚龙提出并加以推广的，适用于分析工程应用过程中出现的“部分信息已知，部分信息未知”的灰色系统。目前，灰色系统理论在系统分析、建模、控制、决策等方面展现了广阔的应用前景。灰色预测滤波器是灰色系统理论

中的一个重要理论部分，特别适用于解决小样本、贫信息情况下的时间序列预测问题。由于动态测量系统具有时变性、复杂性与不确定性等特点，基于传统统计方法的预测模型（如自回归移动平均模型、非线性回归模型）并不能准确地预测系统的发展趋势。灰色预测滤波器 GM（1, 1）是目前应用最为普遍的时间序列预测模型，相比传统的统计方法，其优势在于只需要有限的历史数据对动态系统进行建模，就能够获得理想的预测精度。GM（1, 1）的基本原理是利用累加生成运算（Accumulated Generating Operation, AGO）弱化原始时间序列的随机性，使生成的新序列能够反映原始时间序列的内在规律，并符合一阶线性常微分方程的求解过程。灰色预测滤波器 GM（1, 1）的实现过程如下。

假设动态测量系统获得的原始时间序列为

$$\boldsymbol{X}=\{x(1),x(2),\cdots,x(k),\cdots,x(n)\} \tag{3-11}$$

式中，$x(k)$ 为第 k 个采样点对应的测量值。根据灰色系统理论，时间序列 $\boldsymbol{X}$ 中的元素均应为非负值。将式（3-11）描述的时间序列 $\boldsymbol{X}$ 改写为

$$\boldsymbol{X}^{(0)}=\{x^{(0)}(u)+c\},u=1,2,\cdots,k,\cdots,n, \tag{3-12}$$

式中，$\boldsymbol{X}^{(0)}$ 由 n 个临近采样点对应的测量值组成；c 为常数，用于保证 $x^{(0)}(u)+c\geqslant 0$。若 $x^{(0)}(u)\geqslant 0$，则可令 $c=0$。参数 n 为非负时间序列 $\boldsymbol{X}^{(0)}$ 的长度，把它的最小值可设置为 4 就可以满足较高的预测精度。

为了获得时间序列的内在规律，对时间序列 $\boldsymbol{X}^{(0)}$ 进行一阶累加生成运算（1-AGO），得到一阶累加生成序列 $\boldsymbol{X}^{(1)}$，即

$$\boldsymbol{X}^{(1)}=\{x^{(1)}(1),x^{(1)}(2),\cdots,x^{(1)}(k),\cdots,x^{(1)}(n)\} \tag{3-13}$$

式中，

$$x^{(1)}(k)=\sum_{i=1}^{k}x^{(0)}(i),\ \ k=1,2,\cdots,n \tag{3-14}$$

灰色预测滤波器 GM（1, 1）的基本形式称为灰色差分方程，即

$$\frac{\mathrm{d}x^{(1)}(k)}{\mathrm{d}k}+az^{(1)}(k)=b,\ \ k=2,3,\cdots,n \tag{3-15}$$

式中，a 和 b 均为待定参数，分别称为发展系数和控制系数，可联合表示为 $\hat{a}=[a,b]^{\mathrm{T}}$。$z^{(1)}(k)$ 为背景值，其定义为

$$z^{(1)}(k)=\alpha x^{(1)}(k)+(1-\alpha)x^{(1)}(k-1) \tag{3-16}$$

式中，α 为背景值调节因子，其值范围为[0, 1]。当 α 趋近于 0 时，表示 $x^{(1)}(k-1)$ 对于灰色预测滤波器的影响更为重要；相反，如果 α 趋近于 1 时，表示 $x^{(1)}(k)$ 对灰色预测滤波器的影响更重要。一般情况下，α 的值取 0.5，式（3-16）称为临近均值操作运算。

根据导数的定义，式（3-15）中的 $\frac{\mathrm{d}x^{(1)}(k)}{\mathrm{d}k}$ 可表示为

$$\frac{\mathrm{d}x^{(1)}(k)}{\mathrm{d}k}=\lim_{\Delta k\to 0}\frac{x^{(1)}(k+\Delta k)-x^{(1)}(k)}{\Delta k} \tag{3-17}$$

假设采样间隔 Δk 为单位间隔，式（3-17）可转化为

$$\frac{\mathrm{d}x^{(1)}(k)}{\mathrm{d}k}=x^{(1)}(k+1)-x^{(1)}(k)=x^{(0)}(k+1) \tag{3-18}$$

将式（3-16）和式（3-18）代入式（3-15）中可得

$$x^{(0)}(k+1)=a[-(\alpha x^{(1)}(k)+(1-\alpha)x^{(1)}(k-1))]+b \tag{3-19}$$

式中，待定参数 a 和 b 可通过最小二乘法得到。

$$\hat{a}=[a,b]^{\mathrm{T}}=(\boldsymbol{B}^{\mathrm{T}}\boldsymbol{B})^{-1}\boldsymbol{B}^{\mathrm{T}}\boldsymbol{Y},$$
$$\boldsymbol{Y}=\begin{pmatrix}x^{(0)}(2)\\x^{(0)}(3)\\\vdots\\x^{(0)}(n)\end{pmatrix},\quad \boldsymbol{B}=\begin{pmatrix}-z^{(1)}(2)&1\\-z^{(1)}(3)&1\\\vdots&\\-z^{(1)}(n)&1\end{pmatrix} \tag{3-20}$$

式（3-15）对应的白化微分方程如下所示：

$$\frac{\mathrm{d}x^{(1)}(k)}{\mathrm{d}k}+ax^{(1)}(k)=b \tag{3-21}$$

通过设定初始值 $\hat{x}^{(1)}(1)=\hat{x}^{(0)}(1)$，灰色预测滤波器 GM（1,1）的时间响应函数为

$$\hat{x}^{(1)}(k+1)=\left[x^{(1)}(1)-\frac{b}{a}\right]\mathrm{e}^{-ak}+\frac{b}{a},\quad k=2,3,\cdots,n \tag{3-22}$$

再由一阶累减生成运算（1-IAGO），在第 $k+1$ 个采样点的预测值可由下式求得。

$$\hat{x}^{(0)}(k+1)=\hat{x}^{(1)}(k+1)-\hat{x}^{(1)}(k)=(1-\mathrm{e}^{a})\left[x^{(0)}(1)-\frac{b}{a}\right]\mathrm{e}^{-ak},\quad k=1,2,\cdots,n \tag{3-23}$$

预测精度是评价灰色预测滤波器 GM（1, 1）性能的重要指标。在实际应用之前，灰色预测滤波器 GM（1, 1）需要进行精度评价，以保证 GM（1, 1）预测数据的可靠性与可行性。目前，对灰色预测滤波器的预测精度评价方法有平均绝对百分比误差、均方误差和平均绝对误差三种评价指标。

平均绝对百分比误差（Mean Absolute Percentage Error, MAPE）是一种通用的预测准确性评估准则，能够客观地表示测量值的监测值与预测值的相对偏差。

$$\mathrm{MAPE}=\frac{1}{n}\sum_{k=1}^{n}\left|\frac{x^{(0)}(k)-\hat{x}^{(0)}(k)}{x^{(0)}(k)}\right|\times 100\% \tag{3-24}$$

均方误差（Mean Squared Error, MSE）和平均绝对误差（Absolute Mean Error, AME）均为检验预测误差平均值的评估准则，用于确定预测值与测量值之间的离散程度。

$$\mathrm{MSE}=\frac{1}{n}\sum_{k=1}^{n}\left[x^{(0)}(k)-\hat{x}^{(0)}(k)^{2}\right] \tag{3-25}$$

$$\mathrm{AME}=\frac{1}{n}\sum_{k=1}^{n}\left|x^{(0)}(k)-\hat{x}^{(0)}(k)\right| \tag{3-26}$$

通过以上建模过程可知，灰色预测滤波器 GM（1,1）对具有近似指数特征的数据序列有理想的预测效果。邓聚龙教授认为大多数存在的动态系统都属于广义能量系统，并强调非负的光滑离散函数能够转化为具有近似指数规律（称为灰色指数规律）的序列。由于广

义能量系统在不受外界因素干扰的条件下，将服从近似指数规律。因此，灰色预测滤波器GM（1,1）能够实现对广义能量系统的准确预测[4-5]。

3.3 时-频分析法

3.3.1 小波包分析

小波变换是一种非常有效的时-频分析方法，具有带宽与中心频率之比值保持不变的特性，常用于解决时变信号或非平稳信号的时-频分析方面的问题。与傅里叶变换或短时傅里叶变换相比具有更大的优势。然而，这 特点限制了它在分析高频信号或信号高频成分时的低频率分辨率。从多分辨率分析的角度来看，小波变换仅能将高分辨率的逼近信号分解为低分辨率的逼近信号和细节信号，而无法对所关心信号的细节做进一步的分解。因此，当某些情况下要求对高频信号或信号细节做更为灵活、细致的分析与处理时，小波变换就存在局限性。

小波包理论是在小波分析理论的基础上发展起来的，用它对高频信号或信号细节做进一步的分解，克服了小波变换对高频信号或信号高频成分的频率分辨率低的缺陷和不足，提高了频率分辨率，具有更好的时-频特性，被广泛地应用于特征信息的提取。

多分辨分析可以对信号进行有效的时-频分解，但由于其尺度是按照二进制变化的，所以在高频段其频率分辨率较差，而在低频段，其时间分辨率较差。小波包分析能够为信号提供一种更加精细的分析方法，将频带进行多层次划分，对多分辨分析没有细化的高频部分进一步分解，并能够根据被分析信号的特征，自适应地选择相应频带，使之与信号频谱相匹配，从而提高了时-频分辨率。

在多分辨分析中，$L^2(R)=\bigoplus_{j\in Z} W_j$，表明多分辨分析是按照不同的尺度因子 j 把希尔伯特（Hilbert）空间 $L^2(R)$ 分解为所有子空间 $W_j(j\in Z)$ 的正交和。其中，W_j 为小波基函数 $\psi(t)$ 的闭包。为了进一步对小波子空间 W_j 按照二进制方式进行频率的细分，将尺度子空间 V_j 和小波子空间 W_j 用一个新的子空间 U_j^n 统一起来，若令

$$\begin{cases} U_j^0=V_j \\ U_j^1=W_j \end{cases},\quad j\in Z \tag{3-27}$$

则希尔伯特空间的正交分解 $V_{j+1}=V_j\oplus W_j$ 即可用 U_j^n 的分解统一为

$$U_{j+1}^0=U_j^0\oplus U_j^1,\quad j\in Z \tag{3-28}$$

定义子空间 U_j^n 是函数 $u_n(t)$ 的闭包空间，U_j^{2n} 是函数 $u_{2n}(t)$ 的闭包空间，并令 $u_n(t)$ 满足下面的双尺度方程：

$$\begin{cases} u_{2n}(t)=\sqrt{2}\sum\limits_{k\in Z} h(k)u_n(2t-k) \\ u_{2n+1}(t)=\sqrt{2}\sum\limits_{k\in Z} g(k)u_n(2t-k) \end{cases} \tag{3-29}$$

式中，$g(k)=(-1)^k h(1-k)$，即两系数也具有正交关系。当 $n=0$ 时，式（3-29）变为

$$\begin{cases} u_0(t)=\sqrt{2}\sum_{k\in Z} h_k u_0(2t-k) \\ u_1(t)=\sqrt{2}\sum_{k\in Z} g_k u_0(2t-k) \end{cases} \tag{3-30}$$

在多分辨分析中，$\phi(t)$ 和 $\psi(t)$ 满足双尺度方程：

$$\begin{cases} \phi(t)=\sum_{k\in Z} h_k \phi(2t-k), \{h_k\}_{k\in Z}\in l^2 \\ \psi(t)=\sum_{k\in Z} g_k \phi(2t-k), \{g_k\}_{k\in Z}\in l^2 \end{cases} \tag{3-31}$$

相比较后，$u_0(t)$ 和 $u_1(t)$ 分别退化为尺度函数 $\phi(t)$ 和小波基函数 $\psi(t)$。式（3-30）是式（3-28）的等价表示，把这种等价表示推广到 $n\in Z_+$（非负整数）的情况，即得到式（3-29）的等价表示，即

$$U_{j+1}^n = U_j^n \oplus U_j^{2n+1},\ j\in Z; n\in Z_+ \tag{3-32}$$

由式（3-29）构造的序列 $\{u_n(t)\}$（其中 $n\in Z_+$）称为由基函数 $u_0(t)=\phi(t)$ 确定的正交小波包。由于 $\phi(t)$ 由 h_k 唯一确定，所以又称 $\{u_n(t)\}_{n\in Z}$ 为关于序列 $\{h_k\}$ 的正交小波包。

图 3-1 以三层小波包为例说明小波包分解过程。其中，A 表示低频，D 表示高频，末尾的序号表示小波包的层数。从而得到：X=AAA3+DAA3+ADA3+DDA3+AAD3+DAD3+ADD3+DDD3。可以看出，不仅对低频部分进行了分解，也对高频部分进行了分解。

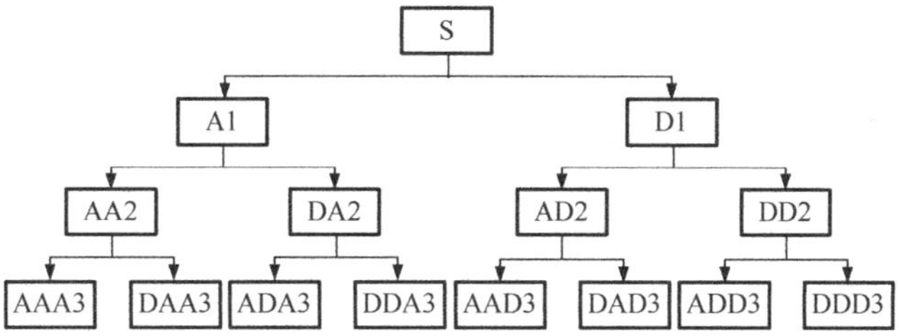

图 3-1 三层小波包分析示意图

3.3.2 经验模态分解

基于多尺度分解的小波包变换较好地使信号特征在时-频局部突现出来，但是，若选择了小波包基和分解尺度，则所得到的结果是某一固定频带信号，频带范围与信号本身无关，因此小波包分析不具有对传感器信号的自适应分解能力[6]。经验模态分解（EMD）是由 Huang N E 在 1998 年提出的 Hilbert-Huang（希尔伯特-黄）变换（HHT）中的重要部分[7]，它是一种新的时-频分析方法，HHT 通过经验模态分解将一个时间序列分解成一组本征模态函数（IMF），然后经 Hilbert 变换后得到信号的 Hilbert 谱。与小波变换相比，经验模态分解不需要预先设定基函数，可根据信号自身的特征进行分解，具有自适应性，所得到的本征模态函数分量突出了数据的局部特征，非常适用于非平稳性、非线性过程的信号处理，并且经验模态分解已经成功地应用于机械故障诊断的特征提取中[8-9]，通过对加速度传感器

所采集的振动信号进行分解，实现对旋转机械故障的诊断。

经验模态分解是一种自适应的信号分解方法，能够在没有能量泄漏的前提下，将复杂信号分解为一组本征模态函数和一个残余分量。求取本征模态函数需要满足两个条件：

（1）在整个数据序列中，极值点的数量与过零点的数量必须相等或者最多相差一个。

（2）在任一点，由数据序列的局部极大值点确定的上包络线和由极小值点确定的下包络线的均值为零。

利用经验模态分解，对传感器信号进行分解的过程如下。

步骤一：针对原始传感器信号 $x(t)$，通过三次样条插值分别拟合出 $x(t)$ 的极大值点确定的上包络线 $e_+(t)$ 和极小值点确定的下包络线 $e_-(t)$，并求取上下包络线的均值作为 $x(t)$ 的均值包络 $m_1(t)$。

$$m_1(t)=\frac{e_+(t)+e_-(t)}{2} \tag{3-33}$$

步骤二：从原始传感器信号 $x(t)$ 中减去均值包络 $m_1(t)$，得到一个低频的新信号 $h_1^1(t)$，即

$$h_1^1(t)=x(t)-m_1(t) \tag{3-34}$$

一般情况下，$h_1^1(t)$ 不满足上述求取本征模态函数（IMF）的两个条件，重复以上过程 k 次（通常 $k<10$），得到 $h_1^k(t)$ 满足 IMF 定义条件

$$c_1(t)=\mathrm{IMF}_1(t)=h_1^k(t) \tag{3-35}$$

步骤三：用原始传感器信号 $x(t)$ 减去以上获得的本征模态函数 $c_1(t)$，得到去掉高频成分的新信号 $r_1(t)$，即

$$r_1(t)=x(t)-c_1(t) \tag{3-36}$$

步骤四：重复以上过程，将 $x(t)$ 分解为 n 个本征模态函数和一个残余分量之和，即

$$x(t)=\sum_{i=1}^{n}c_i(t)+r_n(t) \tag{3-37}$$

式中，本征模态函数 $c_1(t),c_2(t),\cdots,c_n(t)$ 包含了原始传感器信号序列 $x(t)$ 不同的频段成分，$r_n(t)$ 表示传感器信号 $x(t)$ 的中心趋势。

3.3.3 集合经验模态分解

尽管经验模态分解是一种有效的非平稳、非线性信号分析方法，但是其对信号分解的效果常受到端点效应和模态混叠的影响。端点效应能够通过简单的端点延拓进行有效消除，而模态混叠是指在一个本征模态函数中包含不同模态分量成分，导致经验模态分解不能准确地反映原始传感器信号的固有特性。Wu 和 Huang 在深入研究了高斯白噪声对经验模态分解性能影响的基础上，提出了集合经验模态分解（Ensemble Empirical Mode Decomposition, EEMD）以解决经验模态分解在信号分解过程中存在的模态混叠问题。集合经验模态分解方法是一种噪声辅助数据分析（Noise-assisted Data Analysis, NADA）方法，主要实现步骤

如下。

步骤一：将一定幅值的高斯白噪声序列 $n_i(t)$ 叠加到原始传感器信号序列 $x(t)$ 上，生成以下新信号序列：

$$x_i(t)=x(t)+n_i(t),\ i=1,2,\cdots,M \tag{3-38}$$

式中，$x_i(t)$ 为在原始传感器信号序列上第 i 次叠加高斯白噪声后的待处理信号序列，$n_i(t)$ 为第 i 次叠加的噪声序列，M 为总体平均次数。

步骤二：对叠加高斯白噪声的待处理传感器信号序列 $x_i(t)$ 进行集合经验模态分解，在原始传感器信号序列上得到

$$x_i(t)=\sum_{j=1}^{J}c_{i,j}(t)+r_{i,j}(t) \tag{3-39}$$

式中，$c_{i,j}(t)$ 为第 i 次叠加高斯白噪声后，经在原始传感器信号序列上得到的第 j 个 IMF 分量，$r_{i,j}(t)$ 为残余分量，代表传感器信号序列 $x_i(t)$ 的中心趋势，J 为在原始传感器信号序列上得到的本征模态函数分量的个数。

步骤三：重复以上分解步骤 M 次，得到本征模态函数（IMF）分量的集合 $[\{c_{1,j}(t)\},\{c_{2,j}(t)\},\cdots,\{c_{M,j}(t)\}]$，其中 $j=1,2,\cdots,J$。

步骤四：对步骤三中的本征模态函数分量集合进行总体平均，得到集合经验模态分解的本征模态函数，即

$$c_j(t)=\frac{1}{M}\sum_{i=1}^{M}c_{i,j}(t) \tag{3-40}$$

式中，$c_j(t)$ 为集合经验模态分解得到的第 j 个 IMF 分量。

步骤五：原始传感器信号序列 $x(t)$ 经集合经验模态分解后所得的分解结果表示为

$$x(t)=\sum_{j=1}^{J}c_j(t)+r(t) \tag{3-41}$$

式中，本征模态函数 $c_1(t),c_2(t),\cdots,c_J(t)$ 分别包含信号频率由高到低的频段成分，$r(t)$ 为残余分量。

通过以上步骤可以发现，集合经验模态分解前总体叠加次数 M 和高斯白噪声幅值大小应该预先设置。为了减少人为设定参数对集合经验模态分解结果的影响，本章采用总体平均次数选择方法和加入高斯白噪声准则提升集合经验模态分解法的分解能力，即能量标准差法[10]：

$$0<\sqrt{E_\text{n}}/\sqrt{E_\text{o}}<\sqrt{E_\text{h}}/2\sqrt{E_\text{o}} \tag{3-42}$$

式中，E_n 为高斯白噪声能量标准差，E_o 为原始信号能量标准差，E_h 为原始信号高频成分的能量标准差。由式（3-42）可得

$$0<E_\text{n}<E_\text{h}/4 \tag{3-43}$$

一般情况下，$\sqrt{E_\text{n}}=\sqrt{E_\text{h}}/4$ 就可以有效地抑制模态混叠现象。

Wu 和 Huang 深入研究了高斯白噪声序列比例系数 $\alpha=\sqrt{E_\text{n}}/\sqrt{E_\text{o}}$ 与总体平均次数 M

之间的关系

$$e = \alpha / \sqrt{M} \tag{3-44}$$

式中，e为信号分解的相对误差。

在集合经验模态分解过程中，可根据加入的高斯白噪声准则，通过原始信号序列获得高斯白噪声比例系数α，然后通过设置信号分解相对误差e，最后通过式（3-44）获得总体平均次数M。

3.3.4 互补集合经验模态分解

尽管集合经验模态分解能够在一定程度上解决经验模态分解的模态混叠及端点效应问题，但是，为了获得理想的分解结果，会导致其计算复杂度大幅度提高。因此，集合经验模态分解不适用于对实时性要求较高的场合。

为了解决经验模态分解与集合经验模态分解存在的问题，Torres 提出了互补集合经验模态分解（Complete Ensemble Empirical Mode Decomposition, CEEMD）算法。在互补集合经验模态分解算法中，两个高斯白噪声信号分别附加到原始信号中。当需要对最终结果进行重构时，两个高斯白噪声信号可以有效地降低最终的白噪声残差，并节省计算时间。假设$x(t)$为传感器输出的原始信号，CEEMD 的计算流程如下所述：

步骤一：分别将两个高斯白噪声叠加到传感器输出的原始信号$x(t)$上，生成两个新的信号$x_1(t)$和$x_2(t)$，表示为

$$\begin{aligned} x_1(t) &= x(t) + n(t) \\ x_2(t) &= x(t) - n(t) \end{aligned} \tag{3-45}$$

步骤二：利用经验模态分解方法对$x_1(t)$和$x_2(t)$进行分解，分别得到各自的本征模态函数IMF_{1i}和IMF_{2i}。

步骤三：多次重复步骤一和步骤二，获得两个组成最终本征模态函数 IMF 的集合IMF_1和IMF_2，即

$$\begin{aligned} \mathrm{IMF}_1 &= \sum_{i=1}^{n} \mathrm{IMF}_{1i}, \\ \mathrm{IMF}_2 &= \sum_{i=1}^{n} \mathrm{IMF}_{2i}. \end{aligned} \tag{3-46}$$

步骤四：最终的本征模态函数 IMF 为IMF_1与IMF_2的均值，即

$$\mathrm{IMF} = \frac{\mathrm{IMF}_1 + \mathrm{IMF}_2}{2} \tag{3-47}$$

步骤五：传感器输出的原始信号$x(t)$可以被分解为n个本征模态函数 IMFs 和一个残余分量$r_n(t)$，即

$$x(t) = \sum_{i=1}^{n} c_i(t) + r_n(t) \tag{3-48}$$

$x(t)$与$c_i(t)$的相关系数定义为

$$\mathrm{coff}(i)=\frac{\mathrm{cov}\left[x(t),c_i(t)\right]}{\sqrt{\mathrm{cov}\left[x(t),x(t)\right]\mathrm{cov}\left[c_i(t),c_i(t)\right]}} \tag{3-49}$$

当本征模态函数 $c_i(t)$ 包含原始信号 $x(t)$ 的信息较少时，相关系数的数值较小。因此，对有效包含原始信号 $x(t)$ 特征信息的 IMFs，可以根据相关系数进行选择。

3.4 数据驱动法

基于数据驱动的故障检测与隔离方法即数据驱动法，它是利用多变量统计分析技术，实现传感器系统中多变量异常数据的监测，进而实现对传感器系统中发生故障的传感器进行故障检测与隔离的方法。

数据驱动法的主要任务是故障检测、故障识别与诊断、利用无故障数据进行重构和产品质量监控。目前，基于数据驱动的故障检测与隔离方法是在一定条件下对原始信号进行分解，在分解得到的空间中计算相应的检测统计量，以判断故障是否发生。数据驱动法无须知道被测量的物理模型，只须利用正常运行状态下获取的测量值进行建模就可。鉴于数据驱动法的本质特征，使其相对于其他故障检测与隔离方法具有更大的应用优势。

目前，国内外学者针对基于数据驱动的故障检测与隔离技术展开了大量研究工作，并取得了丰硕的研究成果。例如，Shen 等人[11]提出了一种基于主成分分析（Principle Component Analysis, PCA）的传感器阵列故障检测方法。主成分分析是一种基于数据驱动的多变量统计分析技术，能够将观测值矩阵分解为主成分子空间（PCS）和残差子空间（RS），然后根据检测数据在残差子空间的投影，利用平方预测误差（SPE）统计量对故障进行检测。Lee 等人[12]提出一种基于独立成分分析（Independent Component Analysis, ICA）的多变量故障检测方法，该方法将观测值矩阵分解为独立成分（ICs）的线性组合，然后提取重要的独立成分组成检测统计量进行故障检测。

Li 等人[13]采用非负矩阵分解（Non-negative Matrix Factorization, NMF）进行非高斯过程的故障检测，该方法利用 NMF 能够保持原始数据的空间关系和内部结构性的特性，提取被检测数据的潜在特征，结合检测统计量进行故障检测。

下面主要介绍主成分分析、动态主成分分析、独立成分分析、核主成分分析、非负矩阵分解、稀疏非负矩阵分解。

3.4.1 主成分分析

主成分分析（Principal Component Analysis, PCA）是一种数据驱动的多变量统计分析方法，广泛应用于工业过程控制中的多变量故障检测与隔离[11,14,15]。基于主成分分析的故障检测与隔离的实现过程如下。

假设原始数据矩阵 $\boldsymbol{X}_0\in\mathbf{R}^{n\times m}$，其中 n 表示观测样本的数量，m 为观测变量的数目。对 $\boldsymbol{X}_0$ 进行标准化处理，获得标准化数据矩阵 $\boldsymbol{X}\in\mathbf{R}^{n\times m}$。通过主成分分析可以将 $\boldsymbol{X}$ 分解为

$$X = \widehat{X} + \widetilde{X} = \widehat{T}\widehat{P}^{\mathrm{T}} + E = \hat{t}_1\widehat{p}_1^{\mathrm{T}} + \hat{t}_2\widehat{p}_2^{\mathrm{T}} + \ldots + \hat{t}_k\widehat{p}_k^{\mathrm{T}} + E \tag{3-50}$$

其中，$\widehat{X} = \widehat{T}\widehat{P}^{\mathrm{T}}$ 称为主成分子空间（PCS），$\widetilde{X} = E = \widetilde{T}\widetilde{P}^{\mathrm{T}}$ 称为残差子空间（RS）；$\widehat{T} = X\widehat{P} \in \mathbf{R}^{n\times k}$ 为得分矩阵，$\widehat{P} \in \mathbf{R}^{m\times k}$ 为载荷矩阵，k 为主成分分析模型的主成分个数。

载荷矩阵 $\widehat{P} = [\widehat{p}_1, \widehat{p}_2, \cdots, \widehat{p}_k]$, $\widehat{p}_i \in \mathbf{R}^n$，其可以通过以下步骤获得。

步骤一：计算 X 的协方差矩阵 Σ，即

$$\Sigma = \frac{1}{n-1}X^{\mathrm{T}}X \tag{3-51}$$

步骤二：对协方差矩阵 Σ 进行奇异值分解（SVD），即

$$\Sigma = U\Lambda U^{\mathrm{T}} \tag{3-52}$$

式中，Λ 为由协方差矩阵 Σ 特征值按照降序排列获取（$\lambda_1 \geqslant \lambda_1 \geqslant \lambda_2 \geqslant \cdots \geqslant \lambda_m \geqslant 0$）组成的对角矩阵，$U$ 由协方差矩阵 Σ 所有特征值对应的特征向量构成。

步骤三：采用累积方差百分比（CPV）选取主成分的最优个数[16]，即

$$\mathrm{CPV}(k) = \frac{\sum_{i=1}^{k}\lambda_i}{\mathrm{tr}(\Sigma)} \times 100\% \tag{3-53}$$

步骤四：利用矩阵 U 中的前 k 个列向量组成载荷矩阵 $\widehat{P} = [u_1, u_2, \cdots, u_k]$。

步骤五：通过载荷矩阵 $\hat{P}$ 求得投影矩阵 C 和 $\widetilde{C}$，即

$$C = \widehat{P}\widehat{P}^{\mathrm{T}}, \widetilde{C} = \widetilde{P}\widetilde{P}^{\mathrm{T}} = (I - C) \tag{3-54}$$

原 m 维数据空间被 k 维主成分子空间与 $m-k$ 维残差子空间代替，变量之间的相关性被去除。测量向量 $x \in \mathbf{R}^{1\times m}$ 可以分解为 $x = \hat{x} + \tilde{x}$，其中 $\hat{x} = Cx$ 和 $\tilde{x} = \widetilde{C}x$ 分别将测量向量 x 投影到主成分子空间和残差子空间。

主成分分析是一种有效的系统故障检测工具，主要通过平方预测误差 SPE 和 Hotelling's T^2（霍特林统计量）统计量实现检测，SPE 定义如下：

$$\mathrm{SPE} = \|\tilde{x}\|^2 = x\widetilde{C}\widetilde{C}^{\mathrm{T}}x^{\mathrm{T}} = x\widetilde{C}x^{\mathrm{T}} \tag{3-55}$$

置信水平为 $(1-\alpha)\times 100\%$ 的 SPE 统计量的控制限为

$$\mathrm{SPE}_{\alpha} = \theta_1[1 + \frac{h_0 C_{\alpha}\sqrt{2\theta_2}}{\theta_1} + \frac{\theta_2 h_0(h_0 - 1)}{\theta_1^2}]^{\frac{1}{h_0}} \tag{3-56}$$

式中，$h_0 = 1 - \frac{2\theta_1\theta_3}{3\theta_2^2}$，$\theta_i = \sum_{j=k+1}^{n}\lambda_j^i (i = 1,2,3)$，$C_{\alpha}$ 表示显著性水平为 α 的高斯分布对应的分位点值。

$$T^2 = x^{\mathrm{T}}\widehat{P}\Lambda_k^{-1}\widehat{P}^{\mathrm{T}}x = x^{\mathrm{T}}Dx \tag{3-57}$$

式中，Λ_k 是由矩阵 Λ 中的前 k 行与 k 列向量组成的方阵。

置信水平为 $(1-\alpha)\times 100\%$ 的 T^2 统计量的控制限为

$$T_{\alpha}^2 = \frac{(n^2-1)k}{n(n-k)}F_{\alpha}(k, n-k) \tag{3-58}$$

式中，$F_\alpha(k,n-k)$ 指自由度为 $n-k$ 和 k 的 F 分布在置信度为 $1-\alpha$ 的分位点。

主成分分析模型是通过正常运行状态下的数据建立的，在系统正常情况下，SPE 统计量和 T^2 统计量都小于各自的控制限。一旦系统发生故障，将导致 SPE 统计量和 T^2 统计量发生变异，超过控制限 SPE_α 和 T_α^2，从而实现故障检测。

当通过以上 SPE 统计量和 T^2 统计量完成故障检测后，需要对系统多变量中的故障变量进行定位。贡献图法是目前常用的故障隔离方法，其基本原理是把对故障检测统计量变异贡献最大的几个变量认为最可能发生故障的变量。变量对 SPE 和 T^2 统计量的贡献可以表示为

$$\text{SPE}=\boldsymbol{x}^{\text{T}}\widetilde{\boldsymbol{C}}\boldsymbol{x}=\|\widetilde{\boldsymbol{C}}^{\frac{1}{2}}\boldsymbol{x}\|^2=\sum_{i=1}^{n}c_i^{\text{SPE}} \tag{3-59}$$

$$c_i^{\text{SPE}}=(\boldsymbol{\xi}_i^{\text{T}}\widetilde{\boldsymbol{C}}^{\frac{1}{2}}\boldsymbol{x})^2 \tag{3-60}$$

$$T^2=\boldsymbol{x}^{\text{T}}\boldsymbol{D}\boldsymbol{x}=\|\boldsymbol{D}^{\frac{1}{2}}\boldsymbol{x}\|^2=\sum_{i=1}^{n}c_i^{T^2} \tag{3-61}$$

$$c_i^{T^2}=(\boldsymbol{\xi}_i^{\text{T}}\boldsymbol{D}^{\frac{1}{2}}\boldsymbol{x})^2 \tag{3-62}$$

式中，$\boldsymbol{\xi}_i$ 为单位矩阵 $\boldsymbol{I}_m$ 的第 i 列。c_i^{SPE} 和 $c_i^{T^2}$ 分别表示第 i 个变量对 SPE 统计量和 T^2 统计量的贡献值。

实际上，单一的检测统计指标也能够较好地完成对传感器故障的监测。Qin 等人在 2001 年提出了一种将 SPE 统计量和 T^2 统计量相结合的检测统计指标[17]：

$$\boldsymbol{\varphi}=\frac{\text{SPE}(\boldsymbol{x})}{\delta^2}+\frac{T^2(\boldsymbol{x})}{\chi_l^2}=\boldsymbol{x}^{\text{T}}\boldsymbol{\Phi}\boldsymbol{x} \tag{3-63}$$

式中，

$$\boldsymbol{\Phi}=\frac{\boldsymbol{P}\boldsymbol{\Lambda}^{-1}\boldsymbol{P}^{\text{T}}}{\chi_l^2}+\frac{\boldsymbol{I}-\boldsymbol{P}\boldsymbol{P}^{\text{T}}}{\delta^2} \tag{3-64}$$

注：矩阵 $\boldsymbol{\Phi}$ 是对称、正定的。

Qin 等人推导了检测统计指标 $\boldsymbol{\varphi}$ 的近似分布，其近似服从式（3-65）：

$$\boldsymbol{\varphi}=\boldsymbol{x}^{\text{T}}\boldsymbol{\Phi}\boldsymbol{x}\sim g\chi_h^2 \tag{3-65}$$

式中，参数 $g=\dfrac{\text{tr}(\boldsymbol{S\Phi})^2}{\text{tr}(\boldsymbol{S\Phi})}$，$\chi^2$ 分布的自由度为 $h=\dfrac{[\text{tr}(\boldsymbol{S\Phi})]^2}{\text{tr}(\boldsymbol{S\Phi})}$。计算出 g 和 h 以后，可以获得在给定置信区间的 $\boldsymbol{\varphi}$ 的控制限。

3.4.2　动态主成分分析

动态主成分分析（Dynamic Principle Component Analysis，DPCA）是一种将动态序列数据构造和经典主成分分析法相结合的新型多变量统计分析方法。由于主成分分析是一种静态多变量统计分析方法，不能有效地监视动态多变量过程。而动态主成分分析将原变量的静态数据利用动态时间序列，构建动态时间数据，然后再运用主成分分析法进行分析。

这样就能够有效地提取系统变量间的动态关系，从而能够更为准确地描述系统的动态行为[18]。

对于观测数据 $\boldsymbol{X} \in \mathbf{R}^{n\times m}$，具有 l 个时滞的观测数据的增广矩阵可以表示为

$$\boldsymbol{X}(l)=\begin{bmatrix} x_t^{\mathrm{T}} & x_{t-1}^{\mathrm{T}} & \cdots & x_{t-1}^{\mathrm{T}} \\ x_{t-1}^{\mathrm{T}} & x_{t-2}^{\mathrm{T}} & \cdots & x_{t-l-1}^{\mathrm{T}} \\ \cdots & \cdots & \cdots & \cdots \\ x_{t+l-n}^{\mathrm{T}} & x_{t+l-n-1}^{\mathrm{T}} & \cdots & x_{t-n}^{\mathrm{T}} \end{bmatrix} \tag{3-66}$$

在数据矩阵中，x_t^{T} 为在 t 时刻的 m 维的观测量，l 为时滞长度。

通常采用平行分析法来确定时滞长度 l，具体步骤如下：

（1）当 $l=0$ 时，数据矩阵中静态关系数等于变量数与主成分个数之差。

（2）当 $l=1$ 时，计算新的动态关系数，其等于变量数减去主成分个数和步骤（1）计算出的静态关系数。

（3）依次增加 l，按照递推公式 $r_{\text{new}}(l)=r(l)-\sum\limits_{i=0}^{l-1}(l-i+1)\,r_{\text{new}}(i)$，计算新的静态/动态关系数，直到 $r_{\text{new}}(l)\leqslant 0$ 为止，即没有新的静态和动态关系。

基于动态主成分分析的故障检测步骤如下。

步骤一：获取系统正常运行状态下的样本数据作为训练数据。

步骤二：根据逆推公式 $r_{\text{new}}(l)=r(l)-\sum\limits_{i=0}^{l-1}(l-i+1)\,r_{\text{new}}(i)$，选取合适的时滞长度 l，以便能正确地提取动态变量间的相互关系。

步骤三：利用训练数据构造动态增广矩阵 $\boldsymbol{X}(l)$。

步骤四：对动态增广矩阵 $\boldsymbol{X}(l)$ 进行标准化处理，获得标准化矩阵 $\bar{\boldsymbol{X}}$。

步骤五：计算标准化矩阵的协方差矩阵 $\boldsymbol{S}=\dfrac{1}{n-1}\bar{\boldsymbol{X}}^{\mathrm{T}}\bar{\boldsymbol{X}}$。

步骤六：计算协方差矩阵的特征向量 $[\lambda_1,\lambda_2,\cdots,\lambda_m]^{\mathrm{T}}$ 及载荷矩阵 $\widehat{\boldsymbol{P}}=[\boldsymbol{u}_1,\boldsymbol{u}_2,\cdots,\boldsymbol{u}_k]$；

步骤七：根据公式 $\mathrm{CPV}=\sum\limits_{i=1}^{A}\lambda_i/\sum\limits_{i=1}^{m}\lambda_i$ 确定主成分的个数，确定主成分子空间和残差子空间。

步骤八：通过计算检测统计量 SPE、T^2 及 $\boldsymbol{\varphi}$，进行故障检测。

3.4.3 独立成分分析

基于独立成分分析（Independent Component Analysis, ICA）的多变量故障检测与隔离原理如下。

假设被测量 $\boldsymbol{x}\in\mathbf{R}^d$ 能够被 m 个未知独立成分 $\boldsymbol{s}=[s_1,s_2,\cdots,s_m]\in\mathbf{R}^m$ 线性表示。

$$\boldsymbol{x}=\boldsymbol{A}\boldsymbol{s} \tag{3-67}$$

式中，$\boldsymbol{A}\in\mathbf{R}^{d\times m}$ 为混合矩阵。

独立成分分析仅用被测量 $\boldsymbol{x}$ 估计 $\boldsymbol{A}$ 和 $\boldsymbol{s}$，因此需要找到逆矩阵 $\boldsymbol{W}$ 使得

$$\hat{\boldsymbol{s}} = \boldsymbol{W}\boldsymbol{x} \tag{3-68}$$

重构向量 $\hat{\boldsymbol{s}}$ 应尽可能独立。为了方便起见，假设 $d = m,\ E(\boldsymbol{s}\boldsymbol{s}^{\mathrm{T}}) = \boldsymbol{I}$。对 $\boldsymbol{x}$ 进行白化转换，即

$$\boldsymbol{z} = \boldsymbol{Q}\boldsymbol{x} = \boldsymbol{Q}\boldsymbol{A}\boldsymbol{x} = \boldsymbol{B}\boldsymbol{s} \tag{3-69}$$

式中，白化矩阵 $\boldsymbol{Q} = \boldsymbol{\Lambda}^{-1/2}\boldsymbol{U}^{\mathrm{T}}$，$\boldsymbol{B}$ 为正交矩阵，满足 $E(\boldsymbol{z}\boldsymbol{z}^{\mathrm{T}}) = \boldsymbol{B}E(\boldsymbol{s}\boldsymbol{s}^{\mathrm{T}}) = \boldsymbol{W}\boldsymbol{B}^{\mathrm{T}} = \boldsymbol{I}\ \boldsymbol{W}\boldsymbol{B}^{\mathrm{T}} = \boldsymbol{I}$。$\boldsymbol{W}$ 和 $\boldsymbol{B}$ 的关系可以表示为

$$\boldsymbol{W} = \boldsymbol{B}^{\mathrm{T}}\boldsymbol{Q} \tag{3-70}$$

因此，式（3-68）被改写为

$$\hat{\boldsymbol{s}} = \boldsymbol{W}\boldsymbol{x} = \boldsymbol{B}^{\mathrm{T}}\boldsymbol{z} = \boldsymbol{B}^{\mathrm{T}}\boldsymbol{Q}\boldsymbol{x} = \boldsymbol{B}^{\mathrm{T}}\boldsymbol{\Lambda}^{-1/2}\boldsymbol{U}^{\mathrm{T}}\boldsymbol{x} \tag{3-71}$$

根据上式，独立成分分析问题转化为找到正交矩阵 $\boldsymbol{B}$ 问题。

为了计算正交矩阵 $\boldsymbol{B}$，Hyvärinen 提出了一种 FastICA 算法。该算法通过迭代方法计算正交矩阵 $\boldsymbol{B}$ 中的列向量 $\boldsymbol{b}_i(i = 1, 2, \cdots, m)$，详细推导过程可参考文献[19]和文献[20]。通过 FastICA 获得正交矩阵 $\boldsymbol{B}$ 后，可根据式（3-70）和式（3-71）分别计算出 $\boldsymbol{W}$ 和 $\hat{\boldsymbol{s}}$。

Lee 等人求取 $\boldsymbol{W}$ 中的每个列向量的 ℓ_2 范数，并根据大小对 $\boldsymbol{W}$ 进行重新排列，将 $\boldsymbol{W}$ 分为主体部分 $\boldsymbol{W}_{\mathrm{d}}$ 和排除部分 $\boldsymbol{W}_{\mathrm{e}}$，提出了 3 个独立成分分析统计量进行故障检测[19]。

$$I^2 = \hat{\boldsymbol{s}}_{\mathrm{d}}^{\mathrm{T}}\hat{\boldsymbol{s}}_{\mathrm{d}} \tag{3-72}$$

$$I_{\mathrm{e}}^2 = \hat{\boldsymbol{s}}_{\mathrm{e}}^{\mathrm{T}}\hat{\boldsymbol{s}}_{\mathrm{e}} \tag{3-73}$$

$$\mathrm{SPE} = \boldsymbol{e}^{\mathrm{T}}\boldsymbol{e} = (\boldsymbol{x} - \hat{\boldsymbol{x}})^{\mathrm{T}}(\boldsymbol{x} - \hat{\boldsymbol{x}}) \tag{3-74}$$

式中，$\hat{\boldsymbol{s}}_{\mathrm{d}} = \boldsymbol{W}_{\mathrm{d}}\boldsymbol{x}$，$\hat{\boldsymbol{s}}_{\mathrm{e}} = \boldsymbol{W}_{\mathrm{e}}\boldsymbol{x}$，$\hat{\boldsymbol{x}} = \boldsymbol{Q}^{-1}\boldsymbol{B}_{\mathrm{d}}\hat{\boldsymbol{s}} = \boldsymbol{Q}^{-1}\boldsymbol{B}_{\mathrm{d}}\boldsymbol{W}_{\mathrm{d}}\boldsymbol{x}$。

由于独立成分分析法分离出的信号不服从高斯分布，因此常采用核密度估计（KDE）实现对以上统计量控制限的估计。

故障变量对以上 3 个统计量的贡献可以表示为

$$\boldsymbol{x}_{I^2}(i) = \frac{\boldsymbol{Q}^{-1}\boldsymbol{B}_{\mathrm{d}}\hat{\boldsymbol{s}}_{\mathrm{d}}(i)}{\left\|\boldsymbol{Q}^{-1}\boldsymbol{B}_{\mathrm{d}}\hat{\boldsymbol{s}}_{\mathrm{d}}(i)\right\|}\left\|\hat{\boldsymbol{s}}_{\mathrm{d}}(i)\right\| \tag{3-75}$$

$$\boldsymbol{x}_{I_{\mathrm{e}}^2}(i) = \frac{\boldsymbol{Q}^{-1}\boldsymbol{B}_{\mathrm{e}}\hat{\boldsymbol{s}}_{\mathrm{e}}(i)}{\left\|\boldsymbol{Q}^{-1}\boldsymbol{B}_{\mathrm{e}}\hat{\boldsymbol{s}}_{\mathrm{e}}(i)\right\|}\left\|\hat{\boldsymbol{s}}_{\mathrm{e}}(i)\right\| \tag{3-76}$$

$$\boldsymbol{x}_{\mathrm{SPE}}(i) = \left[x(i) - \hat{x}(i)\right]^2 \tag{3-77}$$

一旦通过独立成分分析故障检测统计量检测出多变量中的异常情况，那么其中对统计量变异贡献较大的变量将被隔离。

3.4.4 核主成分分析

核主成分分析（Kernel Principle Component Analysis, KPCA）指通过使用核函数，将线性主成分分析推广到非线性的运用当中，即是通过核函数 $\boldsymbol{\Phi}(\cdot)$ 将数据从原始空间映射到特

征空间，在特征空间中实现主成分分析变换。核函数的形式如下：

$$K(\boldsymbol{x}_i,\boldsymbol{x}_j)=\Phi(\boldsymbol{x}_i)\Phi(\boldsymbol{x}_j)$$

常用的核函数如表 3-1 所示。核函数需满足 Mercer 定量：任一给定的对称函数 $K(\boldsymbol{x}_i,\boldsymbol{x}_j)$，对任一不恒为 0 的函数 $g(\boldsymbol{x})$（$\int g(\boldsymbol{x})\mathrm{d}\boldsymbol{x}<\infty$），都有

$$\iint K(\boldsymbol{x},\boldsymbol{y})g(\boldsymbol{x})g(\boldsymbol{y})\mathrm{d}\boldsymbol{x}\mathrm{d}\boldsymbol{y}\geqslant 0 \tag{3-78}$$

表 3-1　常用的核函数

核函数	表达式
线性核函数	$K(\boldsymbol{x},\boldsymbol{x}_i)=\boldsymbol{x}\cdot\boldsymbol{x}_i$
p 阶多项式核函数	$K(\boldsymbol{x},\boldsymbol{x}_i)=\left[(\boldsymbol{x}\cdot\boldsymbol{x}_i)+1\right]^p$
高斯核函数	$K(\boldsymbol{x},\boldsymbol{x}_i)=\exp\left(-\dfrac{\Vert\boldsymbol{x}-\boldsymbol{x}_i\Vert^2}{\sigma^2}\right)$
多层感知器核函数	$K(\boldsymbol{x},\boldsymbol{x}_i)=\tanh\left[v(\boldsymbol{x}\cdot\boldsymbol{x}_i)+c\right]$

假设样本 $\boldsymbol{X}_i$ 是由 M 个样本、N 维向量组成的矩阵，$\boldsymbol{x}_i\in\mathbf{R}^N\ (i=1,2,\cdots,M)$，$\boldsymbol{\Phi}(\boldsymbol{x}_i)$ 表示数据 x_i 的非线性映射。假设映射 $\boldsymbol{\Phi}(\boldsymbol{x}_i)$ 已经满足中心化要求，即

$$\sum_{i=1}^{M}\boldsymbol{\Phi}(\boldsymbol{x}_i)=0 \tag{3-79}$$

在特征空间中，协方差矩阵可以用下式表示：

$$\boldsymbol{C}=\frac{1}{N}\sum_{i=1}^{N}\boldsymbol{\Phi}(\boldsymbol{x}_i)\boldsymbol{\Phi}(\boldsymbol{x}_i)^{\mathrm{T}} \tag{3-80}$$

所以，协方差矩阵的特征值求解方程为

$$\lambda\boldsymbol{\upsilon}=\boldsymbol{C}\boldsymbol{\upsilon} \tag{3-81}$$

特征值 λ 和特征向量 $\boldsymbol{\upsilon}$ 均属于特征空间，故

$$\lambda\left[\Phi(\boldsymbol{x}_k)\cdot\boldsymbol{\upsilon}\right]=\Phi(\boldsymbol{x}_k)\cdot\boldsymbol{C}\boldsymbol{\upsilon},\quad k=1,2,\cdots,N \tag{3-82}$$

特征向量 $\boldsymbol{\upsilon}$ 可以用线性表示

$$\boldsymbol{\upsilon}=\sum_{i=1}^{N}\beta_i\boldsymbol{\Phi}(\boldsymbol{x}_i) \tag{3-83}$$

定义一个 $N\times N$ 的 $\boldsymbol{K}$ 矩阵如下：

$$\boldsymbol{K}_{ij}=K(\boldsymbol{x}_i,\boldsymbol{x}_j)=\left[\boldsymbol{\Phi}(\boldsymbol{x}_i),\boldsymbol{\Phi}(\boldsymbol{x}_j)\right] \tag{3-84}$$

由式（3-79）～式（3-84）式可得

$$N\lambda\boldsymbol{\alpha}=\boldsymbol{K}\boldsymbol{\alpha} \tag{3-85}$$

式中，$N\lambda$ 表示特征值，特征向量可表示为 $\boldsymbol{\alpha}=(\alpha_1,\alpha_2,\cdots,\alpha_M)^{\mathrm{T}}$。

由于在特征空间中需要对特征向量进行归一化处理，即

$$\boldsymbol{\upsilon}^k\cdot\boldsymbol{\upsilon}^k=(\boldsymbol{\upsilon}^k,\boldsymbol{\upsilon}^k)=\boldsymbol{I},\quad k=1,2,\cdots,M \tag{3-86}$$

故由式（3-83）～式（3-84）可得

$$\boldsymbol{I}=\sum_{i,j=1}^{l}\boldsymbol{\alpha}_i^k\boldsymbol{\alpha}_j^k\left[\boldsymbol{\Phi}\left(\boldsymbol{x}_i\right)\cdot\boldsymbol{\Phi}\left(\boldsymbol{x}_j\right)\right]=\sum_{i,j=1}^{l}\boldsymbol{\alpha}_i^k\boldsymbol{\alpha}_j^k\boldsymbol{K}_{ij}=\left(\boldsymbol{\alpha}^k\cdot\boldsymbol{K}\boldsymbol{\alpha}^k\right)=\lambda_k\left(\boldsymbol{\alpha}^k\cdot\boldsymbol{\alpha}^k\right) \tag{3-87}$$

式中，$k=1,2,\cdots,N$。$\boldsymbol{X}$作为一个样本点在F中的映射为$\boldsymbol{\Phi}\left(\boldsymbol{x}\right)$，则主成分为

$$\boldsymbol{t}_k=<\nu_k,\boldsymbol{\Phi}(\boldsymbol{x})\geqslant\sum_{i=1}^{M}\boldsymbol{\alpha}_i^k K(\boldsymbol{x},\boldsymbol{x}_i) \tag{3-88}$$

当式（3-79）不成立时，即$\boldsymbol{\Phi}\left(\boldsymbol{x}_i\right)$不满足中心化要求时，需要将映射进行以下转换处理，设

$$\tilde{\boldsymbol{\Phi}}\left(\boldsymbol{x}_i\right)=\boldsymbol{\Phi}\left(\boldsymbol{x}_i\right)-\frac{1}{N}\sum_{i=1}^{N}\boldsymbol{x}_i,i=1,2,\cdots,N \tag{3-89}$$

定义矩阵如下：

$$\tilde{\boldsymbol{K}}_{ij}=\left[\tilde{\boldsymbol{\Phi}}\left(\boldsymbol{x}_i\right)\cdot\tilde{\boldsymbol{\Phi}}\left(\boldsymbol{x}_j\right)\right]=\boldsymbol{K}_{ij}-\frac{1}{N}\sum_{p=1}^{N}\boldsymbol{K}_{ip}-\frac{1}{N}\sum_{q=1}^{N}\boldsymbol{K}_{qj}+\frac{1}{N^2}\sum_{p,q=1}^{N}\boldsymbol{K}_{pq} \tag{3-90}$$

故得

$$\tilde{\boldsymbol{K}}=\boldsymbol{K}-\boldsymbol{I}_N\boldsymbol{K}-\boldsymbol{K}\boldsymbol{I}_N+\boldsymbol{I}_N\boldsymbol{K}\boldsymbol{I}_N \tag{3-91}$$

式中，$\boldsymbol{I}_N$为一个$N\times N$的矩阵

$$\left(\boldsymbol{I}_N\right)_{ij}=\frac{1}{N} \tag{3-92}$$

3.4.5 非负矩阵分解

非负矩阵分解（Non-negative Matrix Factorization, NMF）是由D. D. Lee和H. S. Seung提出的一种矩阵分解方法[21]。该方法能够对高维数据进行降维，在非负性约束条件下寻找一个稀疏矩阵对原数据矩阵进行低维近似描述。不同于主成分分析法和独立成分分析法，非负矩阵分解法除了对数据矩阵元素具有非负性要求，并没有对潜在变量的性质进行假设，能够有效处理高斯分布数据及非高斯分布数据。非负矩阵分解法要求非负性，即在进行分解时只允许加而非减的组合，因此，非负矩阵分解法更适合提取数据的局部信息，其对数据局部变化更为敏感[22]。非负矩阵分解法的基本算法实现过程如下所述。

给定一个非负矩阵$\boldsymbol{X}\in\mathbf{R}^{d\times n}$，其中$d$表示变量个数，$n$表示样本的个数，非负矩阵分解法将$\boldsymbol{X}$分解为两个非负矩阵的乘积，即

$$\boldsymbol{X}\approx\boldsymbol{W}\boldsymbol{H} \tag{3-93}$$

式中，$\boldsymbol{W}\in\mathbf{R}^{d\times k}$，称为基矩阵，其每个列向量$\boldsymbol{w}_i$代表一个基向量；$\boldsymbol{H}\in\mathbf{R}^{k\times n}$，称为系数矩阵，其每一个列向量$\boldsymbol{h}_i$代表为了趋近于$\boldsymbol{X}$的每一列向量所需要的非负系数。通常情况下，$(d+n)k\leqslant dn$。通过非负矩阵分解得到的$\boldsymbol{W}$和$\boldsymbol{H}$都具有一定的稀疏性。

D. D. Lee和H. S. Seung通过两种目标函数来建立最优化问题，实现对非负矩阵进行求解。

（1）利用欧式距离（Frobennius 范数）作为目标函数，在非负性约束条件下使得原数

据矩阵 $\boldsymbol{X}$ 与利用 $\boldsymbol{W}$ 和 $\boldsymbol{H}$ 进行低维近似描述之间的误差最小。

$$\arg\min_{\boldsymbol{W},\boldsymbol{H}} E(\boldsymbol{W},\boldsymbol{H}) = \frac{1}{2}\|\boldsymbol{X}-\boldsymbol{WH}\|_F^2,\ \text{s.t. } \forall ij, \boldsymbol{W}_{ij} \geqslant 0, \boldsymbol{H}_{ij} \geqslant 0 \tag{3-94}$$

上式在以下迭代规则下为单调不增的：

$$\boldsymbol{H}_{kj} \leftarrow \boldsymbol{H}_{kj} \frac{\boldsymbol{W}^{\mathrm{T}}\boldsymbol{X}}{\boldsymbol{W}^{\mathrm{T}}\boldsymbol{WH}_{kj}} \tag{3-95}$$

$$\boldsymbol{W}_{ik} \leftarrow \boldsymbol{W}_{ik} \frac{\boldsymbol{XH}^{\mathrm{T}}}{\boldsymbol{W}_{ik}\boldsymbol{HH}^{\mathrm{T}}} \tag{3-96}$$

除了上述基本求解方法，国内外学者研究出了多种选择最小化策略对式（3-94）进行求解的方法。文献[23]证明交替最小二乘法（Alternating Least Squares, ALS）是一个有效的交替最小化方法，可以在固定 $\boldsymbol{W}$ 或 $\boldsymbol{H}$ 时，对另一矩阵进行优化。Berry 及 Korattikara 等人提出了一种简单有效的非负矩阵求解方法，其基本思想是当 $\boldsymbol{W}$ 或 $\boldsymbol{H}$ 固定时，另一矩阵可以通过非约束最小二乘求解问题映射到非负象限进行解决[24]。式（3-95）和式（3-96）可以转化为以下迭代规则进行更新。

$$\boldsymbol{H}_{qj} \leftarrow \boldsymbol{H}_{qj} \frac{\left(\boldsymbol{W}^{\mathrm{T}}\boldsymbol{X}\right)_{qj}}{\left[\left(\boldsymbol{W}^{\mathrm{T}}\boldsymbol{X}\right)\boldsymbol{H}\right]_{qj}} \tag{3-97}$$

$$\boldsymbol{W}_{iq} \leftarrow \boldsymbol{W}_{iq} \frac{\left(\boldsymbol{XH}^{\mathrm{T}}\right)_{iq}}{\left[\boldsymbol{W}\left(\boldsymbol{HH}^{\mathrm{T}}\right)\right]_{iq}} \tag{3-98}$$

式中，$1 \leqslant q \leqslant k, 1 \leqslant i \leqslant m, 1 \leqslant j \leqslant n$。

（2）利用 K-L（Kullback-Leibler）散度距离作为目标函数，如果原数据矩阵 $\boldsymbol{X}$ 与其低维近似表示 $\boldsymbol{WH}$ 趋向于同分布，则其 K-L 散度距离越趋近于零。

$$\begin{aligned}&\arg\min_{\boldsymbol{W},\boldsymbol{H}} F(\boldsymbol{W},\boldsymbol{H}) = \sum_{i,j}\left[\boldsymbol{X}_{ij}\log\frac{\boldsymbol{X}_{ij}}{(\boldsymbol{WH})_{ij}} - \boldsymbol{X}_{ij} + (\boldsymbol{WH})_{ij}\right]\\&\text{s.t.} \forall ij, \boldsymbol{W}_{ij} \geqslant 0, \boldsymbol{H}_{ij} \geqslant 0\end{aligned} \tag{3-99}$$

上式在以下迭代规则下为单调不增的：

$$\boldsymbol{H}_{kj} \leftarrow \boldsymbol{H}_{kj} \frac{\sum_j \boldsymbol{W}_{ik}\boldsymbol{X}_{ij} / \boldsymbol{WH}_{ij}}{\sum_j \boldsymbol{W}_{ik}} \tag{3-100}$$

$$\boldsymbol{W}_{ik} \leftarrow \boldsymbol{W}_{ik} \frac{\sum_j \boldsymbol{H}_{kj}\boldsymbol{X}_{ij} / (\boldsymbol{WH})_{ij}}{\sum_j \boldsymbol{H}_{kj}} \tag{3-101}$$

非负矩阵分解也属于一种多变量统计分析方法，非负矩阵分解在非负性约束条件下具有独特的性质。由于待处理信号往往具有非负性的特点，在非负性约束条件下进行非负矩阵分解，可以使分解结果具有物理意义。分解出的基矩阵 $\boldsymbol{W}$ 具有一定的稀疏性，使得非负矩阵分解具有一定的抗噪能力，能够提高对信号特征提取的鲁棒性。正因为非负矩阵的非负性和稀疏性，使得非负矩阵分解处理结果具有很好的可解释性，即“对整体的感知由对组成整体的部分感知构成”。

3.4.6　稀疏非负矩阵分解

经过非负矩阵分解得到的基矩阵 $\boldsymbol{W}$ 和系数矩阵 $\boldsymbol{H}$ 中的所有元素都是非负的，这也使得 $\boldsymbol{W}$ 和 $\boldsymbol{H}$ 具有天然的稀疏性。提高 $\boldsymbol{W}$ 和 $\boldsymbol{H}$ 的稀疏性能够减少变量之间的冗余信息，可以更好地对原数据矩阵 $\boldsymbol{X}$ 的特征进行描述。尽管稀疏性是非负矩阵分解的主要优点之一，但在相当一部分情况下其分解结果的稀疏性并不充分。为了增强基本非负矩阵分解法分解结果 $\boldsymbol{W}$ 和 $\boldsymbol{H}$ 的稀疏性，H. Kim 等人提出了一种基于交替非负限制最小二乘法（Alternating Non-negativity-constrained Least Squares, ANLS）的稀疏非负矩阵分解（Sparse Non-negative Matrix Factorization, SNMF）方法。该方法对 $\boldsymbol{X} \approx \boldsymbol{WH}$ 中的左因子 $\boldsymbol{W}$ 进行稀疏性约束称为 SNMF/L 方法（“L”表示控制左因子的稀疏性），对右因子 $\boldsymbol{H}$ 进行稀疏性约束称为 SNMF/R 方法（“R”表示控制右因子的稀疏性），其实现过程如下。

对基矩阵 $\boldsymbol{W}$ 施加稀疏性约束，可以转化为以下优化问题：

$$\min_{\boldsymbol{W},\boldsymbol{H}} \{\|\boldsymbol{X}-\boldsymbol{WH}\|_F^2 + \alpha \sum_{i=1}^{m} \|\boldsymbol{W}(i,:)\|_1^2\}, \text{s.t.} \boldsymbol{W},\boldsymbol{H} \geqslant 0 \tag{3-102}$$

式中，$\boldsymbol{W}(i,:)$ 为 $\boldsymbol{W}$ 第 i 行向量；正则化参数 α 为非负实数，用于权衡近似精度和 $\boldsymbol{W}$ 的稀疏性。SNMF/L 首先初始化一个非负矩阵 $\boldsymbol{W}$，然后利用 ANLS 算法进行以下迭代直至收敛为止：

$$\min_{\boldsymbol{H}} \|\boldsymbol{WH}-\boldsymbol{X}\|_F^2, \text{s.t.} \boldsymbol{H} \geqslant 0, \tag{3-103}$$

$$\min_{\boldsymbol{W}} \left\| \begin{pmatrix} \boldsymbol{W} \\ \sqrt{\alpha}\boldsymbol{e}_{1\times k} \end{pmatrix} \boldsymbol{H} - \begin{pmatrix} \boldsymbol{X} \\ \boldsymbol{0}_{1\times d} \end{pmatrix} \right\|_F^2 \tag{3-104}$$

式中，$\boldsymbol{e}_{1\times k} \in \mathbf{R}^{1\times k}$，为所有元素都为 1 的行向量；$\boldsymbol{0}_{1\times d} \in \mathbf{R}^{1\times d}$，为所有元素都为零的零向量。

以上稀疏非负矩阵分解算法的详细推导过程及收敛性质的证明可参考文献[25]，在此不再赘述。

通过以上对稀疏非负矩阵分解原理的介绍可知，稀疏非负矩阵分解通过 ANLS 算法去解决优化问题，获得了比非负矩阵分解更加稀疏的 $\boldsymbol{W}$ 和 $\boldsymbol{H}$，其中 $\boldsymbol{W}$ 保留了原始数据的空间关系与数据结构，而 $\boldsymbol{H}$ 可以看作原始数据矩阵的低秩近似表示。从统计过程监控的角度出发，并参考基于非负矩阵分解的故障检测方法[26]，系数矩阵 $\boldsymbol{H}$ 非常适用于多变量异常状态监测。利用稀疏非负矩阵分解能够提取数据局部特征的良好特性，相关学者提出了一种新的基于稀疏非负矩阵分解的系数向量聚类的 $\boldsymbol{C}^2$ 检测统计量。

目前，基于 NMF/SNMF 的故障检测方法主要采用 SPE 统计量和 N^2 统计量实现故障检测，其基本原理[27]如下所述：

$$\boldsymbol{X} = \boldsymbol{W}\widehat{\boldsymbol{H}} + \boldsymbol{E} \tag{3-105}$$

式中，$\boldsymbol{E}$ 为残差矩阵，表示分解误差；$\widehat{\boldsymbol{H}}$ 为系统正常运行状态下获得的原数据矩阵 $\boldsymbol{X}$ 的低秩近似表达，可用于在线检测系统多变量输出的变异。

$\widehat{\boldsymbol{H}}$ 定义为

$$\widehat{\boldsymbol{H}} = \boldsymbol{V}\boldsymbol{X} \tag{3-106}$$

式中，$\boldsymbol{V} \in \mathbf{R}^{k \times d}$，可以通过下式进行计算：

$$\boldsymbol{V} = (\boldsymbol{W}^{\mathrm{T}}\boldsymbol{W})^{-1}\boldsymbol{W}^{\mathrm{T}} \tag{3-107}$$

与经典的多变量统计分析方法相似，基于 NMF/SNMF 的故障检测方法也利用两个统计量对故障数据进行检测。SPE 统计量定义为

$$\mathrm{SPE}\left[\boldsymbol{x}(i)\right] = \left[\boldsymbol{x}(i) - \hat{\boldsymbol{x}}(i)\right]^{\mathrm{T}}\left[\boldsymbol{x}(i) - \hat{\boldsymbol{x}}(i)\right] \tag{3-108}$$

式中，$\boldsymbol{x}(i)$ 为 i 时刻系统的多变量输出向量，$\hat{\boldsymbol{x}}(i)$ 为 $\boldsymbol{x}(i)$ 的估计值，表示为

$$\hat{\boldsymbol{x}}(i) = \boldsymbol{W}\hat{\boldsymbol{h}}(i) = \boldsymbol{W}\boldsymbol{V}\boldsymbol{x}(i) \tag{3-109}$$

由于SPE统计量对于数据的正常变化过于敏感，导致在实际应用过程中的误报率较高，因此，参考主成分分析故障检测方法中的 T^2 统计量和 NMF 故障检测方法中的 N^2 统计量，相关学者提出了基于 NMF/SNMF 的 N^2 检测统计量，其定义如下：

$$N^2\left[\boldsymbol{x}(i)\right] = \hat{\boldsymbol{h}}^{\mathrm{T}}(i)\hat{\boldsymbol{h}}(i) \tag{3-110}$$

式中，$\hat{\boldsymbol{h}}(i)$ 为 $\widehat{\boldsymbol{H}}$ 的列向量。

尽管 T^2 统计量和 N^2 统计量能够保持相对于 SPE 统计量较低的故障误报率，但是由于它们对监测信号变化并不敏感，导致 T^2 和 N^2 统计量对于微小故障的检测率较低。

同基于主成分分析故障检测方法中的 T^2 统计量一样，基于非负矩阵分解故障检测方法中的 N^2 统计量对缓慢变化的信号及微小的故障并不敏感，导致故障检测率较低。由式（3-110）可以看出，基于非负矩阵分解法的 N^2 统计量与系数矩阵 $\boldsymbol{H}$ 有关。系数矩阵 $\boldsymbol{H}$ 中的元素在多稳态条件下常常在一定范围内变化。因此，在故障检测过程中很难选择统一的 N^2 统计量控制限，对传感器多维信号进行故障检测。

图 3-2 描述了在非负成分（Non-negative Component, NC）个数为 4 的情况下，基于 NMF 算法和 SNMF 算法的 N^2 统计量比较。可以看出，由于 SNMF 算法对系数矩阵 $\boldsymbol{H}$ 施加了稀疏性约束，使得基于 SNMF 算法的 N^2 统计量相对于 NMF 算法的 N^2 统计量具有更好的收敛性。这一特点有利于对系数矩阵 $\boldsymbol{H}$ 中的不同稳态条件下的各系数向量进行区分，同时也有助于对微小故障的检测。

SNMF 通过系数矩阵 $\boldsymbol{H}$ 能够实现对监测信号局部特征的学习，可以利用这一特性对传感器阵列监测过程中的多个稳定状态进行描述。采用 SNMF/R 算法在对系数矩阵 $\boldsymbol{H}$ 施加稀疏性约束的条件下，获得比非负矩阵分解法更加稀疏的系数矩阵 $\boldsymbol{H}$。通过利用系数矩阵 $\boldsymbol{H}$ 足够稀疏的优点，能够对传感器阵列处于不同稳定条件下所对应 $\boldsymbol{H}$ 中的元素进行聚类。C. Ding 等人在理论上论证了非负矩阵分解与 k-均值聚类的内在关系，证明了对非负矩阵分解获得的系数矩阵 $\boldsymbol{H}$ 增加一个正交约束就能够使非负矩阵分解与 k-均值聚类在理论上等价[28]，

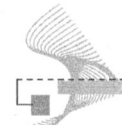

即可以将非负矩阵分解中的每一个“部分”理解为聚类算法中的每一个“类”。因此，在经过稀疏非负矩阵分解获得系数矩阵 $\boldsymbol{H}$ 后，对 $\boldsymbol{H}$ 的系数向量进行聚类，以描述传感器阵列在不同稳态条件下的样本信号特征。基于稀疏非负矩阵分解法的系数向量聚类的 C^2 统计量的具体实现过程如下。

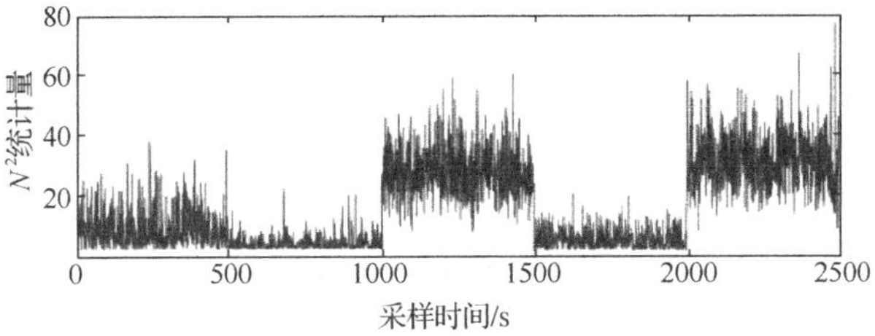

（a）NMF算法

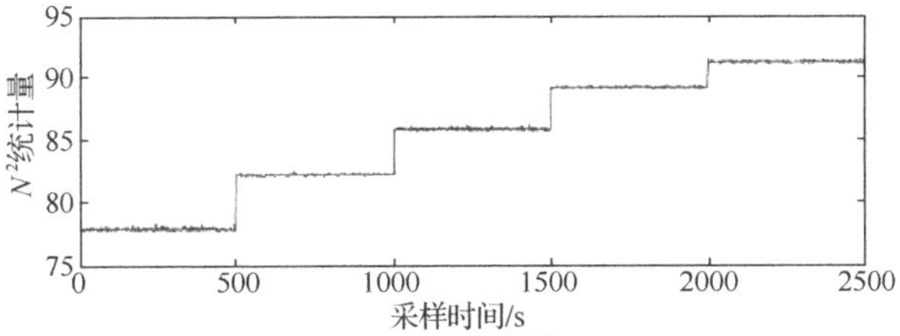

（b）SNMF算法

图 3-2　基于 NMF 算法和 SNMF 算法的 N^2 统计量比较

假设 $\boldsymbol{H} \in \mathbf{R}^{k\times n}$，为通过稀疏非负矩阵分解法对原数据矩阵分解得到的系数矩阵，$\boldsymbol{H}$ 可以改写为 $\boldsymbol{H} = \{\boldsymbol{h}_1, \boldsymbol{h}_2, \cdots, \boldsymbol{h}_n\}$，其中 $\boldsymbol{h}_i (0 \leqslant i \leqslant n)$ 为 $\boldsymbol{H}$ 的列向量。针对 $\boldsymbol{H}$ 每一个列向量进行聚类得到对应于传感器阵列多稳态训练样本的聚类 $\boldsymbol{C} = \{\boldsymbol{c}_1, \boldsymbol{c}_2, \cdots, \boldsymbol{c}_L\}$，其中 L 表示传感器阵列标定点的数目，即构成稀疏非负矩阵分解训练矩阵的多稳态数目。将 k-均值聚类方法应用于 $\boldsymbol{H} = \{\boldsymbol{h}_1, \boldsymbol{h}_2, \cdots, \boldsymbol{h}_n\}$，对 n 个系数向量进行聚类得到 L 个集合。对获得的 L 个聚类集合进行类内平方和最小化，如下所示：

$$\arg\min_C \sum_{l=1}^{L} \sum_{\boldsymbol{h}\in\boldsymbol{H}} \| \boldsymbol{h} - \boldsymbol{CP}_l \|^2 \tag{3-111}$$

式中，$\boldsymbol{CP}_l$ 称为聚类集合中 $\boldsymbol{c}_l$ 的中位点。由于 $\hat{\boldsymbol{h}}(i)$ 为监测数据 $\boldsymbol{x}(i)$ 在不同稳态条件下的低秩近似表达，因此，可以通过监测系数向量 $\hat{\boldsymbol{h}}(i)$ 的变化来进行故障检测。

监测数据 $\boldsymbol{x}(i)$ 对应于第 l $(1 \leqslant l \leqslant L)$ 个聚类的 C^2 统计量定义为

$$C^2\left[\boldsymbol{x}(i)\right] = \min\left(\left[\hat{\boldsymbol{h}}(i) - \boldsymbol{CP}_l\right]^{\mathrm{T}}\left[\hat{\boldsymbol{h}}(i) - \boldsymbol{CP}_l\right]\right) \tag{3-112}$$

从上式可以看出，基于 SNMF 的 C^2 统计量，利用系数向量 $\hat{\boldsymbol{h}}(i)$ 与中位点 $\boldsymbol{CP}_l$ 之间的欧式距离的最小值，对测试信号的变化进行描述。因此，C^2 统计量对被监测信号的变化十分敏感，具有改善 N^2 统计量对微小故障不敏感问题的潜力。此外，C^2 统计量能够解决 N^2 统计量以统一的控制限对传感器阵列不同稳态条件下的输出信号进行监测的问题，进而提高故障检测的准确率。

SNMF 可以利用 SPE 统计量和 C^2 统计量对传感器阵列进行故障检测。由于传感器阵列的输出信号一般具有非高斯分布特性，因此基于 SNMF 的 SPE 统计量和 C^2 统计量的控制限，不能像 PCA 算法中的检测统计量一样，利用经典高斯分布进行推断。此处，采用核密度估计（Kernel Density Estimation, KDE）对 SPE 统计量和 C^2 统计量的控制限进行估计[29]。

核密度估计是估计观测值分布规律的有效工具，基于核密度估计的检测统计量控制限的计算过程如下。

设 $Y=\{y_i, i=1,2,\cdots,n\}$ 表示一个样本集，其密度函数为 $p(y)$。Y 的累计密度函数（Cumulative Density Function, CDF）表示为

$$P(y<\alpha)=\int_{-\infty}^{\alpha} p(y)\mathrm{d}y \tag{3-113}$$

在 $p(y)$ 具有确定表达式的情况下，控制限通过上式的置信上限来确定。但是，在实际使用过程中 Y 的累计密度函数并不已知，因此利用样本集获得估计的密度函数 $\hat{p}(y)$，从而确定控制限。

$$\hat{p}(y)=\frac{1}{nh}\sum_{i=1}^{n} K\left(\frac{y-y_i}{h}\right) \tag{3-114}$$

式中，n 表示样本数量，h 表示带宽参数，$K(\cdot)$ 表示核函数，其符合

$$\int_{-\infty}^{+\infty} K(y)\mathrm{d}y=1, \quad K(y)\geqslant 0 \tag{3-115}$$

核函数的选择对核密度估计结果的影响可以忽略不计，通常情况下选择高斯核函数作为核密度估计的核函数。但是，带宽参数 h 对核密度估计的准确度十分重要，直接影响参数估计的结果。此处采用广义交叉熵[30]（Generalized Cross Entropy, GCE）方法选取合适的带宽参数 h。简而言之，优化的带宽参数能够通过最小化以下函数而获得，称为 Csiszar 测度。

$$\Phi(g\to\hat{p})=\frac{1}{2}\int\frac{g^2(y)}{\hat{p}}\mathrm{d}y-\frac{1}{2} \tag{3-116}$$

$$g(y)=\hat{p}(y)\sum_{j=0}^{n}\lambda_j K_j(y) \tag{3-117}$$

式中，λ 为拉格朗日乘子。

因此，优化得到的带宽参数为

$$h_{\mathrm{opt}}=\left(2n\sqrt{\pi}\ \left\|g''(y,h)\right\|^2\right)^{-0.4} \tag{3-118}$$

关于广义交叉熵方法在核密度估计中的详细应用可参考文献[31]和文献[32]。

通过核密度估计，可以获得基于 SNMF 的 SPE 统计量和 C^2 统计量的控制限。若以上检测统计量超过相应的控制限，则表明被监测变量偏离了正常情况，可能发生了故障。

3.5 熵 方 法

把“熵”应用在系统论中的信息管理方法称为熵方法。熵越大，说明系统越混乱，携

带的信息越少；熵越小，说明系统越有序，携带的信息越多。在传感器信息处理中，可以利用熵方法描述传感器信号的特征，进而对传感器信号进行有效分析。本节介绍的熵方法包括能量熵、样本熵、排列熵和多尺度熵。

3.5.1　能量熵

智能传感器发生故障时，其输出信号会产生一些瞬变，表现在频域上就是某种或者某几种频率成分能量的改变，因此可以提取经验模态分解后各个IMF分量的能量作为特征。为了使提取的特征不受传感器输出信号幅值的影响，在进行经验模态分解之前，需要对信号进行了标准化处理。具体的特征提取步骤如下。

步骤一：对传感器信号 x 进行标准化，即

$$\tilde{x} = D_\sigma^{-1}[x - E(x)] \tag{3-119}$$

式中，x 为传感器输出信号序列；$E(x)$ 为 x 对应的均值；D_σ 为 x 的标准差。

步骤二：对 $\tilde{x}$ 进行经验模态分解，提取前5个IMF分量，分别以 C_1、C_2、C_3、C_4、C_5 表示这5个IMF分量序列，以 C_6 表示残余序列。

步骤三：为了增强IMF分量的故障特征，对IMF分量和残余项进行了削减。

（1）计算各个IMF分量和残余项的削减阈值，即

$$\mathrm{Thr}C_i = \sqrt{\frac{1}{m}\sum_{j=1}^{m} C_{i,j}^2} \tag{3-120}$$

式中，m 为IMF分量和残余项的长度；$C_{i,j}$ 为第 i 个IMF分量第 j 点的取值。

（2）对各个IMF分量和残余项进行如下削减处理，并且求取各个IMF分量和残余项的削减比，即

$$\tilde{C}_{i,j} = \begin{cases} C_{i,j} & \left|C_{i,j} \geqslant \mathrm{Thr}C_i\right| \\ 0 & \left|C_{i,j} < \mathrm{Thr}C_i\right| \end{cases} \quad \mathrm{CutD}C_i = \frac{\mathrm{Num}(\tilde{C}_{i,j} \neq C_{i,j})}{m} \tag{3-121}$$

式中，$\tilde{C}_{i,j}$ 为削减后的IMF分量和残余项，$\mathrm{CutD}C_i$ 为对应分量的削减比，其值为其被削减掉的点数与其总点数之比。

步骤四：计算各个IMF分量及残余项的总能量 EC_i，并且对其进行归一化处理，得到归一化能量 $\overline{EC_i}$，以便于模式分类。

$$EC_i = \int\left|\tilde{C}_i\right|^2 \mathrm{d}t = \sum_{j=1}^{m}\left|\tilde{C}_{i,j}\right|^2 \quad \overline{EC_i} = \frac{EC_i}{\sqrt{\sum_{i=1}^{6}|EC_i|^2}} \tag{3-122}$$

步骤五：计算总的削减比 CutD，构造特征向量 $\boldsymbol{T} = [\overline{EC_1}, \overline{EC_2}, \overline{EC_3}, \overline{EC_4}, \overline{EC_5}, \overline{EC_6}, \mathrm{CutD}]$，用于故障诊断。

$$\mathrm{CutD} = \frac{1}{6}\sum_{i=1}^{6}\mathrm{CutD}C_i \tag{3-123}$$

3.5.2 样本熵

样本熵（Sample Entropy, SampEn）是由 J. S. Richman 和 J. R. Moorman 于 2000 年在近似熵[33]（Approximate Entropy, ApEn）的基础上提出的一种时间序列复杂性测度方法[34]，现已广泛应用于信号分析领域[35-37]。SampEn 表示的物理意义是非线性动力学系统产生新信息的速率，这与传感器故障信号产生的机理一致。

SampEn 的具体计算步骤如下。

步骤一：针对长度为 N 的时间序列 $x(n)$，组成一组 m 维向量，即

$$\boldsymbol{X}(i)=[x(i),x(i+1),\cdots,x(i+m-1)] \tag{3-124}$$

式中，$i=1,2,\cdots,N-m+1$。

步骤二：定义式（3-124）中任意两个向量 $\boldsymbol{X}(i)$ 与 $\boldsymbol{X}(j)$ 之间的距离为最大坐标差[38]，即

$$\mathrm{d}[\boldsymbol{X}(i),\boldsymbol{X}(j)]=\max\left[|x(i+k)-x(j+k)|\right] \tag{3-125}$$

式中，$k=1,2,\cdots,m-1$，$i,j=1,2,\cdots,N-m+1$。

步骤三：对于给定的相似容限 r，统计向量 $\boldsymbol{X}(i)$ 与其他 $N-m$ 个向量之间的距离小于相似容限 r 的个数，并计算其与 $N-m$ 的比值，得

$$C_i^m(r)=\begin{cases}\dfrac{\sum\limits_{j=1,j\neq i}^{N-m}\Theta(r-\mathrm{d}[\boldsymbol{X}(i),\boldsymbol{X}(j)])}{N-m}, & i\leqslant N-m\\ 0, & i>N-m\end{cases} \tag{3-126}$$

式中，Θ 为赫维赛德（Heaviside）函数，表示为

$$\Theta(x)=\begin{cases}1, x\geqslant 0\\ 0, x<0\end{cases} \tag{3-127}$$

步骤四：针对 $N-m+1$ 个向量进行步骤三中的运算，计算所有 $C_i^m(r)$ 的平均值，记作

$$C^m(r)=(N-m+1)^{-1}\sum_{i=1}^{N-m+1}C_i^m(r) \tag{3-128}$$

步骤五：增加向量维数到 $m+1$，并重复以上步骤得到 $C^{m+1}(r)$。

步骤六：时间序列 $x(n)$ 的样本熵可以表示为

$$\mathrm{SampEn}(m,r)=\lim_{N\to\infty}\left[-\ln\frac{C^{m+1}(r)}{C^m(r)}\right] \tag{3-129}$$

当时间序列长度 N 为有限值时，上式转换为

$$\mathrm{SampEn}(m,r,N)=-\ln\frac{C^{m+1}(r)}{C^m(r)} \tag{3-130}$$

通过以上 $\mathrm{SampEn}(m,r,N)$ 的计算步骤可知，时间序列的样本熵值取决于相似容限 r、嵌入维数 m 和时间序列长度 N。m 取值越大，样本熵计算的数据越多，所需计算时间越长，通常时间序列长度 N 值为 $10^m\sim30^m$。r 的值越小，噪声对计算结果的影响越显著；r 的值

越大，时间序列的细节信息损失也越多。参考 ApEn 的参数设置，一般 $m=1$ 或 $m=2$，$r=0.1\sim0.25\text{std}$（std 为时间序列的标准差）能够保证 SampEn 值具有良好的统计特性。

SampEn 值具有以下性质：

（1）稳健性。利用较短长度的时间序列就能够获得稳健的 SampEn 值，时间序列长度在一定范围内，不会显著影响 SampEn 值。

（2）抗噪能力。通过调整相似容限 r，使之大于噪声的幅值，就能够有效地避免噪声对 SampEn 值的影响。

（3）一致性。只要一个时间序列较另一时间序列具有较高的 SampEn 值，那么参数 m 和 r 的变化不会影响以上结论。

此外，样本熵不但适用于确定性信号，还适用于不确定性信号的分析，并且在丢失一定量数据的情况下，不会对 SampEn 值造成显著影响。

尽管样本熵应用于时间序列分析具有以上优点，但是其算法的时间复杂度为 $O(N^2)(m=2)$，这使得样本熵不适用于需要对长时间序列进行分析或对实时性要求较高的场合[39]。针对此问题，Manis 采用桶排序技术预先排除不可能的匹配，进而减少计算近似熵/样本熵的执行时间，但是此方法的时间复杂度仍然为 $O(N^2)(m=2)$[40]。为了使样本熵具有对实时信号进行在线监测的能力，Sugisaki 提出了一种递归样本熵算法，但该算法主要存在两个缺点：

（1）样本熵的计算值只是近似值。

（2）计算效率将随着重叠长度的减小而降低，当重叠长度为零时，计算效率也将降低为零[41]。

文献[39]证明，$n_i^m=\sum\limits_{j=1,j\neq i}^{N-m}\Theta(r-\mathrm{d}[\boldsymbol{X}(i),\boldsymbol{X}(j)])$ 能够转化为正交范围（边界框）搜索问题，将时间序列 $\boldsymbol{X}(i)$ 记作 $(\boldsymbol{X}_i)_m$ 以便对正交范围搜索加以说明，其实现过程概述如下。

针对时间序列中的每个元素 i（$i=1,2,\cdots,N$），将 $(\boldsymbol{X}_i)_m$ 转化为 m 维点集 $\boldsymbol{P}_i(\boldsymbol{x}_i,\boldsymbol{y}_i,\boldsymbol{z}_i,\cdots)$，记作

$$\boldsymbol{x}_i=\boldsymbol{X}_i,\boldsymbol{y}_i=\boldsymbol{X}_{i+1},\boldsymbol{z}_i=\boldsymbol{X}_{i+2},\cdots \tag{3-131}$$

那么，$\Theta(r-\mathrm{d}[\boldsymbol{X}(i),\boldsymbol{X}(j)])$ 的值等于边界框 W_i 内部的点数，W_i 的表示式如下：

$$W_i=[(x_{\mathrm{LB}})_i:(x_{\mathrm{UB}})_i]\times[(y_{\mathrm{LB}})_i:(y_{\mathrm{UB}})_i]\times[(z_{\mathrm{LB}})_i:(z_{\mathrm{UB}})_i]\times\cdots \tag{3-132}$$

式中，下标 LB 和 UB 分别表示边界框 W_i 的下界和上界，

$$\begin{aligned}(x_{\mathrm{LB}})_i&=x_i-r,(x_{\mathrm{UB}})_i=x_i+r\\(y_{\mathrm{LB}})_i&=y_i-r,(y_{\mathrm{UB}})_i=y_i+r\\(z_{\mathrm{LB}})_i&=z_i-r,(z_{\mathrm{UB}})_i=z_i+r\\&\vdots\end{aligned} \tag{3-133}$$

在 d 维数据空间内的正交范围（边界框），查询每个边界框内部的点数称为在计算几何学领域的正交范围搜索问题。因此，对于每个点 P_i 和与之对应的边界框 W_i，n_i^m 的计算过程等价于进行 m 维正交范围搜索。一旦 n_i^m 和 n_i^{m+1} 被计算出，$\mathrm{SampEn}(m,r,N)$ 就可以直接由

式（3-132）获得，计算样本熵的时间复杂度取决于 n_i^{m+1}。

Kd 树（K-dimensional Tree）是一种高维索引树形数据结构，常用于大规模的高维数据空间进行最近邻查找或近似最近邻查找，能够用于解决正交范围搜索问题，可以有效地解决样本熵计算效率问题[42]。基于 Kd 树的样本熵计算的基本原理是将点集 $\boldsymbol{P}$ 储存在 Kd 树中，对于指定的边界框内部的点数具有更快的查询速度。图 3-3 是基于 Kd 树的正交范围搜索示意图，图中横、纵坐标上的数值为归一化处理结果。可以看出，Kd 树可以利用边界框获得满足搜索条件的点个数。

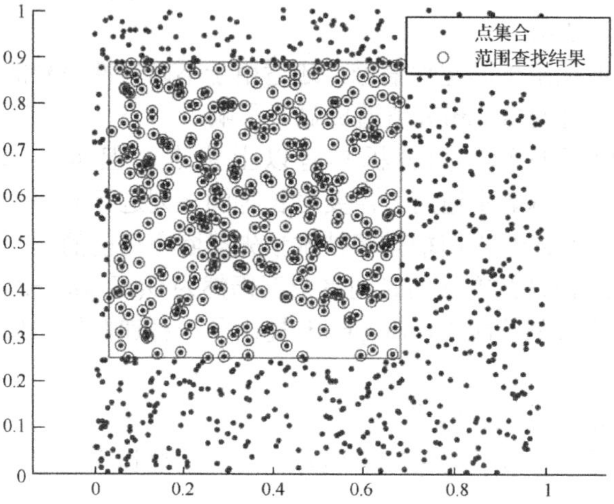

图 3-3　基于 Kd 树的正交范围搜索示意图

图 3-4 给出了基于 Kd 树的快速样本熵计算方法伪代码，该算法的主要计算步骤可以归纳如下：

```
Input: 时间序列 X，嵌入维数 m 与噪声容限 r
Output: 时间序列 X 的样本熵值 SampEn(m, r, N)
for scale = 1 : maxScale do
    X_τ=coaseGrainSeries(scale, X);% 生成粗粒度时间序列
    ponitArray=transformTospace(m, X_τ);% 将时间序列转化为空间点集
    for k = m − 1 : m do
        d=m+1;
    end
    tree=buildKDTree(d, pointArray);% 建立 Kd 树结构
    for i = 1 : N − m do
        W_i=findBoundingbox(m,r,PointArray[i]);% 寻找边界框
        n_i^m=KDsearch(W_i,tree);
        if k == m − 1 then
            n_n(i) = n_n(i) + n_i^m;
        end
        else
            n_d(i) = n_d(i) + n_i^m;
        end
    end
    SampEn(m, r, N) = − ln(n_n/n_d);
end
```

图 3-4　基于 Kd 树的快速样本熵计算方法伪代码

（1）对时间序列 $\boldsymbol{X}$ 进行粗粒化，获得粗粒度时间序列，当粗粒化的尺度最大值为 1 时，表示原时间序列 $\boldsymbol{X}$ 没有进行粗粒化。

（2）将时间序列转化为离散空间点集 $\boldsymbol{P}_i$，如式（3-131）所示。

（3）设 $k=m-1$，利用离散空间点集 $\boldsymbol{P}_i$ 建立 Kd 树结构。

（4）对于每个离散空间点，利用式（3-132）获得边界框 W_i。

（5）通过 Kd 树正交范围搜索算法，查询包含在边界框 W_i 中的离散空间点的个数。

（6）计算 $n_n(i)$。

（7）设 $k=m$，重复步骤（2）～（5），计算 $n_d(i)$；

（8）利用 $n_n(i)$ 和 $n_d(i)$ 可以计算得到样本熵值 $\mathrm{SampEn}(m,r,N)$。

以上基于 Kd 树的样本熵计算方法的时间复杂度主要由空间点集转化过程、Kd 树建立过程与查询过程的时间复杂度组成。表 3-2 是基于 Kd 树的样本熵计算时间复杂度，即实现以上各个过程所需的时间复杂度，可以看出，基于 Kd 树的样本熵的整个计算过程的时间复杂度为 $O(N\cdot N^{1-(1/d)})$。当 $m=2$ 时，基于 Kd 树的样本熵计算方法，将样本熵计算时间复杂度由 $O(N^2)$ 降低到了 $O(N^{5/3})$。

表 3-2　基于 Kd 树的样本熵计算时间复杂度

计算过程	时间复杂度
时间点转化过程	$O(N)$
Kd 树建立过程	$O(N\log N)$
查询过程	$O(N^{1-(1/d)})$
整体过程	$O(N\cdot N^{1-(1/d)})$

3.5.3　排列熵

排列熵（Permutation Entropy, PE）作为一种衡量一维时间序列复杂度的平均熵参数，它不仅能够度量一个非线性信号的不确定性，而且具有计算简单、抗噪声能力强等优点[43]。因此，可以选择排列熵对 IMF 中包含的故障特征进行提取。通过集合经验模态分解后得到的每个 IMF 分量包含传感器信号在不同时间尺度下的特征。通过计算各个 IMF 分量的排列熵值并把它们组成特征向量，能够有效地突出在多尺度下的传感器故障特征。

排列熵是由 Christoph Band[44]提出的关于时间序列复杂性衡量方法。对于数据长度为 N 的时间序列 $\{x(k),k=1,2,\cdots,N\}$，按照相空间延迟坐标法，对任一元素 $x(i)$ 进行重构，对每个采样点取其连续的 m 个样本点，得到点 $x(i)$ 的 m 维重构向量，即

$$\boldsymbol{X}(i)=\left\{x(i),x(i+\tau),\cdots,x\left[i+(m-1)\tau\right]\right\}\frac{1}{n} \tag{3-134}$$

式中，$m\geqslant 2$，为嵌入维数；τ 为延迟时间；$i=1,2,\cdots,N$。

将 $\boldsymbol{X}(i)$ 中的 m 个元素按照升序排列，即

$$\left\{x\left[i+(j_1-1)\tau\right]\leqslant x\left[i+(j_2-1)\right]\tau\leqslant\cdots\leqslant x\left[i+(j_m-1)\tau\right]\right\} \tag{3-135}$$

如果 $\boldsymbol{X}(i)$ 存在相同的元素，即 $x\left[i+(j_p-1)\tau\right]=x\left[i+(j_q-1)\tau\right]$ 时，那么按照 j 的大小来排序，也就是当 $p\leqslant q$ 时，排列方式为 $x\left[i+(j_p-1)\tau\right]\leqslant x\left[i+(j_q-1)\tau\right]$。

因此，任意向量 $\boldsymbol{X}(i)$ 都能得到一组符号序列

$$S(l)=(j_1,j_2,\cdots,j_m) \tag{3-136}$$

式中，$j=1,2,\cdots,k$，与 m 维相空间映射的 m 个不同的符号序列具有 $m!$ 种不同的排列方式，而 $S(l)=(j_1,j_2,\cdots,j_m)$ 是其中的一种符号序列。设每种符号序列出现的概率为 $P_1,P_2,\cdots,P_k$，时间序列 $\{x(k),k=1,2,\cdots,N\}$ 的排列熵定义为

$$H_p(m)=-\sum_{j}^{k}P_j\ln P_j \tag{3-137}$$

很明显，$0\leqslant H_p(m)\leqslant\ln(m!)$，其中上限 $\ln(m!)$ 为 $P_j=1/m!$ 时对应的 $H_p(m)$ 值。

通过 H_p 值的大小就能够衡量出一维时间序列 $\{x(k),k=1,2,\cdots,N\}$ 的复杂程度。H_p 值越小，该时间序列越规则，信号复杂度越小；H_p 值越大，该时间序列无序程度越高，信号复杂度越大。

由排列熵的计算过程看出，排列熵的值与嵌入维数 m、延迟时间 τ 及数据长度 N 有关。文献[45]研究表明，嵌入维数 m 为 4～8 时，对传感器不同状态下的信号区分度良好。实际上，当嵌入维数 $m<4$ 时，排列熵无法准确地检测出传感器信号中的动态变化，而当 $m>8$ 时，不仅会使排列熵的计算量增大，而且会使排列熵的变化范围变窄而难于准确地衡量信号复杂度。延迟时间 τ 的取值对排列熵的影响不大。但是，当 $\tau>5$ 时，排列熵不能准确地检测传感器信号中的微小变化。数据长度 N 也是影响排列熵计算结果的重要参数，N 值过大时会把信号平滑，不能准确地衡量信号的动态变化。N 值也不能太小，否则，计算结果将失去统计意义。

3.5.4 多尺度熵

多尺度分析是由 Costa 提出的在不同尺度下对原始时间序列进行复杂性估计的算法。多尺度分析常与不同的熵方法相结合组成多尺度熵，实现对信号特征的描述。多尺度样本熵算法由以下两个步骤组成。

（1）对于给定的时间序列 $x(k),k=1,2,\cdots,N$，尺度 i 的粗粒化过程是通过计算原始时间序列 $x(k)$ 中连续而不重叠的 i 个元素的平均值获得的。粗粒化的时间序列为

$$y_j^{(\tau)}=\frac{1}{\tau}\sum_{i=(j-1)\tau+1}^{j\tau}x_i,\quad 1\leqslant j\leqslant N/\tau \tag{3-138}$$

可以看出，当尺度 i=1 时，粗粒化的时间序列与原始时间序列 $x(k)$ 相等。粗粒化后的时间序列 $\{y^{(\tau)}\}$ 的长度为 N/τ。图 3-5 所示为基于 Kd 树的多尺度样本熵算法流程。

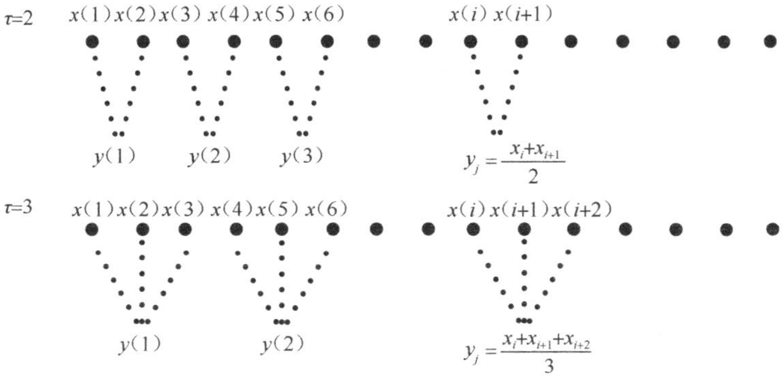

图 3-5　基于 Kd 树的多尺度样本熵算法流程

（2）针对步骤（1）中获得的每个不同尺度下的粗粒化时间序列，计算样本熵值。

仅从单一尺度对时间序列进行熵值分析，可能会损失原始信号的部分重要信息。因此，Costa M.在 2007 年提出了多尺度熵（Multi-scale Entropy, MSE），该方法被用于实现对复杂信号在不同尺度下的特征提取，其定义如下：

假设一个长度为 N 的时间序列 $\{X_i\}=\{x_1,x_2,\cdots,x_N\}$，利用尺度因子 $\tau=1,2,\cdots,n$，对时间序列进行粗粒化，粗粒化过程如下式所示：

$$y_j^{\tau}=\frac{1}{\tau}\sum_{i=(j-1)\tau+1}^{j\tau}x_i,\quad 1\leqslant j\leqslant\frac{N}{\tau} \tag{3-139}$$

式中，y_j^{τ} 表示在尺度因子为 τ 时，经粗粒化后获得的新时间序列。

随后，计算每个粗粒化的新时间序列的样本熵值，获得不同尺度下的 n 个多尺度熵值并用来描述原始时间序列的信号特征。然而，多尺度熵在粗粒化后的时间序列的长度缩短为 N/τ。尺度因子 τ 越大，经粗粒化后的时间序列长度越短，这将影响后续对熵值的度量，降低特征提取效果。为了解决该问题，相关学者对多尺度熵的粗粒化过程进行改进，解决了多尺度熵粗粒化后时间序列长度缩短的问题。改进后的粗粒化时间序列表示如下：

$$z_i^{(\tau)}=\left\{y_{i,1}^{(\tau)},y_{i,2}^{(\tau)},\cdots\right\} \tag{3-140}$$

式中，$y_{i,j}^{(\tau)}=\dfrac{\sum_{f=0}^{\tau-1}x_{f+i+\tau(i-1)}}{\tau}$。

3.6　模式识别法

本节介绍常用的几种模式识别法。

3.6.1　*k* 最近邻域

k-NN 算法的主要思想：先计算待分类样本与已知类别的训练样本之间的距离，找到距离与待分类样本数据最近的 *k* 个样本。若待分类样本数据的 *k* 个最近样本都属于一个类别，

则待分类样本也属于这个类别。否则，出现次数最多的那个类别就是待测数据的类别。

已知数据集$\left\{y_j^{(i)}\right\},(i=1,2,\cdots,c),(j=1,2,\cdots,N_i)$，$i$ 表示样本数，j 为每个样本的数据量，样本-总数为$N=\sum_{i=1}^{c}N_i$，有 c 种不同分类，N_i 是第 i 类 ω_i 的样本个数。待测数据 x 与 N 个已知类别的样本 $y_j^{(i)}$ 的距离为 $d_j^{(i)}$，将其判为 $d_j^{(i)}$ 最小的那个样本所属的类。定义其判决函数如下：

$$d_i(x)=\min_{j=1,2,\cdots,N_i}\left\|x-y_j^{(i)}\right\|,\ i=1,2,\cdots,c \tag{3-141}$$

判决规则为

$$x\in\omega_m,\quad m=\arg\min_{i=1,2,\cdots,c}\left[d_i(x)\right] \tag{3-142}$$

上述方法表明，待识别模式的类别由距离最近的一个样本的类别所决定，故称此方法为最近邻法或 1-近邻方法。为了克服单个样本类别的偶然性，增加分类的可靠性，考察待测数据的 k 个最近邻样本，选出这 k 个样本中数量最多的一类样本，即待测数据的样本。设 $k_1,k_2,\cdots,k_c$ 分别是 x 的 k 个最近邻样本的数量，它们对应的样本类别分别为 $\omega_1,\omega_2,\cdots,\omega_c$ 类，定义 ω_i 类的判决函数如下：

$$d_i(x)=k_i,\quad i=1,2,\cdots,c \tag{3-143}$$

判决规则为

$$x\in\omega_m,\quad m=\max_{i=1,2,\cdots,c}\left[d_i(x)\right] \tag{3-144}$$

3.6.2 层次支持向量多分类机

传感器状态识别就是模式识别中的分类过程。目前，大部分方法如神经网络分类器均基于经验风险最小化原则（Empirical Risk Minimization，ERM）的传统学习方法。其前提是有足够多的样本，样本数目趋于无穷大时的渐近理论。但是这些算法在面对实际问题中样本数目有限的情况时，例如，在传感器故障诊断领域，故障数据难以获取，训练样本有限，通过这些诊断方法获取的故障模型性能较差。而支持向量机（SVM）是在统计学习理论基础上发展起来的一个新的学习方法。统计学习理论（Statistical Learning Theory，SLT）是一种专门研究小样本情况下机器学习规律的理论，它是建立在结构风险最小化的原则（Structural Risk Minimization，SRM）上的。支持向量机是在有限样本的学习精度和学习泛化能力之间寻求最佳折中的学习方法。它有效地避免了经典学习方法中过学习、维数灾难、局部极小点等问题，在小样本条件下仍具有良好的泛化能力。因此，支持向量机在故障诊断领域得到了较好的应用[46,47]。

本节利用 k-均值聚类算法设计了层次支持向量多分类机，对传感器状态进行识别，有效地改善了传统分类方法的缺陷，如神经网络结构的选择、易陷入局部极小点、过学习问题等，具有非常优异的泛化、推广能力，很好地解决了传感器故障诊断中的小样本问题。

以下介绍支持向量分类的基本原理：

考虑 n 维两类非线性分类情况[48,49]，给定训练样本集：$\{(\boldsymbol{x}_i,\boldsymbol{y}_i)\},i=1,2,\cdots,n$，其中，

$x_i \in \mathbf{R}^n, y_i \in \{+1,-1\}$。首先通过一个非线性映射将输入数据空间映射到高维特征空间：

$$x \to \varphi(x) = [\varphi(x), \varphi(x_2), \cdots, \varphi(x_n)] \tag{3-145}$$

在高维特征空间，若训练样本集线性可分，则存在分类超平面$[w, \varphi(x)] + b = 0$将训练样本正确分开，通过规范化权向量w和偏移向量b，使下式成立：

$$y_i\{[w, \varphi(x)] + b\} \geqslant 1, \quad i = 1,2,\cdots,n \tag{3-146}$$

高维特征空间的任意训练样本点到分类超平面的距离为

$$d(x_i, w, b) = \frac{\|[w, \varphi(x_i)] + b\|}{\|w\|} \tag{3-147}$$

可知，两类训练样本中距分类超平面的最小距离均为$1/\|w\|$，则两类的分类间隔为$2/\|w\|$。因此寻找最优的分类超平面，就是在式（3-146）约束条件下寻找分类间隔最大的超平面，即寻找权向量$\|w\|$最小的超平面。

在高维空间中，如果训练样本不可分或者事先不知道它是否线性可分，那就允许存在一定数量的错分类样本，引入非负松弛变量$\xi_i, i = 1,2,\cdots,n$，则式（3-146）变为

$$y_i\{[w, \varphi(x)] + b\} \geqslant 1 - \xi_i, \quad i = 1,2,\cdots,n \tag{3-148}$$

为了得到一个最大间距的分类超平面，上述问题可转化为线性约束条件下的二次规划问题：

$$\begin{aligned} &\min \frac{1}{2}(w, w^{\mathrm{T}}) + C\sum_{i=1}^{n}\xi_i \\ &\text{s.t.} \quad y_i\{[w, \varphi(x)] + b\} \geqslant 1 - \xi_i, \quad i = 1,2,\cdots,n \\ &\qquad \xi_i \geqslant 0, \quad i = 1,2,\cdots,n \end{aligned} \tag{3-149}$$

式中，$C > 0$，它是一个自定义的惩罚参数，控制着对错分样本的惩罚程度。C越大，对错分样本的约束程度就越高。

通过拉格朗日乘子法，式（3-149）的约束问题可以转化为如下的对偶问题：

$$\begin{aligned} &\min_{\alpha} \frac{1}{2}\sum_{i=1}^{n}\sum_{j=1}^{n} y_i y_j \alpha_i \alpha_j [\varphi(x_i), \varphi(x_j)] - \sum_{i=1}^{n}\alpha_i \\ &\text{s.t.} \quad \sum_{i=1}^{n} y_i \alpha_i = 0 \\ &\qquad 0 \leqslant \alpha_i \leqslant C, i = 1,2,\cdots,n \end{aligned} \tag{3-150}$$

对以上优化问题进行求解，解得最优解$\boldsymbol{\alpha}^* = (\alpha_1^*, \cdots, \alpha_n^*)^{\mathrm{T}}$，可得$w^* = \sum_{i=1}^{n}\alpha_i^* y_i \varphi(x_i)$，选取$\boldsymbol{\alpha}^*$的一个正分量$0 < \alpha_j^* < C$，可得$b^* = y_i - \sum_{i=1}^{n} y_i \alpha_i^* [\varphi(x_i), \varphi(x_j)]$，其中对应于$0 < \alpha_j^* < C$的向量称为支持向量，最优分类函数为

$$g(x) = \operatorname{sgn}\left\{\sum_{i=1}^{n}\alpha_i^* y_i [\varphi(x_i), \varphi(x)] + b^*\right\} \tag{3-151}$$

由式（3-151）可知，计算分类函数只涉及高维特征空间的输入向量与支持向量的内积，因此没有必要知道非线性映射的具体形式，只需要它的内积运算即可。假定高维特征空间的内积为

$$K(x_i,x_j)=\left[\varphi(x_i),\varphi(x_j)\right] \tag{3-152}$$

称式（3-152）的内积为核函数，它将高维特征空间的内积运算转化为低维输入空间的一个简单函数运算。根据统计学习理论，只要一种运算满足 Mercer 定理，它就可以作为核函数[50]。那么，最优分类函数可写为

$$g(x)=\text{sgn}\left[\sum_{i=1}^{n}\alpha_i^* y_i K(x_i,x)+b^*\right] \tag{3-153}$$

常用的核函数有线性核函数、多项式核函数、径向基核函数等，其中径向基核函数如下式所示：

$$K(x_i,x_j)=\exp(-\|x_i-x_j\|^2/\sigma^2) \tag{3-154}$$

层次支持向量多分类机可用于识别传感器的多个故障，利用 k-均值聚类算法来设计层次支持向量多分类机的拓扑结构。

1）聚类原则

本文采用 k-均值聚类算法，它是根据样本之间的距离来进行聚合的。这里，采用样本特征之间的欧式距离，即

$$D(\boldsymbol{T}_i,\boldsymbol{T}_j)=\sqrt{\|\boldsymbol{T}_i-\boldsymbol{T}_j\|^2}=\sqrt{\sum_{k=1}^{M}(\boldsymbol{T}_{ik}-\boldsymbol{T}_{jk})^2} \tag{3-155}$$

式中 $\boldsymbol{T}_i,\boldsymbol{T}_j$ 分别为样本 i 和 j 的特征向量；M 为特征向量中特征的个数。

具体的 k-均值聚类算法实现如下：

（1）确定初始聚类中心（$c_1,\cdots,c_k$），即在原始样本中任意选择 k 个样本作为初始聚类中心。

（2）计算每个样本与各个聚类中心的距离，并将其划分到与其距离最近的聚类中心所处的类别中。

（3）重新计算聚类中心，在步骤（2）聚合出的 k 个类别中，令 $i\in[1,k]$ 为其中任一类别，且该类别中的样本容量为 l_i，令 $\boldsymbol{T}_j$ 为第 i 类中任一样本点，$j\in[1,l_i]$ 求满足式（3-156）的点 T_{ri}，使之作为第 i 类样本的新的聚类中心，即找出每个类别中与其他各点距离和最小的点作为新的聚类中心。

$$\min_{r=1,\cdots,l_i\&r\neq t}\sum_{t=1}^{l_i}D(T_r,T_t) \tag{3-156}$$

（4）循环迭代步骤（2）与步骤（3），直到连续 2 次出现各类别的中心的最小距离之和不变（或变化很小）为止。

2）类别归属

k-均值聚类算法是一个无监督的学习过程，在聚类的过程中，类别的归属完全由样本

间的距离决定，样本的原始类别在聚类过程中没有任何指导作用，在最后形成的稳定的聚类类别中，原始样本的类别归属与聚类形成的类别归属并不一定完全吻合。因此，在聚类完成后，还要判断原始类别在层次结构中的类别归属问题。其判别原则如下：在聚类完成后，分别计算各类样本在各聚类中的数量占其自身总数的比例，选取使其比例最高的聚类为该类别最终的类别归属。

3）层次结构的确定

令原始样本中的每一个类别为原始子类，基于 k-均值聚类算法的层次结构确定步骤如下：

（1）以全体样本为总样本，利用 1）中的 k-均值聚类算法将总样本聚合成 2 类，利用 2）中的规则重判类别归属，形成最终聚类，这样就将总样本分成了两个子类。

（2）对每个子类重复应用步骤（1），直到每个子类中都只含有一个原始子类为止。

（3）根据步骤（1）和步骤（2）所得子类的结果，建立多层支持向量机分类树，树中每个节点对应一个两类支持向量机分类机。在确定的层次结构中，越往上层，其对应的类别越容易区分，减小了错误累积效应。

3.6.3　多分类相关向量机

前面已经介绍了支持类的向量机（SVM）实现分类的原理，可以看出本节介绍的 SVM 是一个二值分类器。在解决多分类问题时，通常采取以下方式将二值分类器扩展为多分类器。

（1）一类对余类的分类法：就是将某个样本作为一个单独的类别，其余的样本都作为另一个类别，共构成 $k-1$ 个分类器。

（2）一对一的分类法：即任意的两个类别构成一个二值分类器，形成 $[k(k-1)]/2$ 个二值分类器。测试时通过投票方法，选出票数最高的作为判断结果。

（3）二叉树法：将全部样本划分为两大类别，然后再把每个子类别进一步划分为两类，直到无法再继续划分为止。

无论是以上哪种方法，都存在计算量大、样本数据不可分、误差累加等问题。多分类相关向量机的提出，有效地解决了以上缺点，它能够直接对输入样本进行多分类，并且输出属于各个类别的概率。

多分类相关向量机（M-SVM）通过输出测试样本属于不同类别的概率实现多分类。多分类相关向量机的原理如下：

记输入的训练数据样本的集合为 $\boldsymbol{T}=\{\boldsymbol{x}_i,t_i\}_{i=1}^{N}$，其中 $\boldsymbol{x}_i\in\mathbf{R}^D$，是 D 维的输入向量；$\boldsymbol{t}\in\{1,2,\cdots,C\}$ 为对应的类别标签。在回归问题中，设核函数集为 $\boldsymbol{K}\in\mathbf{R}^{N\times N}$，引入辅助变量 $\boldsymbol{Y}\in\mathbf{R}^{C\times N}$ 作为回归权重参数 $\boldsymbol{w}^{\mathrm{T}}\boldsymbol{K}$ 的目标，可以得到

$$y_{cn}\left|\boldsymbol{w}_c,\boldsymbol{k}_n\sim N_{y_{cn}}\left(\boldsymbol{w}_c^{\mathrm{T}}\boldsymbol{k}_n,1\right)\right. \tag{3-157}$$

引入多项概率相关函数，可以把回归目标转变为代表类别的标签形式：

$$t_n = i, \text{ if } y_{ni} > y_{nj}\ \forall j \neq i \tag{3-158}$$

通过多项概率似然函数，可以得到样本属于第 i 类的概率形式：

$$P(t_n = i | \boldsymbol{w}, \boldsymbol{k}_n) = \varepsilon_{p(u)} \left\{ \prod_{j \neq i} \Phi(u + (\boldsymbol{w}_i - \boldsymbol{w}_j)^{\mathrm{T}} \boldsymbol{k}_n) \right\} \tag{3-159}$$

式中，ε 为标准正态分布 $p(u) \sim N(0,1)$ 的期望值，Φ 为高斯累计分布函数。

为保证多分类相关向量机的稀疏性，与相关向量机类似，对权重参数 $\boldsymbol{w}$ 引入了均值为 0、方差为 α_{nc}^{-1} 的正态先验分布。其中，α_{nc} 属于先验参数矩阵 $\boldsymbol{A} \in \mathbf{R}^{N \times C}$，并且服从参数为 τ 和 υ 的伽玛（Gamma）分布。使 τ 和 υ（两者的值都小于 10^{-5}）可以保证多分类相关向量机的稀疏性。

可以根据如图 3-6 所示的多分类相关向量机模型示意图推导出后验概率，即

$$P(\boldsymbol{w}|\boldsymbol{Y}) \propto P(\boldsymbol{Y}|\boldsymbol{w}) P(\boldsymbol{w}|\boldsymbol{A}) \propto \prod_{c=1}^{C} N\left[\left(\boldsymbol{KK}^{\mathrm{T}} + \boldsymbol{A}_c \right)^{-1} \boldsymbol{K}\boldsymbol{y}_c^{\mathrm{T}}, \left(\boldsymbol{KK}^{\mathrm{T}} + \boldsymbol{A}_c \right) \right]^{-1} \tag{3-160}$$

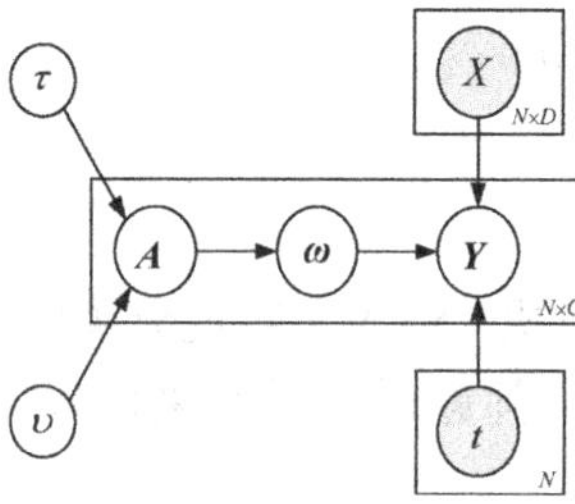

图 3-6　多分类相关向量机模型示意图

式（3-160）中，$\boldsymbol{A}_c$ 是由 $\boldsymbol{A}$ 和 c 列导出的对角矩阵。那么，通过最大后验概率估计，可得

$$\hat{\boldsymbol{w}} = \arg\max_{\boldsymbol{w}} P(\boldsymbol{w} | \boldsymbol{Y}, \boldsymbol{A}, \boldsymbol{K}) \tag{3-161}$$

当给定了类别 i 的时候，基于权重参数的更新方法如下：

$$\hat{\boldsymbol{w}}_c = (\boldsymbol{KK}^{\mathrm{T}} + \boldsymbol{A}_c)^{-1} \boldsymbol{K}\boldsymbol{y}_c^{\mathrm{T}} \tag{3-162}$$

对某一类别，辅助变量的后验期望为

$$\widetilde{y_{in}} = \widehat{\boldsymbol{w}_i}^{\mathrm{T}} k_n - (\sum_{j \neq i} \widetilde{y_{jn}} - \widehat{\boldsymbol{w}_j}^{\mathrm{T}} k_n) \tag{3-163}$$

对于 $\forall c \neq i$，有

$$\widetilde{y_{cn}} = \widehat{\boldsymbol{w}_c}^{\mathrm{T}} k_n - \frac{\varepsilon_{p(u)} \left\{ N_u (\widehat{\boldsymbol{w}_c}^{\mathrm{T}} k_n - \widehat{\boldsymbol{w}_i}^{\mathrm{T}} k_n, 1) \Phi_u^{n,i,c} \right\}}{\varepsilon_{p(u)} \left\{ \Phi(u + \widehat{\boldsymbol{w}_i}^{\mathrm{T}} k_n - \widehat{\boldsymbol{w}_c}^{\mathrm{T}} k_n) \Phi_u^{n,i,c} \right\}} \tag{3-164}$$

式中，波浪号通常表示后验期望，例如 $\widetilde{f(\beta)} = \varepsilon_{Q(\beta)} \{ f(\beta) \}$；$\Phi$ 为标准化的高斯累计分布函数，并且 $\Phi_u^{n,i,c} = \prod_{j \neq i,c} \Phi(u + \widehat{\boldsymbol{w}_i}^{\mathrm{T}} k_n - \widehat{\boldsymbol{w}_j}^{\mathrm{T}} k_n)$。

最后，可得到权重向量的先验参数的后验概率分布，即

$$P(A|\boldsymbol{w}) \propto P(\boldsymbol{w}|A)P(A|\tau,\upsilon) \propto \prod_{c=1}^{C}\prod_{n=1}^{N} G(\tau+\frac{1}{2},\frac{w_{nc}^2+2\upsilon}{2}) \tag{3-165}$$

文献[51]中提出了两种多分类相关向量机（M-RVM）的训练方法 M-RVM1 和 M-RVM2，它们之间的差别在于训练阶段的核运算方式不同。M-RVM1 遵循构建型的过程，样本集从空集开始，按照样本对方法的贡献率逐渐添加样本，或者删除对方法贡献率较低的样本数据。而 M-RVM2 遵循的是自顶而下的过程，首先装载整个训练集，然后在训练过程中移除不必要的样本。当训练样本总个数为 60 时，多分类相关向量机在训练过程中，相关向量个数随着迭代次数的增加而变化，它们之间的关系如图 3-7 所示。可以看出，两者的训练方式不同，但是都具有非常优秀的稀疏性，最后训练好的模型里面仅包含 10 个以下的相关向量。

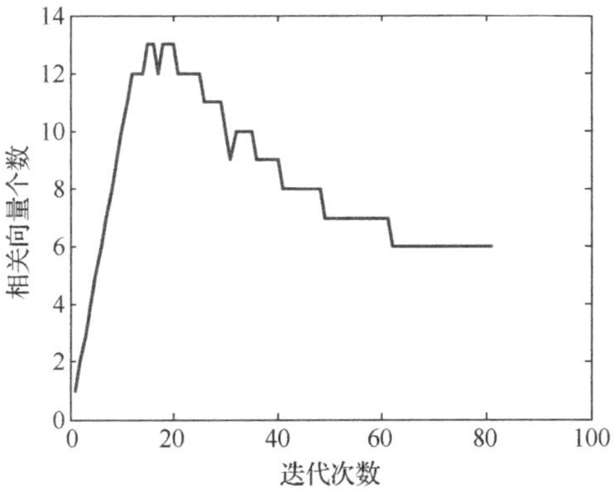

（a）M-RVM1

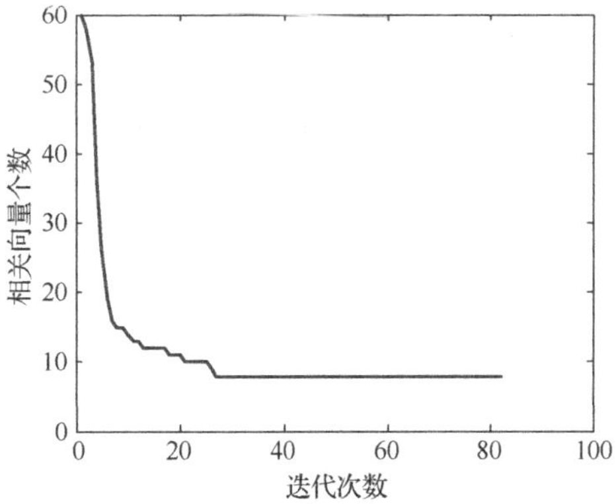

（b）M-RVM2

图 3-7　训练过程中相关向量个数变化

在利用两种多分类相关向量机进行实验后，文献[51]得出以下结论：M-RVM1 具备更好的典型样本识别能力，并且预测置信度更高，而 M-RVM2 的预测准确度更高，并且对孤立点的检测能力更强。两者有各自的特点，M-RVM1 按照增加样本的方式构建算法，因此十分适合大规模数据，而 M-RVM2 在样本的识别率方面表现更加稳定。对两者训练结果进行分析，发现训练结束后模型中都包含极少的样本，即很少的相关向量个数，因此两者都具有很好的稀疏性。

3.6.4　随机森林分类器

随机森林（RF）分类器由美国科学院院士 Leo Breiman 于 2001 年提出，该算法适用于解决预测与分类问题。随机森林分类器集成了多个弱分类器，由众多决策树组成，其输出结果根据森林中每棵决策树的预测结果，利用投票原则确定。RF 的基本原理如下：

假设随机森林分类器由多个决策树 $\left\{h_j(\boldsymbol{x},\Theta_k),k=1,2,\cdots,n\right\}$ 组成，$\{\Theta_k,k=1,2,\cdots,n\}$ 表示相互独立且同分布的随机向量。随机森林分类器的训练样本集为 $\boldsymbol{D}=\{(\boldsymbol{x}_1,y_1),(\boldsymbol{x}_2,y_2),$

$\cdots,(\boldsymbol{x}_N,y_N)\}$，$\boldsymbol{x}_i=(x_{i,1},\cdots,x_{i,p})^{\mathrm{T}}$ 表示第 i 个训练样本 $\boldsymbol{x}_i$ 具有 p 个特征值，y_i 表示训练样本 $\boldsymbol{x}_i$ 对应的标签。对训练样本集 $\boldsymbol{D}$ 进行 n 次自助（Bootstrap）采样，获得 n 个 Bootstrap 子样本 $\boldsymbol{D}_j(j=1,2,\cdots,n)$。针对每个子样本 $\boldsymbol{D}_j$，构建决策树模型 $h_j(\boldsymbol{x})$（一般选用分类与回归（CART）决策树），最终获得由一组决策树 $\{h_1(\boldsymbol{x}),h_2(\boldsymbol{x}),\cdots,h_k(\boldsymbol{x})\}$ 组成的决策树分类器。对于一个新的测试样本，通过 n 个决策树投票，把获得最多票数的类别作为测试样本的最终类别，分类决策如下：

$$f(x)=\arg\max_y\sum_{j=1}^{n}I\left[h_j(\boldsymbol{x})=y\right] \tag{3-166}$$

式中，$h_j(\boldsymbol{x})$ 为第 j 棵决策树；$I(\cdot)$ 为示性函数，即当集合内含有该函数时值为 1，否则，值为 0；y 表示类别标签 y_i 构成的目标变量。

3.6.5 稀疏表示分类器

稀疏表示分类器（Sparse Representation Classifier, SRC）是由 John Wright 等人于 2008 年提出的高性能多分类方法[52,53]，该方法具体实现过程如下：

假设存在 k 个类别样本需要进行分类，第 i 类包括 n_i 个样本，则所有第 i 类训练样本可以由以下样本集矩阵表示，即

$$\boldsymbol{A}_i=[\boldsymbol{v}_{i,1},\boldsymbol{v}_{i,2},\cdots,\boldsymbol{v}_{i,n_i}]\in\mathbf{R}^{m\times n_i} \tag{3-167}$$

式中，$\boldsymbol{v}$ 为 m 维的特征向量，$\boldsymbol{v}=[d_1,d_2,\cdots,d_m]^{\mathrm{T}}\in\mathbf{R}^m$。

将所有 k 个类别样本组成一个新的矩阵，即

$$\boldsymbol{A}=[\boldsymbol{A}_1,\boldsymbol{A}_2,\cdots,\boldsymbol{A}_k]=[v_{1,1},\cdots,v_{1,n_1},v_{2,1},\cdots,v_{2,n_2},\cdots,v_{k,1},\cdots,v_{k,n_k}] \tag{3-168}$$

式中，$\boldsymbol{A}\in\mathbf{R}^{m\times n}$，称为超完备字典矩阵，$m$ 为每个样本的维数，n 为 $\boldsymbol{A}$ 中所有训练样本的个数。

对于测试样本 $\boldsymbol{y}$ 能够利用超完备字典矩阵的线性组合表示，即

$$\boldsymbol{y}=\alpha_{1,1}v_{1,1}+\alpha_{1,2}v_{1,2}+\cdots+\alpha_{k,n_k}v_{k,n_k}=\boldsymbol{A}\boldsymbol{x}\in\mathbf{R}^m \tag{3-169}$$

式中，$\boldsymbol{x}=[\alpha_{1,1},\cdots,\alpha_{1,n_1},\cdots,\alpha_{k,1},\cdots,\alpha_{k,n_k}]^{\mathrm{T}}\in\mathbf{R}^n$，为线性表示系数向量。

如上所述，属于同一类别的样本是高度相关的，可通过彼此进行线性表示，而来自不同类别的样本服从独立分布，彼此间不能够进行线性表示。在理想情况下，与测试样本属于同一类别的训练样本在线性组合中存在非零系数，而与测试样本属于不同类别的训练样本的系数为零。例如，若一个测试样本属于第 i 类，则训练样本的线性表示系数向量为

$$\boldsymbol{x}=[0,\cdots,0,\alpha_{i,1},\cdots,\alpha_{i,n_i},0,\cdots,0] \tag{3-170}$$

式（3-169）所示的线性方程组的解由超完备字典矩阵 $\boldsymbol{A}$ 的行数和列数决定。当 $\boldsymbol{A}\in\mathbf{R}^{m\times n}$，则此线性方程组是欠定的，$\boldsymbol{x}$ 存在无穷多解。因此，在线性方程组 $\boldsymbol{y}=\boldsymbol{A}\boldsymbol{x}$ 的所有解当中，寻找一个最优解 $\boldsymbol{x}_1$，使其无限接近式（3-170）所示的理想解形式。求 $\boldsymbol{y}=\boldsymbol{A}\boldsymbol{x}$ 最稀疏的解（非零元素最少）可以转化为求解以下优化问题：

$$x_1 = \arg\min(\|Ax - y\|^2 + \lambda\|x\|_1) \tag{3-171}$$

式中，λ 为正则化参数，其用于权衡稀疏表示的最小均方误差与系数向量的稀疏性。

在稀疏表示分类器实际使用过程中，由于属于同一类别样本的相关性可能因为采样误差而减弱，因此需要考虑采样误差对稀疏表示的影响。为了解决以上问题，将误差向量 $\boldsymbol{e}$ 添加到测试样本 $\boldsymbol{y}$ 中，则实际的测试样本为

$$y_0 = y + e \tag{3-172}$$

在理想情况下，误差向量 $\boldsymbol{e}$ 中的所有元素应为零。然而，由于采样误差的存在，$\boldsymbol{e}$ 中的非零元素表示漏采样或突发干扰。因此，被测样本的线性表示改进为

$$y = [A, I][x, e]^{\mathrm{T}} = Bw \tag{3-173}$$

由此，上式转化为最小 ℓ_1 范数约束问题，即

$$w_1 = \arg\min(\|Bw - y\|^2 + \lambda\|w\|_1) \tag{3-174}$$

目前，稀疏表示分类器主要利用线性表示系数和测试样本重构误差这两种判决规则进行分类决策。线性表示系数判决的原理如下：假设存在 k 个类别，第 i 类包含 n_i 个训练样本，则由第 k 类训练样本对一个未知类别的测试样本进行线性表示时，获得线性表示系数向量 $C_i = [\hat{\alpha}_{i,1}, \cdots, \hat{\alpha}_{i,n_i}], i = 1, 2, \cdots, k$，分类结果可通过下式决定：

$$c = \arg\max\|C_i\|^2, i = 1, 2, \cdots, k \tag{3-175}$$

式中，c 为分类结果的类别标签。

测试样本重构误差判决原理如下：假设 $x_1 = [\hat{\alpha}_{1,1}, \cdots, \hat{\alpha}_{1,n_1}, \cdots, \hat{\alpha}_{i,1}, \cdots, \hat{\alpha}_{i,n_i}, \cdots, \hat{\alpha}_{k,1}, \cdots, \hat{\alpha}_{i,n_k}]^{\mathrm{T}}$，其中 $\hat{\alpha}_{i,1}, \cdots, \hat{\alpha}_{i,n_i}$ 为第 i 类训练样本线性表示系数向量。

利用第 i 类训练样本对测试样本 $\boldsymbol{y}$ 进行重构，即

$$\tilde{y}^{(i)} = \hat{A}\vec{\delta}_i(\hat{x}_1) \tag{3-176}$$

式中，$\tilde{y}^{(i)}$ 为根据第 i 类训练样本重构的测试样本；$\vec{\delta}_i$ 为特征函数，可以选择第 i 类训练样本对应的线性表示系数向量，即 $\vec{\delta}_i(\hat{x}_1) = [0, \cdots, 0, \cdots, \hat{\alpha}_{i,1}, \cdots, \hat{\alpha}_{i,n_i}, \cdots, 0, \cdots, 0]^{\mathrm{T}}$。

测试样本 $\boldsymbol{y}$ 与第 i 类训练样本重构的测试样本 $\tilde{y}^{(i)}$ 之间的重构误差为

$$r_i(y) = \left\|y - A\vec{\delta}_i(\hat{x}_1)\right\|_2 \tag{3-177}$$

根据上式，重构误差 $\vec{\delta}_i(\hat{x}_1)$ 越小，测试样本 $\boldsymbol{y}$ 就更可能属于第 i 类。因此，重构误差最小的一类可以被判定为测试样本 $\boldsymbol{y}$ 的所属类别。

参考文献

[1] 高羽. 自确认传感器理论及应用研究[D]. 上海: 复旦大学, 2008.

[2] P. Heinonen, Y. Neuvo, FIR-Median Hybrid Filters with Predictive FIR Substructures[J]. IEEE Trans. On Acoustics, Speed and Signal Processing, 1998, 36(6): 892-899.

[3] 申争光, 朱凤宇, 王祁. 基于 PFP-WRVM 的多功能传感器状态自确认研究[J]. 仪器仪表学报, 2012, 33(9): 1986-1993.

[4] Tien T L. A research on the grey prediction model GM (1, n)[J]. Applied Mathe-matics and Computation, 2012, 218(9): 4903-4916.

[5] Chen C I, Huang S J. The necessary and sufficient condition for GM (1, 1)grey prediction model[J]. Applied Mathematics and Computation, 2013, 219(11): 6152-6162.

[6] 张小蓟，张歆，孙进才. 基于经验模态分解的目标特征提取与选择. 西北工业大学学报. 2006, 24(4): 453-456.

[7] Huang N E, Shen Z, Long S R, et al. The Empirical Mode Decomposition and the Hilbert Spectrum for Nonlinear and Non-stationary Time Series Analysis. Proc. R. Soc. Lond. A. 1998, 454: 903-995.

[8] 于德介，陈森峰，程军圣，等. 一种基于经验模式分解与支持向量机的转子故障诊断方法. 中国电机工程学报. 2006，26(16): 162-167.

[9] 程军圣，于德介，等. 基于内禀模态奇异值分解和支持向量机的故障诊断方法. 自动化学报. 2006, 32(3): 476-480.

[10] 王玉静, 姜义成, 康守强, 等. 基于优化集合 EMD 的滚动轴承故障位置及性能退化程度诊断方法[J]. 仪器仪表学报, 2013, 34(8): 1834-1840.

[11] Shen Z, Wang Q. Failure detection, isolation, and recovery of multifunctional self-validating sensor[J]. Instrumentation and Measurement, IEEE Transactions on, 2012, 61(12): 3351-3362.

[12] Lee J M, Qin S J, Lee I B. Fault detection and diagnosis based on modified independent component analysis[J]. AIChE journal, 2006, 52(10): 3501-3513.

[13] Li X b, Yang Y p, Zhang W d. Fault detection method for non-Gaussian processes based on non-negative matrix factorization[J]. Asia-Pacific Journal of Chemical Engineering, 2013, 8(3): 362-370.

[14] Alkaya A, Eker İ. Variance sensitive adaptive threshold-based PCA method for fault detection with experimental application[J]. ISA transactions, 2011, 50(2): 287-302.

[15] Tao E, Shen W, Liu T, et al. Fault diagnosis based on PCA for sensors of labora-torial wastewater treatment process[J]. Chemometrics and Intelligent Laboratory Systems, 2013, 128: 49-55.

[16] Zumoffen D, Basualdo M. From large chemical plant data to fault diagnosis in-tegrated to decentralized fault-tolerant control: pulp mill process application[J].Industrial & Engineering Chemistry Research, 2008, 47(4): 1201-1220.

[17] Yue H H, Qin S J. Reconstruction-Based Fault Identification Using a Combined Index[J]. Industrial & Engineering Chemistry Research, 2001, 40(20):4403-4413.

[18] 钟丽丽. 基于动态主成分分析的故障诊断研究[D]. 青岛科技大学, 2013: 18-21.

[19] Hyvärinen A, Karhunen J, Oja E. Independent component analysis[M]. Vol. 46.New York, USA: John Wiley & Sons, 2003.

[20] Hyvärinen A, Oja E. Independent component analysis: algorithms and applications[J]. Neural networks, 2000, 13(4): 411-430.

[21] Lee D D, Seung H S. Learning the parts of objects by non-negative matrix factorization[J]. Nature, 1999, 401(6755): 788-791.

[22] 李祥宝. 基于广义非负矩阵投影算法的故障检测与诊断研究 [D]. 上海: 上海交通大学, 2013.

[23] Langville A N, Meyer C D, Albright R. Initializations for the Nonnegative Matrix Factorization[J]. Kdd, 2006.

[24] Balan A K, Boyles L, Welling M, et al. Statistical Optimization of Non-Negative Matrix Factorization[C], 2011:128-136.

[25] Kim H, Park H. Sparse non-negative matrix factorizations via alternating nonnegativity-constrained least squares for microarray data analysis[J]. Bioinformatics, 2007, 23(12): 1495-1502.

[26] Li X, Yang Y, Zhang W. Statistical process monitoring via generalized non-negative matrix projection[J]. Chemometrics and Intelligent Laboratory Systems, 2013, 121:15-25.

[27] Li X, Yang Y, Zhang W. Fault detection method for non-Gaussian processes based on non-negative matrix factorization[J]. Asia-Pacific Journal of Chemical Engineering, 2013, 8(3): 362-370.

[28] Ding C, Li T, Peng W, et al. Orthogonal nonnegative matrix t-factorizations for clustering[C]. ACM SIGKDD International Conference on Knowledge Discovery and Data Mining. Philadelphia, USA: ACM, 2006: 126-135.

[29] Li N, Yang Y. Using semi-nonnegative matrix under approximation for statistical process monitoring[J]. Chemometrics and Intelligent Laboratory Systems, 2016, 153: 126-139.

[30] Botev Z I, Kroese D P. The Generalized Cross Entropy Method, with Applications to Probability Density Estimation[J]. Methodology & Computing in Applied Probability, 2011, 13(1): 1-27.

[31] Zdravko I B, Dirk P K. Non-asymptotic bandwidth selection for density estimation of discrete data[J]. Methodology and Computing in Applied Probability, 2008, 10(3): 435-451.

[32] Peng X, Li Q, Wang K. Fault detection and isolation for self powered neutron detectors based on Principal Component Analysis[J]. Annals of Nuclear Energy, 2015, 85: 213-219.

[33] Pincus S M. Approximate entropy as a measure of system complexity[J]. Proceedings of the National Academy of Sciences, 1991, 88(6): 2297-2301.

[34] Richman J S, Moorman J R. Physiological time-series analysis using approximate entropy and sample entropy[J]. American Journal of Physiology-Heart and Circu-latory Physiology, 2000, 278(6): H2039-H2049.

[35] Pan Y H, Wang Y H, Liang S F, et al.Fast computation of sample entropy and approximate entropy in biomedicine[J]. Computer methods and programs in biomedicine, 2011, 104(3): 382-396.

[36] Guzman-Vargas L, Ramírez-Rojas A, Angulo-Brown F. Multiscale entropy anal-ysis of electroseismic time series[J]. Natural Hazards and Earth System Science,2008, 8(4): 855-860.

[37] Yan R, Gao R X. Approximate entropy as a diagnostic tool for machine health monitoring[J]. Mechanical Systems and Signal Processing, 2007, 21(2): 824-839.

[38] Zurek S, Guzik P, Pawlak S, et al. On the relation between correlation dimension, approximate entropy and sample entropy parameters, and a fast algorithm for their calculation[J]. Physica A: Statistical Mechanics and its Applications, 2012, 391(24): 6601-6610.

[39] PanYH, Lin W Y,WangYH, et al. Computing multiscale entropy with orthogonal range search[J]. Journal of Marine Science and Technology, 2011, 19(1): 107-113.

[40] Manis G. Fast computation of approximate entropy[J]. Computer methods and programs in biomedicine, 2008, 91(1): 48-53.

[41] Sugisaki K, Ohmori H. Online estimation of complexity using variable forgetting factor[C]. SICE, 2007 Annual Conference. Kanagawa, Japan: IEEE, 2007: 1-6.

[42] Stowell D, Plumbley M D. Fast Multidimensional Entropy Estimation by k-d Par-titioning.[J]. IEEE Signal Process. Lett., 2009, 16(6): 537-540.

[43] 程军圣, 马兴伟, 杨宇. 基于排列熵和 VPMCD 的滚动轴承故障诊断方法[J]. 振动与冲击, 2014, 33(11):119-123.

[44] Christoph B, Bernd P. Permutation entropy: a natural complexity measure for time series [J]. Physical Review Letters,

2002, 88(17):174102.

[45] 刘永斌. 基于非线性信号分析的滚动轴承状态监测诊断研究[D]. 合肥：中国科学技术大学，2011.

[46] Achmad Widodo, Bo-Suk Yang. Support Vector Machine in Machine Condition Monitoring and Fault Diagnosis. Mechanical Systems and Signal Processing. 2007, 21(6): 2560-2573.

[47] Achmad Widodo, Bo-Suk Yang. Wavelet Support Vector Machine for Induction Machine Fault Diagnosis based on Transient Current Signal. Expert Systems with Applications. 2008, 35(1-2): 307-316.

[48] Vapnik V. The Nature of Statistics Learning Theory. New York Springer Verlag, 1995:25-30.

[49] Zhao Q, Principe J.C. Support Vector Machines for SAR Automatic Target Recognition. IEEE Transactions on Aerospace and Electronic Systems. 2001, 37(2): 643-653.

[50] Locci N, Muscas C, Ghiani E. Evaluation of uncertainty in measurements based on digitized data[J]. Measurement, 2002, 32(4): 265-272.

[51] Hao X, Wang T, Tang T, et al. A PCA-mRVM fault diagnosis strategy and its application in CHMLIS[C] Industrial Electronics Society, IECON 2014, Conference of the IEEE. IEEE, 2015:1124-1130.

[52] Wright J, Yang A Y, Ganesh A, et al. Robust Face Recognition via Sparse Repre-sentation[J]. IEEE Transactions on Pattern Analysis & Machine Intelligence, 2008,31(2): 2368 - 2378.

[53] Scholkopf B, Platt J, Hofmann T. Sparse Representation for Signal Classifica-tion[J]. Advances in neural information processing systems, 2006, 19: 609-616.

第 4 章　自确认传感器技术

4.1 概　　述

准确、可靠的传感器测量值是测量与控制系统正常运行的先决条件。长期以来，用户将传感器视为一种简单的信号发生装置，其测量值被认为是“准确的”[1]，能够准确地反映被测量值的变化。如果传感器的运行状态或测量值精度很差，基于这种单信息流的系统决策与控制就可能会导致系统整体性能下降，甚至发生故障。据报道，在工业过程中大约60%的制造业或工业故障是因为缺乏可信的传感器数据[2]。传统传感器功能结构比较简单，仅能输出测量值，而不能输出任何表示传感器测量质量及可靠性的参数，传统传感器的功能结构模型如图 4-1 所示。传感器在使用前由制造商或用户进行校准，以保证使用过程中测量值的准确性。然而，传感器在长期使用过程中，用户并不能确定传感器测量值是否还处于准确度范围。因此，有必要对传感器的运行状态进行实时监测，并对传感器测量值的准确性及可靠性进行评估。

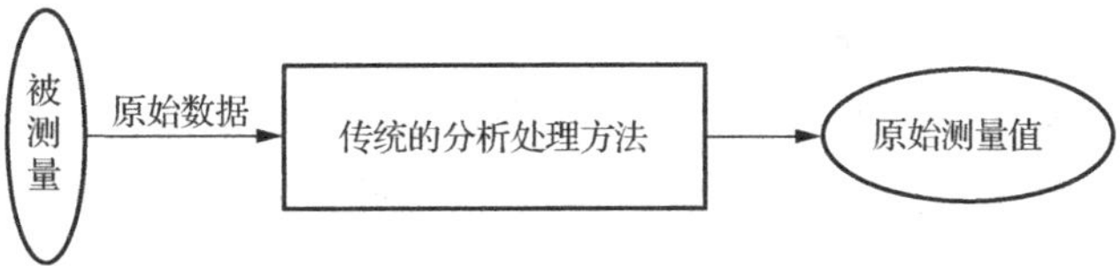

图 4-1　传统传感器的功能结构模型

为了提高传感器在测量过程中的可靠性，英国牛津大学联合 Foxboro 公司从 1988 年开始对传感器故障诊断方法进行研究。1993 年，牛津大学的 M. P. Henry 教授和 D. W.Clarke 教授正式提出了自确认传感器（Self-validating Sensor, SEVA Sensor）的概念。自确认传感器是一种新型的智能传感器，能够对自身输出的测量值进行在线确认，同时合理地评估传感器当前的工作状态。与传统传感器相比，自确认传感器是一个集成的传感器系统，由传感器、硬件电路及分析软件组成，输出参数更加丰富和优化，使传感器的运行状态对用户更加透明，在传感器系统可靠性监控、维修决策、控制策略选择等方面具有不可比拟的优势。

自确认传感器是一种以故障检测与隔离、故障识别、测量不确定度评定等一系列方法与技术为基础的新型传感器，用于实现传感器对自身运行状态的监测与测量质量的评估，能够显著地提高传感器测量过程中的可靠性[3-6]。自确认传感器的概念提出后，引起了国内外学者的广泛关注。多年来，相关学者在该领域不断探索与研究，使得自确认传感器在硬件架构、理论方法及应用领域等方面取得了大量成果。

随着自确认传感器技术的广泛应用与发展，2001 年英国标准化协会（British Standards Institution，BSI）将自确认传感器技术作为工业控制系统异常状态监测与测量质量评估的基础，颁布了相关标准（标准号：BS-7986: 2005[7]），并在 2005 年进行修订。自确认传感器通过故障检测与隔离、故障识别和测量不确定度评定等一系列自确认方法，能够有效地实现传感器对自身异常状态的监测与测量质量的评估。一方面，用户通过自确认传感器输出的测量值的质量优劣和变化趋势，对工作性能下降、测量值准确度降低的传感器提前做好更换准备，从而避免传感器在发生故障时对整个控制系统带来各种可能严重后果。另一方面，对于那些准确度仍在标定准确度范围内的传感器，自确认传感器技术减少了系统的定期断电、离线校准次数，从而极大地降低人力、物力和财力上的消耗。

本章主要内容结构如下：首先，对自确认传感器的原理进行介绍，包括自确认传感器的概念、参数、主要研究方向等。其次，对现有的主要自确认传感器算法进行介绍，包括传感器故障检测与隔离方法、传感器故障诊断方法、传感器故障恢复方法和传感器测量质量评估方法。最后，介绍当前实现自确认传感器的几种基本硬件架构。

4.2 自确认传感器原理

4.2.1 自确认传感器功能结构模型

英国牛津大学的 M. P. Henry 教授和 D. W. Clarke 教授首次提出了自确认传感器的概念与功能模型，并从该传感器具有的自确认功能模型、输出参数、软硬件体系架构、理论方法等方面进行了系统的论述，主要对传感器故障检测与诊断、传感器测量值的准确性评估及传感器运行状态监测等方面进行了研究。自确认传感器是一种不仅能输出测量值，而且能够对自身的工作性能、状态进行在线评估的新一代传感器[3]，其功能结构模型如图 4-2 所示。

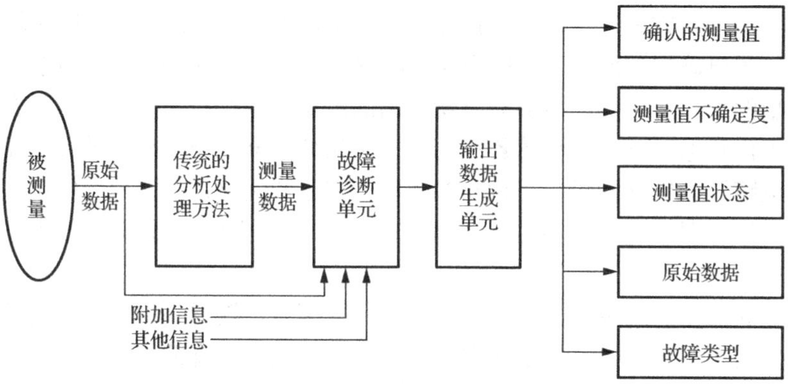

图 4-2　自确认传感器的功能结构模型

相比于图 4-1 所示的传统传感器功能结构模型，自确认传感器不再是简单的信号发生装置，而是被增加了故障诊断单元和输出数据生成单元，使它不仅能够输出测量值，而且能够对该测量值的准确度给出定量的评价。因此，相比传统传感器，自确认传感器的输出信息更为丰富和优化，使得传感器的工作状态更加透明、开放，令其在系统维护、控制策略选择、维修决策制定、保障系统可靠性方面具有更大的优势。

随着传感器技术的不断发展，自确认传感器技术的应用领域逐渐由单参数扩展到多参数，由单一传感器系统扩展到多传感器系统。图 4-3 所示是哈尔滨工业大学王祁教授所在课题组提出的自确认多功能传感器功能结构框图[8, 9]。自确认多功能传感器是自确认传感器技术的理论拓展，具有智能信息处理单元，能够实现多功能传感器输出信号的异常状态监测与测量质量评估。自确认多功能传感器在输出传感器原始测量值的基础上，还能够利用不同的自确认方法输出表征传感器运行状态的各种自确认参数。这样，用户就可以实时了解多功能传感器的工作状态，有效地提高传感器系统的安全性、可靠性和可维修性。

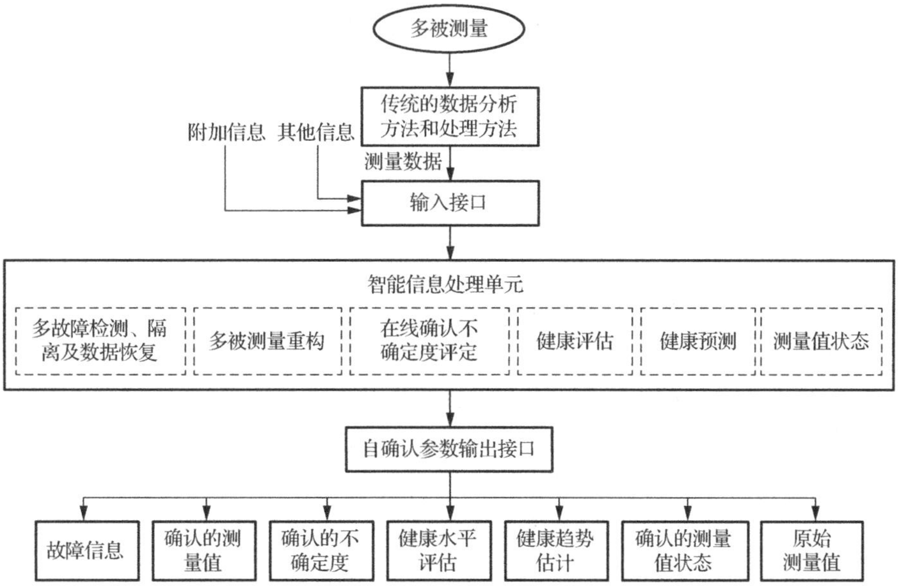

图 4-3　自确认多功能传感器功能结构框图

自确认传感器实现过程相对复杂，结合了传感器、信息处理、计量及微处理器等多种先进技术。目前，自确认传感器的研究热点主要集中于自确认方法研究、自确认传感器架构与软硬件设计及自确认传感器的应用研究。其中，自确认方法研究是自确认传感器的核心研究内容，为自确认传感器系统的设计与应用研究奠定了理论基础。国内外学者针对自确认方法进行了大量的理论研究与实践，具体可归纳为传感器故障检测与隔离方法研究、传感器故障类型识别方法研究、故障恢复方法研究、传感器测量不确定度估计方法研究及传感器健康评估方法研究等。

4.2.2 自确认传感器的输出参数

自确认传感器技术使传感器或传感器系统能够输出一系列表征运行状态和测量质量的自确认参数，具体如下：

1. 确认的测量值（Validated Measurement Value，VMV）

在传感器无故障的情况下，VMV 为传感器的输出测量值。如果传感器出现故障，传感器的输出值将偏离真实测量值，此时传感器确认的测量值是对被测量的测量值的最佳估计。

2. 确认的不确定度（Validated Uncertainty，VU）

传感器在测量过程中，由于感应材料的性能变化、信号采集电路的误差、传感器内部信号转换误差、外界环境干扰及传感器故障等不确定因素，都可能使传感器测量值的准确性下降。传感器确认的不确定度是传感器确认的测量值的不确定度，表征传感器测量值的准确性。确认的不确定度为用户提供了关于传感器测量值的准确性信息，反映了各种不确定因素对传感器测量质量的影响。

影响传感器测量误差的主要因素如下：

（1）信号在从被测设备端传送到传感器输入端的过程中所产生的误差。

（2）传感器内部对被测信号进行处理过程中所产生的误差。

（3）仪器所用器件本身性能差异所产生的误差。

（4）传感器出厂前或使用前在校准过程中产生的误差。

（5）噪声干扰。

（6）在传感器安装过程中，存在各种可能诱发传感器输出误差的因素。

因此，传感器输出测量值的不确定度是在综合考虑所有来自传感器自身或被测现场实际情况基础上，对当前传感器输出值准确度的一个定量的表征。当传感器发生故障时，该值将会增大，表明当前传感器的输出值是在传感器发生故障情况下，对被测量实际值的估计值。

3. 测量值状态（Measurement Value Status，MVS）

测量值状态是一个离散的自确认参数，用于指示用户当前确认的测量值是在传感器处于何种工作状态下获得的：是在传感器正常运行状态下获得的测量值，还是在传感器故障或受到干扰情况下，通过传感器数据恢复技术对传感器测量值的估计。测量值状态帮助用户判断当前的传感器测量值是否符合具体的应用要求。牛津大学的 M. P. Henry 教授和 D. W.Clarke 教授将传感器的工作状态分为以下 5 种：

（1）安全状态（Secure）。当前的测量值由多个传感器共同获得，每个传感器都工作在正常状态下，无故障发生。

（2）清晰状态（Clear）。当前的测量值是在传感器（单一的）正常工作状态下获得的，未检测到传感器故障。

（3）模糊状态（Blurred）。传感器出现瞬时故障，此时传感器输出测量值不正常，但可以通过补偿、修正的方法获得被测量的估计值。此时，VU 将相应地增大，以表明当前的传感器输出值是在传感器出现故障的情况下经过补偿、修正后而得出的。

（4）迷惑状态（Dazzled）。传感器发生故障，当前传感器的输出值完全偏离被测量的真实值。同时，还需要更多的数据进一步判断传感器当前发生的故障是否为永久性故障。此时，传感器输出测量值是基于其历史数据的一种“推断”，VU 将随着时间的增加而不断增大。

（5）盲状态（BLind）。传感器发生永久性故障，此时，传感器输出测量值是基于其历史数据的一种“推断”，VU 将随着时间的增加而不断增大。

4. 其他输出参数

除了以上 3 种自确认参数，自确认传感器技术还能够根据传感器或传感器系统的实际应用需求，输出原始测量值（Raw Measurement Value, RMV）、传感器健康评估/预测及传感器故障信息等参数。

4.2.3　自确认传感器的研究内容

自 20 世纪 90 年代以来，随着传感器技术、信息处理技术、计量技术及微处理器技术的发展，传感器的智能化成为可能，自确认传感器应运而生。相比传统传感器，自确认传感器技术是在融合了多种先进技术的基础之上发展与实现的，如图 4-4 所示。

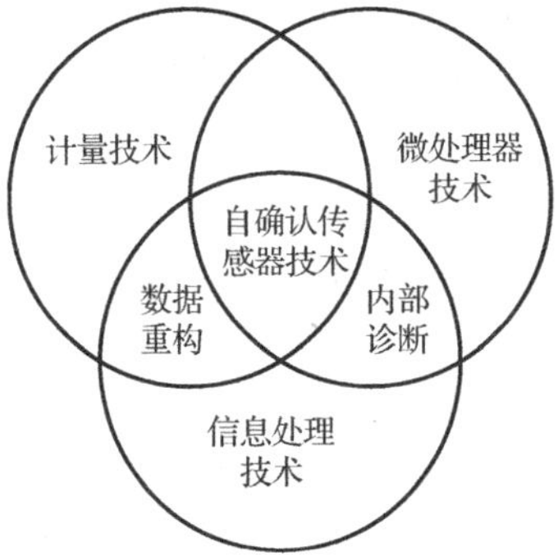

图 4-4　自确认传感器技术融合了多种先进技术

1. 自确认传感器理论方法研究

自确认传感器理论方法主要针对实现自确认传感器功能结构模型的各种算法进行研究。此方面的研究是自确认传感器理论的研究重点，目前主要围绕传感器故障检测与隔离、传感器故障诊断、传感器故障恢复及传感器测量质量评估等方法进行研究。

在自确认传感器理论方法的研究方面，国内外学者取得了大量研究成果。美国得克萨斯大学的 S. Joe Qin 等人针对大气污染气体监测系统中因不正确的传感器测量值导致系统在持续监测过程中性能下降的问题，提出了一种基于主成分分析（PCA）的自确认软测量方法，该方法能够在线对多传感器系统进行故障检测、隔离与故障数据恢复[10]。韩国庆熙大学环境科学与工程系的H. Liu 和O. Kang 等人提出了一种用于地铁室内空气质量监测的自确认软测量方法，该方法利用 PCA 联合统计量 φ 及其贡献率对传感器状态进行监测，一旦传感器发生故障，重构的数据将替换故障传感器数据，以便对室内污染空气进行持续性监测[11]。比利时列日大学的 G. Kerschen 等人提出了一种基于 PCA 的振动传感器数据自确认方法，实现结构监测过程中对故障传感器的检测、隔离与数据恢复，以提高结构监测系统的可靠性[12]。法国学者 B. Lamrini 等人提出一种基于自组织映射（SOM）方法的饮用水处理过程中多传感器数据确认与故障数据重构方法[13]。加拿大拉瓦尔大学的 J. Alferes 等人提出了一种基于多变量统计分析技术的污水处理系统实时监测方法，该方法能够实现传感器测量值确认，提高污水处理系统在线监测的可靠性[14]。西班牙加泰罗尼亚理工大学的 J. Quevedo 等人提出了一种针对公共基础设施中多输入/多输出（Multiple Input Multiple Output, MIMO）传感器系统的两阶段自确认传感器模型，并成功应用于巴塞罗那市的供水管网的可靠性监测中[15]。法国学者 S. Mokdad 等人提出了一种在氧化性大气环境下的高温热电偶的测量数据自确认模型，该方法能够对测量值进行确认并对测量不确定度进行评估，以提升热电偶在高温测量过程中的可靠性[16]。英国布里斯托大学的 I. Friswell 等人针对结构系统中应用的大量传感器的故障检测问题，提出了一种基于解析冗余法的传感器数据自确认方法，该方法具有对传感器乘法故障进行检测与隔离的能力[17]。

在国内，复旦大学信息科学与工程学院的张建秋教授所带领的课题组首先对自确认传感器理论及应用方法进行了系统的研究。张建秋教授等人利用小波转换方法，实现了一系列的传感器自确认功能：通过小波转换方法提取不同故障模式下的传感器信号的时-频特征，实现对传感器突发故障的检测与隔离；利用不同故障模式下传感器输出信号的能量分布差异，实现传感器故障诊断，并以此方法研制了差分压力流量传感器；同时，提出了基于小波转换方法的传感器测量值估计与测量不确定度评估方法。高羽博士针对动态测量过程中测量偏差较大的问题，分别提出了未知传感器观测噪声方差的卡尔曼滤波算法、基于多项式预测滤波器的单传感器及多传感器动态测量值估计方法[18-20]，并将以上方法的自确认模型成功应用于运动目标跟踪算法中[21]。哈尔滨工业大学王祁教授所带领课题组对自确认传感器技术开展了大量理论研究并取得了丰硕的成果[22-24]。冯志刚博士对自确认压力传感器研制过程中的故障检测方法、故障诊断方法及不确定度计算方法等关键技术问题进行了研究，并研制出一种新型的粘贴式电阻应变式自确认压力传感器样机，显著提高了压力传感器的可靠性[25-30]；近几年，冯志刚博士又对自确认气动执行器的设计与实现进行了探索，提出了多种自确认气动执行器故障诊断方法[31, 32]。申争光博士对自确认传感器理论进行了拓展，将自确认传感器技术应用于多功能传感器中，提出了一系列适用于多功能传感器的自确认方法；针对多功能传感器的特点，申争光博士对自确认多功能传感器的多故障检测、隔离与恢复、动态测量状态下的不确定度估计、健康状态评估等问题展开了研究

[5,6,33-35]；最近，他又将自确认传感器技术应用于大气数据感应系统中，实现了故障自检测、自诊断及状态评估[36]。赵树延等人提出了一种多功能自确认水质检测传感器功能结构模型，研究了针对多功能自确认水质检测传感器的故障诊断与恢复算法[37,38]。华南理工大学自动化科学与工程学院的刘乙奇博士针对污水处理过程中传统传感器无法得到有效应用、重要变量无法得到快速精确测量，以及生化过程无法得到有效优化和诊断等实际问题，将自确认传感器技术应用于多变量过程控制中，提出了应用于污水处理的一系列基于 PCA 的自确认软测量模型；重点研究了污水处理过程中，过程变量的故障检测与隔离、数据确认及不确定度评估方法[39-44]，并通过实验证明了所提出的自确认软测量模型能够有效提高系统的可靠性与鲁棒性。北京理工大学计算机学院胡昌振教授所带领的课题组，针对新型大气数据传感系统面对故障传播、系统故障自检测及故障识别、系统多故障诊断等问题进行研究，在自确认传感器技术框架下，提出基于集合经验模型（EEMD）和多分类相关向量机（MCRVM）的多故障诊断方法及基于小波核主成分分析（WKPCA）的故障检测方法，提高了大气数据传感系统中多传感器测量的可靠性[45]。哈尔滨理工大学测控技术与仪器专业的陈寅生针对金属氧化物半导体（MOS）传感器在长期使用过程中性能退化的情况，设计了一系列 MOS 传感器自确认方法，有效提高气体传感器在工作情况下的可靠性[46-50]。

2. 自确认传感器架构与硬件设计研究

自确认传感器架构与硬件设计是针对传感器的应用背景、环境、条件及敏感材料性能退化情况等因素，对自确认传感器的结构及硬件进行综合设计。

由于自确认传感器较传统传感器输出更多的信息和参数，并且这些参数的获得都是借助相应的自确认算法实现的，因此自确认传感器的架构也较传统传感器更为复杂。自确认传感器的硬件结构应满足以下 4 个要求[51]：

1）具有足够的运算能力，能实时实现自确认算法

在自确认传感器中，要实现被测量的测量、传感器的在线故障诊断、信号恢复及测量值的不确定度分析等功能，都需要对这些算法进行一定的分析与计算。因此，要求自确认传感器的硬件结构必须具有足够的运算能力。

2）具有很强的通信能力，能够很容易地与现有的工业控制系统相结合

自确认传感器要能够很容易地通过现场总线或以太网与现有的工业控制系统相结合。传统传感器一般只向中心控制系统输送或传递被测量信号或测量值的模拟量，因此传统传感器与控制系统之间只存在单向的模拟信号的通信。而自确认传感器与中心控制系统之间的通信是双向的，数字信号和模拟信号共存，这就要求自确认传感器的硬件结构必须具有强大的通信能力，并能通过现场总线或以太网，很容易地将自确认传感器“挂接”到现有的工业控制系统中。

3）具有通用性、灵活性，能够很方便地应用于其他应用场合

自确认传感器若要方便地应用于其他应用场合，它的硬件结构除了能够完成所有的功能，应当做到结构模块化。这样，它就具有一定的通用性，能够灵活、方便地“移植”给

其他传感器，以构成新的自确认传感器，同时便于功能的灵活修改。

4）成本低，体积大小合适，适应市场竞争

自确认传感器虽然在功能上具有传统传感器不可比拟的优势，但其硬件结构的复杂程度及随之而来的开发/生产成本也远高于传统传感器。因此，要将自确认传感器代替传统传感器，把它大量使用于当前各行业的实际应用中，还需要在降低成本、减少体积等方面进行大量研究。否则，无法适应市场竞争。

目前自确认传感器的结构主要有 3 种类型：计算机+数据采集卡、固定的专用硬件结构和基于可编程硬件的通用硬件平台的开发。

3. 自确认传感器技术的应用研究

许多国际研究机构提出多种基于自确认传感器技术的应用。例如，英国国家物理实验室的O. Ongrai 等人将自确认传感器技术应用于C 型热电偶在高温测量中的测量值准确性评估，不但能够输出测量值的最佳估计，而且能够给出标准测量不确定度[52]。西班牙马德里理工大学的A. Consoli 等人将自确认传感器技术应用于半导体激光传感器谱线展宽因子的测量中，显著减小了测量值误差，提高了测量值的准确性[53]。德国联邦物理研究院的F. Edler 研制了自确认接触测温传感器，实现了在恶劣测量环境下对高温的测量，并提出了测温传感器长期稳定性评估方法[54]。美国格拉斯哥大学的 J. Chen 和 J. Howell 将自确认传感器技术应用于工业过程变量控制中，提出了一种工业传感器故障检测与诊断方法[55]。美国弗吉尼亚理工学院的 J. Inman 将自确认传感器技术应用于结构监测系统中，以提高监测系统长期工作过程中的可靠性[56]。捷克学者 Pavel Paces 等人将自确认传感器技术应用于无人机机载传感器输出测量值确认[57]。巴西南里奥格兰德联邦大学的 F. Crivellaro 等人将自确认传感器技术应用于直流电机速度估计，提高速度传感器的可维护性[58]。挪威斯塔万格大学的 Thomas Palmé 等人将自确认传感器技术应用于热电厂设备中传感器数据确认，提出了一种适用于燃气涡轮机中传感器的数据确认方法，提高了热电厂设备中的可靠性与可维护性[59]。法国学者 Bertrand-Krajewski 将自确认传感器技术应用于城市排水系统监测中，实现对传感器的在线校准、测量值确认及不确定度估计[60]。此外，自确认传感器技术在各种需要准确传感器测量值来进行系统控制与决策的传感器系统中，具有巨大的应用潜力与应用价值。上海交通大学的刘伯权为了提高表面波压力传感器的测量可靠性，提出了一种表面波压力传感器的不确定度评估方法[61]。广州工业大学的陈健教授等人设计了一种基于虚拟仪器的自确认浊度传感器结构[62]。重庆大学光电工程学院的路炜博士等人对自确认传感器技术进行了系统的理论研究[63]。长春工业大学的闫军阐述了自确认传感器技术在过程控制应用的可行性[64]。

综合上述自确认传感器的研究现状，可以看出，自确认传感器技术的应用领域非常广泛，所涵盖的研究内容十分丰富，既适用于传感器系统的可靠性监测，也适用于多变量过程控制中的变量监控，能够显著提高传感器系统的可靠性。作为自确认传感器的核心研究内容，自确认方法根据应用对象的不同往往在设计与应用上存在较大的差异。

4.3　常用的自确认传感器方法

4.3.1　传感器故障检测与隔离方法

故障检测与隔离（Fault Detection and Isolation，FDI）方法是传感器实现对自身异常状态监测的关键自确认技术之一。通常情况下，故障检测与隔离方法主要是利用冗余的概念，分为硬件冗余和软件冗余[65]，基于硬件冗余和软件冗余的故障检测与隔离原理如图 4-5 所示。硬件冗余的基本原理是通过比较不同硬件产生的重复信号，例如，比较两个或更多传感器对同一被测量的测量值。硬件冗余中的常用技术是交叉通道监测（Cross Channel Monitoring，CCM）法，该方法利用奇偶生成的冗余生成法及信号处理方法。软件冗余采用系统的数学模型与某些 FDI 技术相结合的方法，相比于硬件冗余，由于不需要额外的硬件，软件冗余是更加经济的选择。

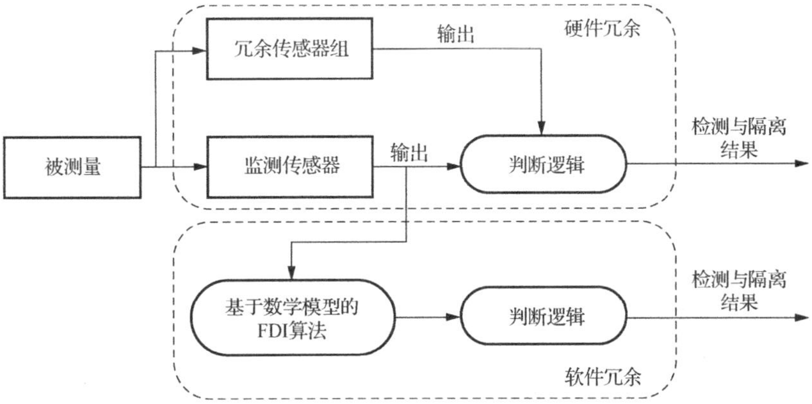

图 4-5　基于硬件冗余和软件冗余的故障检测与隔离原理

基于软件冗余的传感器故障检测与隔离方法主要包括基于解析模型的方法和基于数据驱动法[66, 67]。基于解析模型的方法是通过对传感器工作机理的准确建模，利用模型输出值与实际输出值生成的残差实现故障检测与隔离，该方法分为观测器法和滤波器法[18, 33, 35]。基于数据驱动法是在一定的代价函数约束下，通过对历史数据进行学习和挖掘，得到相应的数学模型，进而逼近系统数据中所隐含的映射机制，以此进行故障检测与隔离，该方法主要分为基于信号处理的方法[68]、多变量统计分析法[5, 69]及人工智能方法[70, 71]。

1. 预测滤波器法

图 4-6 所示是基于预测滤波器的传感器故障检测与隔离原理，即预测滤波器法原理。其原理如下：在传感器输出值不发生突变的条件下，先利用传感器的历史测量值对预测滤波器进行建模，通过计算预测滤波器的预测值与传感器真实输出值的预测误差，再利用阈值比较器确定传感器故障检测与隔离结果。

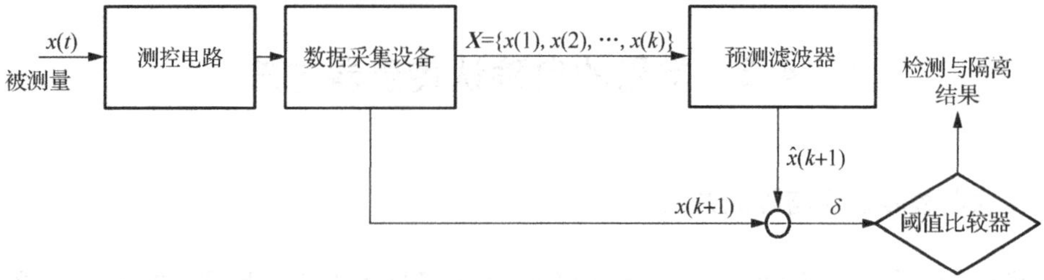

图 4-6 基于预测滤波器的传感器故障检测与隔离原理

基于预测滤波器的传感器故障检测与隔离方法的基本实现步骤如下：

（1）利用传感器的历史测量值 $\boldsymbol{X}=\{x(1),x(2),\cdots,x(k)\}$，建立相应的预测滤波器模型。

通过所建立的预测滤波器模型对 $k+1$ 时刻的传感器测量值进行预测，从而获得传感器预测测量值 $\hat{x}(k+1)$。

（2）求出传感器在 $k+1$ 时刻的真实测量值 $x(k+1)$ 与预测测量值 $\hat{x}(k+1)$ 的预测误差 δ。

（3）将预测误差 δ 与预先设定的阈值进行比较，确定传感器故障检测与隔离结果。

2. 数据驱动法

基于数据驱动的故障检测与隔离方法是利用多变量统计量分析，实现传感器系统中多变量异常数据的监测，进而实现对系统中故障传感器进行故障检测与隔离的方法。近 20 年来，该方法在传感器 FDI 领域取得了丰硕的研究成果。数据驱动法的主要任务如下：

（1）故障检测。

（2）故障识别与诊断。

（3）利用无故障数据进行重构。

（4）产品质量监控。

目前，基于数据驱动的故障检测与隔离方法是在一定条件下对原始信号进行分解，在分解得到的空间中计算相应的检测统计量，以判断故障是否发生。数据驱动法不需要知道被测量的物理模型，只利用正常运行状态下获取的测量值进行建模。基于数据驱动的故障检测方法的本质特性使其相对于其他故障检测与隔离方法具有更大的应用优势。

目前，国内外学者针对基于数据驱动的 FDI 技术展开了大量研究工作，并取得了丰硕的研究成果。Shen 等人[5]提出了一种基于主成分分析（Principle Component Analysis, PCA）的传感器阵列故障检测方法。PCA 是一种基于数据驱动的多变量统计分析技术，能够将观测值矩阵分解为主成分子空间（PCS）和残差子空间（RS），然后将检测数据在残差子空间进行投影，利用平方预测误差（SPE）统计量对故障进行检测。Lee 等人[72]提出了一种基于独立成分分析（Independent Component Analysis, ICA）的多变量故障检测方法，该方法将观测值矩阵分解为独立成分（ICs）的线性组合，然后提取重要的 ICs 组成检测统计量进行故障检测。Li 等人[73]采用非负矩阵分解（Non-negative Matrix Factorization, NMF）进行非高斯过程的故障检测，该方法利用 NMF 能够保持原始数据的空间关系和内部结构性的特性，提取被检测数据的潜在特征，结合检测统计量进行故障检测。

一般采用故障检测率（Detection Rate, DR）和误报率（False Positive Rate, FPR）作为故障检测算法的性能评价指标，二者定义分别如下：

（1）故障检测率（DR）。

$$DR = \frac{\Psi(TN)}{\Psi(TN)+\Psi(FN)} \tag{4-1}$$

（2）误报率（FPR）。

$$FPR = \frac{\Psi(FP)}{\Psi(TP)+\Psi(FP)} \tag{4-2}$$

式中，TP（True Positive）称为“真正”，即检测结果为无故障，表明传感器在正常状态下运行；TN（True Negative）称为“真负”，即检测结果为故障，表明传感器在故障状态下运行；FN（False Negative）称为“假负”，即检测结果为无故障，表明传感器在故障状态下运行；FP（False Positive）称为“假正”，即检测结果为故障，表明传感器在故障状态下运行。$\Psi(\cdot)$ 表示在4个状态下的样本个数。

4.3.2 传感器故障诊断方法

1. 故障识别方法

故障识别技术是实现传感器自确认的关键环节，能够为传感器的维修决策提供必要的信息，提高传感器的可靠性及可维护性。目前，传感器故障类型识别主要通过模式识别方法来实现，该方法的核心是对传感器不同故障模式下输出信号的特征进行分析，采用合理而有效的特征提取方法突出传感器故障特征，然后利用高性能的模式识别方法对故障特征进行识别，确定传感器的故障类型[74]。

目前用于传感器故障类型识别的主要方法如图4-7所示。由于不同故障模式下的传感器输出信号一般伴随着不同程度的频率特性，因此目前较多采用时-频分析方法对故障信号进行分解，再进一步提取故障特征。冯志刚等人分别采用小波包分解（WPD）和经验模态分解（EMD）与支持向量机（SVM）相结合，实现对自确认压力传感器的故障识别[29]。赵劲松等人提出一种基于小波变换与神经网络的传感器故障诊断方法，实现化工生产过程中的传感器故障识别[75]。

图4-8是基于模式识别方法的传感器故障识别过程框图，故障识别的主要过程如下：首先，对在正常运行状态下及各种不同故障状态下的传感器输出信号进行采集，构成传感器不同状态下的训练样本集。其次，根据传感器信号的特点，选择合适的传感器故障信号特征提取方法，提取出训练样本集中用于区分以上各种故障状态的关键信息；然后，根据各种故障状态下的样本特征集，设计并训练基于模式识别方法的分类器。最后，利用以上分类器对传感器测试样本的故障信号特征进行识别，输出故障类型识别结果。从以上基于模式识别方法的故障识别过程可以看出，传感器故障特征的有效提取与分类器的选择是传感器故障识别过程中的关键环节。

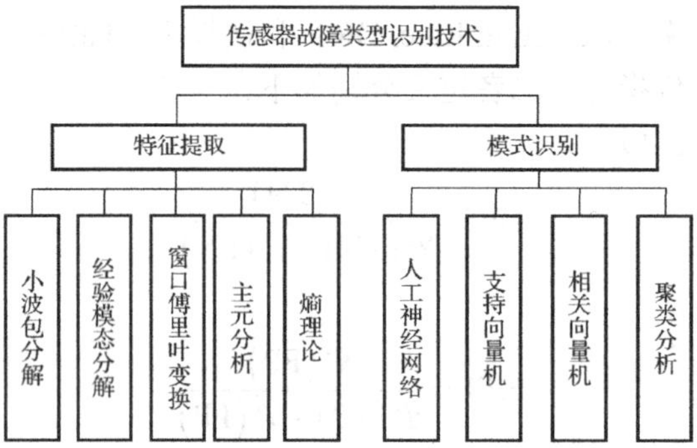

图 4-7 传感器故障类型识别的主要方法

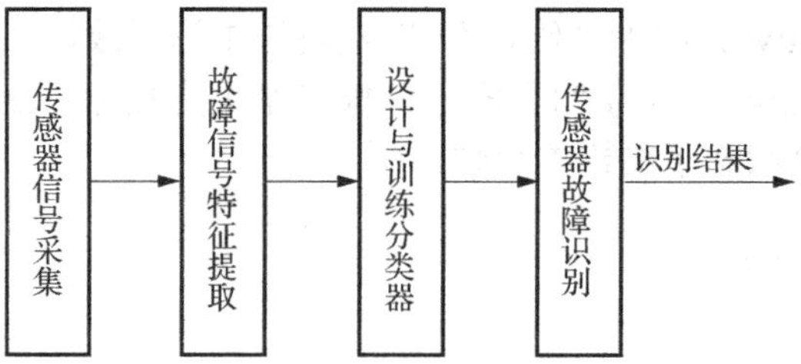

图 4-8 基于模式识别方法的传感器故障识别过程框图

2. 故障特征评估方法

基于距离的类可分性判据特征评估方法的基本原理如下：若传感器特征向量中的某一特征在同一类的类内距离越小，而在不同类的类间距离越大，则该特征的可区分性越强[76,77]。故障特征评估方法的基本原理示意图如图 4-9 所示。

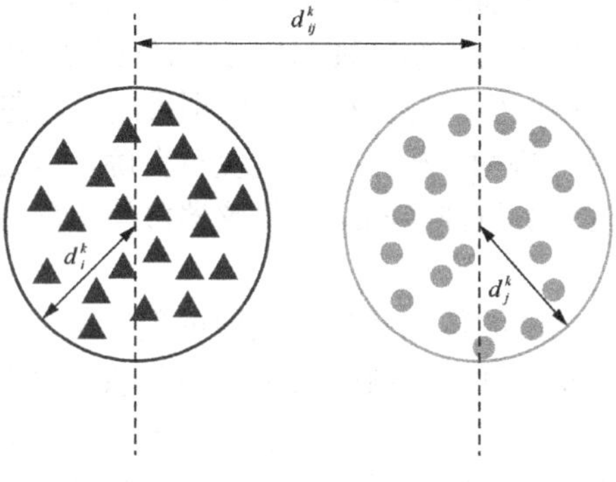

图 4-9 故障特征评估方法的基本原理示意图

此处介绍的传感器故障特征评估方法的基本原理如下所述：

（1）计算第 i 类特征向量中的第 k 个特征值的类内距离。

$$d_i^k = \sqrt{\frac{1}{N(N-1)}\sum_{m=1}^{N}\sum_{n=1}^{N}\left[p_i^k(m) - p_i^k(n)\right]^2} \tag{4-3}$$

式中，$m,n=1,2,\cdots,N$；$m\neq n$；$k=1,2,\cdots,K$，$i=1,2,\cdots,M$；N 表示特征向量样本集的数量，K 表示特征向量中特征值的个数，M 表示需要区分类别的个数，$p_i^k(m)$ 与 $p_i^k(n)$ 分别为第 i 类特征向量中第 m 个与第 n 个特征向量中的第 k 个特征值。

利用式（4-3）求取特征向量中第 k 个特征值对 M 个类的类内距离平均值，即

$$D_k=\frac{1}{M}\sum_{i=1}^{M}d_i^k \tag{4-4}$$

（2）计算特征向量中的第 k 个特征值对于第 i 类与第 j 类的类间距离 d_{ij}^k。

$$d_{ij}^k=\left|q_i^k-q_j^k\right| \tag{4-5}$$

式中，q_i^k 表示第 i 类特征向量 N 个样本第 k 个特征值的平均值，即

$$q_i^k=\frac{1}{N}\sum_{n=1}^{N}p_i^k(n) \tag{4-6}$$

那么，可以获得第 k 个特征值对 M 个类的类间距离平均值

$$D_k'=\sqrt{\frac{1}{M(M-1)}\sum_{i=1}^{M}\sum_{j=1}^{M}(d_{ij}^k)^2},\quad i,j=1,2,\cdots,M,i\neq j \tag{4-7}$$

根据第 k 个特征值的类内距离与类间距离，可以定义区分度因子 β_{ij}^k，即

$$\beta_{ij}^k=d_{ij}^k/(d_i^k+d_j^k) \tag{4-8}$$

β_{ij}^k 的大小决定了第 k 个特征值对第 i 类和第 j 类的可区分性，β_{ij}^k 越大，表示第 k 个特征值对第 i 类故障和第 j 类故障的区分性越强。

第 k 个特征值的综合评估因子可以表示为

$$\beta_k=D_k'/D_k \tag{4-9}$$

根据 β_k 的大小，可以综合评估第 k 个特征值对 M 个故障类型的可区分性，β_k 越大，表示对 M 个故障类型的区分能力越强。

可以通过以上过程对提取的传感器故障特征进行评估，区分度因子能够评价某一特征对于两类的区分能力，而综合评估因子能够评价某一特征对于区分所有类别的整体区分能力。

4.3.3　传感器故障恢复方法

1. 基于主成分分析（PCA）的故障数据恢复

假设传感器系统中的某一个传感器发生故障，为了避免该故障传感器的测量值导致后续决策部分出现误判而引起整个系统故障，需要对故障传感器进行数据恢复。PCA 作为一种数据驱动法不但能够对故障传感器输出值进行故障检测，而且可以对故障传感器数据进行重构[40]。根据主成分分析原理，$\hat{\boldsymbol{x}}=\boldsymbol{C}\boldsymbol{x}$，其中，$\boldsymbol{C}=\boldsymbol{P}^{\mathrm{T}}\boldsymbol{P}=[\boldsymbol{c}_1,\cdots,\boldsymbol{c}_m]$，$\hat{\boldsymbol{x}}$ 为对应着故障输出 $\boldsymbol{x}$ 的重构数据。假设发生故障的传感器为第 i 个，为了消除该传感器的输出值对系统的影响，将第 i 个变量的预测值重新输入 PCA 的数据估计中，直到收敛到一个稳定值 $\boldsymbol{z}_i$，从而这个值能用于故障传感器的估计，迭代方程的表达如下：

$$\boldsymbol{z}_i^{\text{new}} = c_{ii}\boldsymbol{z}_i^{\text{old}} + [\boldsymbol{x}_{-i}^{\text{T}} \quad 0 \quad \boldsymbol{x}_{+i}^{\text{T}}] = [\boldsymbol{x}_{-i}^{\text{T}} \quad \boldsymbol{z}_i^{\text{old}} \quad \boldsymbol{x}_{+i}^{\text{T}}] \tag{4-10}$$

式中，$\boldsymbol{c}_i^{\text{T}} = [c_{1i}, c_{2i}, \cdots, c_{mi}]$，$\boldsymbol{x}^{\text{T}}$ 代表了矩阵 $\boldsymbol{X}$ 的行数，下标 $-i$ 和 $+i$ 分别代表正交向量的前 $i-1$ 个值和后 $m-i$ 个值。Dunia 等人[78]认为迭代总是能收敛到一个稳定的值，同时这个值可由式（4-11）计算而无须进行多次迭代。

$$\boldsymbol{z}_i = \frac{[\boldsymbol{x}_{-i}^{\text{T}} \quad 0 \quad \boldsymbol{x}_{+i}^{\text{T}}]\boldsymbol{c}_i}{1 - c_{ii}} \tag{4-11}$$

实际上，PCA 模型主成分个数的确定是相对主观的。如果故障传感器输入数据通过大量主成分重构所得，那么重构输入数据极大可能会包含大量主成分所带来的噪声。相反，如果所确定的主成分过少，那么所建立模型可能会由于故障数据得不到充分的重构而产生病态。此外，在 PCA 用于数据重构的过程中，主成分的个数进一步影响传感器的校验，如检测小故障的能力、故障辨识的自由度和重构的精确度。

2. 基于小波相关向量机的故障数据恢复

基于小波相关向量机（WRVM）的主要优点如下：首先，WRVM 算法本身是一种基于贝叶斯概率学习模型的小样本学习理论，适用于解决数据恢复中的小样本问题；其次，该预测模型稀疏，包含较少相关向量，推广能力较强，小波核函数的近似正交特性可提高建模速度，在保证恢复精度的同时可有效缩短运算时间，这对实时性要求较高的自确认传感器技术是必要的[22]。

当传感器正常工作时，假设某敏感单元的输入和输出训练样本集合为 $\{\boldsymbol{V}_n, \boldsymbol{y}_n\}_{n=1}^{N}$，$\boldsymbol{V}_n$ 表示该敏感单元的第 n 组训练样本向量，N 为正常状态的训练样本数组，输出样本向量 $\boldsymbol{y} = [\boldsymbol{y}_1, \boldsymbol{y}_2, \cdots, \boldsymbol{y}_N]^{\text{T}}$，$\boldsymbol{y}_n$ 为第 n 组训练样本向量的目标值。假设目标值 $\boldsymbol{y}_n$ 所包含噪声 $\boldsymbol{\varepsilon}_n$ 满足零均值、方差为 $\boldsymbol{\sigma}^2$ 的高斯分布，则目标值 $\boldsymbol{y}_n$ 可表示为式（4-12），其条件概率分布模型如式（4-13）所示，其中 $\boldsymbol{W}$ 称为权值矩阵。

$$\boldsymbol{y}_n = f(\boldsymbol{V}_n; \boldsymbol{W}) + \boldsymbol{\varepsilon}_n \tag{4-12}$$

$$p(\boldsymbol{y}_n | \boldsymbol{V}_n, \boldsymbol{W}, \boldsymbol{\sigma}^2) = N\left[f(\boldsymbol{V}_n; \boldsymbol{W}), \boldsymbol{\sigma}^2\right] \tag{4-13}$$

在待测样本 $\boldsymbol{V}$ 下，该敏感单元的 RVM 预测模型对目标值的均值估计可采用常用的线性组合模型来表示，如式（4-14）所示。其中，$K(\boldsymbol{V} | \boldsymbol{V}_n)$ 为核函数，w_0 为常向量，$\boldsymbol{V}_n$ 为第 n 组训练样本向量。

$$f(\boldsymbol{V}; \boldsymbol{W}) = \sum_{n=1}^{N} \boldsymbol{w}_n K(\boldsymbol{V}, \boldsymbol{V}_n) + \boldsymbol{w}_0 \tag{4-14}$$

建立 RVM 预测模型的目的是寻求较为稀疏的有效权值向量使得未知的测试样本集依然取得较好的泛化性能[79]。换句话说，该权值向量可通过机器学习得到，使其在给定训练样本集下，利用式（4-13）得到最大概率似然估计值。故估计上述目标值的方法用最大概率似然估计法，如式（4-15）所示。

$$p(\boldsymbol{y} | \boldsymbol{W}, \boldsymbol{\sigma}^2) = (2\pi\boldsymbol{\sigma}^2)^{-N/2} \exp\{-1 / 2\pi\boldsymbol{\sigma}^2 \cdot \|\boldsymbol{y} - \boldsymbol{\Phi}\boldsymbol{W}\|^2\} \tag{4-15}$$

式中，$\boldsymbol{y}=[\boldsymbol{y}_1,\boldsymbol{y}_2,\cdots,\boldsymbol{y}_N]^{\mathrm{T}}$ 是目标向量集，$\boldsymbol{W}=[\boldsymbol{w}_0,\boldsymbol{w}_1\cdots,\boldsymbol{w}_N]^{\mathrm{T}}$ 是权值向量，$\boldsymbol{\Phi}$ 是核函数设计矩阵，且 $\boldsymbol{\Phi}=[\phi(\boldsymbol{V}_1),\phi(\boldsymbol{V}_2),\cdots,\phi(\boldsymbol{V}_N)]^{\mathrm{T}}$。

若直接使用最小化训练数据均方误差的方法来估计 $\boldsymbol{W}$ 和 $\boldsymbol{\sigma}^2$，则可能导致过学习。针对此问题，通常的解决办法是对求解参数增加限制条件，即对求解权值矩阵 $\boldsymbol{W}$ 定义一个零均值高斯先验概率分布。

$$p(\boldsymbol{W}\mid\boldsymbol{\alpha})=\prod_{i=0}^{N}N(\boldsymbol{w}_i\mid 0,\alpha_i^{-1}) \tag{4-16}$$

式中，$N+1$ 个超参数组成的向量 $\boldsymbol{\alpha}$ 控制着第 i 个权值向量 $\boldsymbol{w}_i$ 允许偏离其均值的程度。由贝叶斯定理可得，权值矩阵 $\boldsymbol{W}$ 的后验概率及其分布为

$$\begin{aligned} p(\boldsymbol{W}\mid\boldsymbol{y},\boldsymbol{\alpha},\boldsymbol{\sigma}^2) &= p(\boldsymbol{y}\mid\boldsymbol{W},\boldsymbol{\sigma}^2)p(\boldsymbol{W}\mid\boldsymbol{\alpha})/p(\boldsymbol{y}\mid\boldsymbol{\alpha},\boldsymbol{\sigma}^2) \\ &= (2\pi)^{-(N+1)/2}\left|\boldsymbol{\Sigma}\right|\exp[-1/2\cdot(\boldsymbol{W}-\boldsymbol{\mu})^{\mathrm{T}}\boldsymbol{\Sigma}^{-1}(\boldsymbol{W}-\boldsymbol{\mu})] \end{aligned} \tag{4-17}$$

式中，$\boldsymbol{\Sigma}=(\boldsymbol{\sigma}^{-2}\boldsymbol{\Phi}^{\mathrm{T}}\boldsymbol{\Phi}+\boldsymbol{A})^{-1}$，$\boldsymbol{\mu}=\boldsymbol{\sigma}^{-2}\boldsymbol{\Sigma}\boldsymbol{\Phi}^{\mathrm{T}}\boldsymbol{y}$，$\boldsymbol{A}=\mathrm{diag}(\alpha_0,\alpha_1,\cdots,\alpha_N)$。

给定新的一组测试样本集数据 $\boldsymbol{V}_*$，则相应目标值 $\boldsymbol{y}_*$ 的预测分布为

$$p(\boldsymbol{y}_*\mid\boldsymbol{y},\alpha_{\mathrm{MP}},\boldsymbol{\sigma}_{\mathrm{MP}}^2)=\int p(\boldsymbol{y}_*\mid\boldsymbol{W},\boldsymbol{\sigma}_{\mathrm{MP}}^2)p(\boldsymbol{W}\mid\boldsymbol{y},\alpha_{\mathrm{MP}},\boldsymbol{\sigma}_{\mathrm{MP}}^2)\mathrm{d}\boldsymbol{W} \tag{4-18}$$

式中，α_{MP} 和 $\boldsymbol{\sigma}_{\mathrm{MP}}^2$ 是为获取权值向量的最大后验概率时的最优超参数，可通过最大化预测样本目标值的最大边缘似然函数方法（也称 II 型最大概率似然估计方法）来估计，其迭代估计形式为

$$\alpha_i^{\mathrm{new}}=(1-\alpha_i N_{ii})/\mu_i^2 \tag{4-19}$$

$$(\boldsymbol{\sigma}^2)^{\mathrm{new}}=\left\|\boldsymbol{y}-\boldsymbol{\Phi}\boldsymbol{\mu}\right\|^2/[N-\sum_{i=0}^{N}(1-\alpha_i N_{ii})] \tag{4-20}$$

式中，μ_i 是均值向量 $\boldsymbol{\mu}$ 的第 i 个元素，N_{ii} 为方差 $\boldsymbol{\Sigma}$ 的第 i 个对角线元素。相关向量机（RVM）的学习过程就是不断迭代更新 α_i^{new} 和 $(\boldsymbol{\sigma}^2)^{\mathrm{new}}$，并更新后验概率的统计量 $\boldsymbol{\Sigma}$ 和 $\boldsymbol{\mu}$，直到满足设定的收敛标准为止，求解结果如下。

$$p(\boldsymbol{y}_*\mid\boldsymbol{y},\alpha_{\mathrm{MP}},\boldsymbol{\sigma}_{\mathrm{MP}}^2)\sim N(\boldsymbol{y}_*\mid\boldsymbol{\mu}_*,\boldsymbol{\sigma}_*^2)$$

式中，$\boldsymbol{\mu}_*=\phi(\boldsymbol{V}_*)_{1\times(N+1)}\boldsymbol{\mu}_{(N+1)\times 1}$ 和 $\boldsymbol{\sigma}_*^2=\boldsymbol{\sigma}_{\mathrm{MP}}^2+\phi(\boldsymbol{V}_*)_{1\times(N+1)}\boldsymbol{\Sigma}_{(N+1)(N+1)}\phi(\boldsymbol{V}_*)^{\mathrm{T}}$。

均值 $\boldsymbol{\mu}_*$ 就是 RVM 模型在测试数据集 $\boldsymbol{V}_*$ 下的预测值输出，$\boldsymbol{\sigma}_*^2$ 为预测方差。在超变量迭代的过程中，使得式（4-16）中较多的权值趋于零，故相应的设计矩阵的基函数也被去除，而剩下的较少非零权值对应的基函数正是求得的相关向量。该模型的显著稀疏特性为数据恢复中的在线预测提供了有利条件。

RVM 模型中的核函数的作用是将非线性的输入空间映射到一个高维空间，并实现样本数据的线性化，它直接影响着泛化性能，故而核函数类型及核参数的确定是其在实际应用中的一个关键问题。由于小波变换对信号有逐步精细的描述特性，具有良好的局部化、多尺度特性和函数逼近能力，同时小波变换核函数是近似正交的，可提高 RVM 训练速度。

RVM 模型中的核函数的选择不受 Mercer 定理限制，核函数类型既可以是内积核形式，也可是平移不变核形式。设 $h(x)$ 是一个小波母函数，则可构造出平移不变核形式的小波核

函数，即

$$K(\boldsymbol{x},\boldsymbol{x}')=\prod_{i=1}^{d}h[(x_i-x_i')/\alpha] \tag{4-21}$$

式中，d 为输入向量的维数，α 为小波核函数的伸缩因子。

式（4-21）给出了平移不变核函数构造方法。不失一般性，给出以下两种小波母函数及其对应的小波核函数。

（1）Morlet 小波母函数及其对应的小波核函数。

$$h(x)=\cos(1.75x)\cdot\exp(-x^2/2) \tag{4-22}$$

若给定 Morlet 小波母函数类型和伸缩因子 $\alpha\in\mathbf{R}$，$\boldsymbol{x},\boldsymbol{x}'\in\mathbf{R}^d$，则对应的小波核函数可表示为

$$\begin{aligned}K(\boldsymbol{x},\boldsymbol{x}')&=\prod_{i=1}^{d}h[(x_i-x_i')/\alpha]\\&=\prod_{i=1}^{d}\{\cos[1.75\cdot(x_i-x_i')/\alpha]\cdot\exp[-\|x_i-x_i'\|^2/(2\alpha^2)]\}\end{aligned} \tag{4-23}$$

（2）Mexican Hat 小波母函数及其对应的小波核函数分别如式（4-24）和式（4-25）所示。

$$h(x)=(1-x^2)\cdot\exp(-x^2/2) \tag{4-24}$$

$$K(\boldsymbol{x},\boldsymbol{x}')=\prod_{i=1}^{d}\{[1-(x_i-x_i')^2/\alpha^2]\cdot\exp[-(x_i-x_i')^2/(2\alpha^2)]\} \tag{4-25}$$

小波相关向量机（WRVM）模型充分发挥小波核函数在平方可积空间上的函数逼近能力，同时又继承了 RVM 固有有点。为验证该结论，将其与基于常见的径向基核函数（RBF）进行比较，其中径向基核函数表达式为

$$K(\boldsymbol{x},\boldsymbol{x}')=\exp[-(\|x_i-x_i'\|^2)/\alpha^2] \tag{4-26}$$

3. 基于多变量相关向量机的故障数据恢复

基于贝叶斯概率框架，Thayanantha 等人于 2008 年为实现多变量的同时回归，提出了模型较为稀疏的多变量相关向量机（MVRVM）理论[80, 81]，其实质是对 RVM 的补充和扩展[82]，并得到初步应用[83-85]。该算法非常适用于解决自确认多功能传感器的重构问题，因为 MVRVM 在小样本下仍具有较好的泛化能力，可保证数据重构精度；模型稀疏，复杂度不高，有利于被测量确认测量值的实时输出；作为一种核学习方法，它将多功能传感器数据重构中复杂的输入/输出关系映射到线性的高维空间中，可解决其非线性问题[86]。

基于多变量相关向量机的传感器故障恢复算法的实现步骤如下：

（1）训练样本为$\left[\boldsymbol{x}^{(n)},\boldsymbol{t}^{(n)}\right]_{n=1}^{N}$，$\boldsymbol{x}^{(n)}\in\mathbf{R}^{1\times q}$ 和 $\boldsymbol{t}^{(n)}\in\mathbf{R}^{1\times m}$ 分别表示第 n 组训练样本和目标向量，其中 q 表示传感器个数，m 是输出的浓度值，N 是训练样本的个数，则多变量相关向量机回归模型如式（4-27）所示：

$$\boldsymbol{y}^{(n)}=\overset{*}{\boldsymbol{\Phi}}\left[\boldsymbol{x}^{(n)}\right]\cdot\overset{*}{\boldsymbol{W}} \tag{4-27}$$

式中，$\boldsymbol{y}^{(n)} \in \mathbf{R}^{1\times M}$ 表示MVRVM回归模型的多个输出变量，即第n组的预测值输出向量，$\boldsymbol{y}^{(n)} = \left[y_1, y_2, \cdots, y_m, y_M\right]$，$1 \leqslant m \leqslant M$，$M$为待重构的被测量个数。

$\overset{*}{\boldsymbol{W}} \in \mathbf{R}^{RV\times M}$ 是MVRVM回归模型优化后的权值矩阵，其形式可以表示为 $\overset{*}{\boldsymbol{W}} = \left[\overset{*}{\boldsymbol{w}}_1, \overset{*}{\boldsymbol{w}}_2, \cdots, \overset{*}{\boldsymbol{w}}_m, \cdots, \overset{*}{\boldsymbol{w}}_M\right]$，其中，$\overset{*}{\boldsymbol{w}}_m = \left[\overset{*}{w}_{m1}, \overset{*}{w}_{m2}, \cdots, \overset{*}{w}_{mrv}, \cdots, \overset{*}{w}_{mRV}\right]^{\mathrm{T}}$，$1 \leqslant rv \leqslant RV$，$RV$ 表示相关向量的个数，$rv \ll N$，保证模型的稀疏性；$\overset{*}{\boldsymbol{\Phi}}\left[\boldsymbol{x}^{(n)}\right] \in \mathbf{R}^{l\times RV}$ 为优化后的设计矩阵，表示第n组数据的核映射矩阵，$\overset{*}{\boldsymbol{\Phi}} = K\left\{\boldsymbol{x}^{(n)}, \left[\boldsymbol{x}^{(*)}\right]_{rv=1}^{RV}\right\}$，$K(\bullet)$表示核函数，$\boldsymbol{x}^{(*)}$是从训练样本中选取的相关向量，其个数为$RV$。

（2）建立回归模型，并确定参数。假设权值矩阵$\boldsymbol{W}$服从先验正态概率分布，如式（4-28）所示，$\boldsymbol{A} = \mathrm{diag}\left(\alpha_1^{-2}, \alpha_2^{-2}, \cdots \alpha_n^{-2}, \cdots \alpha_N^{-2}\right)$，$\boldsymbol{B} = \mathrm{diag}\left(\beta_1, \beta_2, \cdots \beta_m, \cdots \beta_M\right)$，其中元素$\alpha_n$是用于选择训练样本中的哪些样本可作为相关向量的超参数，β_m表示第m个待重构被测量的噪声，w_{mn}是权值矩阵$\boldsymbol{W}$中的元素。

$$p(\boldsymbol{W}|\boldsymbol{A}) = \prod_{m=1}^{M}\prod_{n=1}^{N} N\left(w_{mn}|0, a_n^{-2}\right) \tag{4-28}$$

然后，权值矩阵$\boldsymbol{W}$的似然分布如式（4-29）所示：

$$p\left(\left\{\boldsymbol{t}^{(n)}\right\}_{n=1}^{N}|\boldsymbol{W}, \boldsymbol{B}\right) = \prod_{n=1}^{N} N\left(\boldsymbol{t}^{(n)}|\boldsymbol{W}\cdot\boldsymbol{\Phi}, \boldsymbol{B}\right) \tag{4-29}$$

式中，$\boldsymbol{\Phi} = K\left\{\left[\boldsymbol{x}^{(n)}\right]_{n=1}^{N}, \left[\boldsymbol{x}^{(n)}\right]_{n=1}^{N}\right\}$。

设目标样本集中第m个待重构成分的向量记为$\boldsymbol{\tau}_m$，$\boldsymbol{w}_m$是对应的权值向量，则权值矩阵$\boldsymbol{W}$的似然分布也可如式（4-30）所示。

$$p\left(\left\{\boldsymbol{t}^{(n)}\right\}_{n=1}^{N}|\boldsymbol{W}, \boldsymbol{B}\right) = \prod_{m=1}^{M} N\left(\boldsymbol{\tau}_m|\boldsymbol{w}_m\cdot\boldsymbol{\Phi}, \beta_m\right) \tag{4-30}$$

权值矩阵$\boldsymbol{W}$的先验分布如式（4-31）所示，此时$\boldsymbol{W}$的后验概率则是每一个独立的待重构成分且服从高斯分布的权值向量内积，如式（4-32）所示，进一步推导如式（4-33）所示。

$$p(\boldsymbol{W}|\boldsymbol{A}) = \prod_{m=1}^{M} N\left(\boldsymbol{w}_m|0, \boldsymbol{A}\right) \tag{4-31}$$

$$p\left(\boldsymbol{W}|\left\{\boldsymbol{t}^{(n)}\right\}_{n=1}^{N}, \boldsymbol{B}, \boldsymbol{A}\right) \propto \left(\left\{\boldsymbol{t}^{(n)}\right\}_{n=1}^{N}|\boldsymbol{W}, \boldsymbol{B}\right)\cdot p\left(\boldsymbol{W}, \boldsymbol{A}\right) \tag{4-32}$$

$$p\left(\boldsymbol{W}|\left\{\boldsymbol{t}^{(n)}\right\}_{n=1}^{N}, \boldsymbol{B}, \boldsymbol{A}\right) \propto \prod_{m=1}^{M} N\left(\boldsymbol{w}_m|\boldsymbol{\mu}_m, \boldsymbol{\Sigma}_m\right) \tag{4-33}$$

式中，$\boldsymbol{\mu}_m = \beta_m^{-1}\boldsymbol{\Sigma}_m\boldsymbol{\Phi}^{\mathrm{T}}\boldsymbol{\tau}_m$ 和 $\boldsymbol{\Sigma}_m = \left(\beta_m^{-1}\boldsymbol{\Phi}^{\mathrm{T}}\boldsymbol{\Phi} + \boldsymbol{A}\right)^{-1}$ 分别表示权值向量的均值和方差向量。

最后，通过最大化目标函数的最大边缘似然函数，可获取最优超参数和噪声参数，分别如式（4-34）和式（4-35）所示。详细的推导过程不再赘述，请参考文献[87]。

$$\overset{*}{\boldsymbol{A}}=\operatorname{diag}\left(\alpha_1^{*-2},\ \alpha_2^{*-2}\ ,\cdots,\alpha_{rv}^{*-2},\cdots,\alpha_{RV}^{*-2}\right) \tag{4-34}$$

$$\overset{*}{\boldsymbol{B}}=\operatorname{diag}\left(\overset{*}{\beta}_1,\ \overset{*}{\beta}_2,\cdots,\overset{*}{\beta}_m,\cdots,\overset{*}{\beta}_M\right) \tag{4-35}$$

优化得到的均值向量 $\overset{*}{\boldsymbol{\mu}}_m\in\mathbf{R}^{RV\times 1}$ 和权值矩阵 $\overset{*}{\boldsymbol{W}}\in\mathbf{R}^{RV\times M}$ 表达式为

$$\overset{*}{\boldsymbol{\mu}}_m=\beta_m^{*-1}\boldsymbol{\Sigma}_m^{*}\boldsymbol{\Phi}^{*\mathrm{T}}\boldsymbol{\tau}_m \tag{4-36}$$

$$\overset{*}{\boldsymbol{W}}=\left(\overset{*}{\boldsymbol{\mu}}_1,\cdots,\overset{*}{\boldsymbol{\mu}}_M\right) \tag{4-37}$$

式中，优化后的方差矩阵 $\overset{*}{\boldsymbol{\Sigma}}_m\in\mathbf{R}^{RV\times RV}$ 表达式为

$$\overset{*}{\boldsymbol{\Sigma}}_m=\left(\beta_m^{*-1}\boldsymbol{\Phi}^{*\mathrm{T}}\overset{*}{\boldsymbol{\Phi}}+\overset{*}{\boldsymbol{A}}\right)^{-1} \tag{4-38}$$

（3）将测试样本用已经训练好的模型中进行验证。假设有测试样本 $\boldsymbol{x}_*\in\mathbf{R}^{p\times q}$（$p$ 是测试样本个数，q 是敏感单元个数），则 MVRVM 回归模型的多变量输出 $\boldsymbol{y}_*\in\mathbf{R}^{p\times M}$（$M$ 是待重构的被测量个数），误差向量由矩阵 $\boldsymbol{\sigma}_y$ 的对角线元素表示，其表达形式：

$$\boldsymbol{y}_*=\overset{*}{\boldsymbol{\Phi}}\left[\boldsymbol{x}_*\right]_{p\times RV}\cdot\overset{*}{\boldsymbol{W}}_{RV\times M} \tag{4-39}$$

$$\boldsymbol{\sigma}_y=\operatorname{sprt}\left(\overset{*}{\boldsymbol{B}}^{-1}+\overset{*}{\boldsymbol{\Phi}}\cdot\overset{*}{\boldsymbol{\Sigma}}\cdot\overset{*}{\boldsymbol{\Phi}}^{\mathrm{T}}\right) \tag{4-40}$$

由于在最优超参数计算过程中，随着迭代次数的增加，很多超参数将趋于无穷大，此时相应的权值矩阵趋于 0，则训练数据集中较多的样本向量将被剔除，较少的相关向量个数被保留，从而实现模型的稀疏化。

4.3.4 传感器测量质量评估方法

1. 基于 GUM 的不确定度评定法

国际标准组织发布的《测量不确定度表示指南》(Guide to the Uncertainty in Measurement，GUM）定义的测量不确定度是一个与测量结果相关的参数，该参数能够反映测量结果的准确性。测量不确定度通常利用测量值的标准差或在一定置信区间下的区间半宽表示[88]。基于 GUM 的测量不确定度评定法可归纳为两类：A 类评定和 B 类评定[89]。A 类评定是通过一系列观测值进行统计分析得到的，B 类评定是通过对测量值分布的假设或基于经验假设对不确定度进行评估的。

基于 GUM 的测量不确定度评定法认为在大多数情况下测量结果不能够直接获得，只能通过对不同变量进行计算间接获得的[90]。

假设测量等式为

$$y=f(x_1,x_2,\cdots,x_n) \tag{4-41}$$

式中，f 为利用输入变量 x_i 获得被测量 y 的数学模型。

如果所有输入 x_i 的不确定度都能够进行评估，那么被测量 y 的不确定度能够通过以下公式获得，即

$$u_c(y)=\sqrt{\sum_{i=1}^{n}(\frac{\partial f}{\partial x_i})u^2(x_i)+2\sum_{i=1}^{n-1}\sum_{j=i+1}^{n}\frac{\partial f}{\partial x_i}\frac{\partial f}{\partial x_j}u(x_i)u(x_j)r(x_i,x_j)} \tag{4-42}$$

式中，$u_c(y)$ 表示测量标准不确定度，$\frac{\partial f}{\partial x}$ 表示变量的灵敏度系数，$u(x_i)$ 表示影响被测量 y 的各个随机变量的不确定度，$r(x_i,x_j)$ 表示两个随机变量间的相关系数。

利用标准不确定度，可以计算测量过程的扩展不确定度，即

$$U=ku_c \tag{4-43}$$

式中，k 为覆盖因子，k 的取值与每个输入变量的自由度和选择的区间宽度有关。

通过以上基于 GUM 的测量不确定度评定过程，可以看出基于 GUM 的测量不确定度评定法在应用过程中仍存在一定的局限性，具体体现在以下 3 个方面。

（1）应用式（4-42）进行合成不确定度评定的前提假设是测量结果满足中心极限定理，然而，在实际测量结果数量有限的情况下，将导致测量结果的概率分布函数不满足正态分布，因而不满足评定的前提条件[91]。

（2）被测量数学表达式 f 很复杂或线性程度不足时，会导致测量不确定度评定过程中计算较为复杂[92,93]。

（3）在利用式（4-42）计算之前已知输入各变量 $x_1,x_2,\cdots,x_n$ 的不确定度或概率分布函数，而在实际应用过程中这些先验知识往往很难获得。

2. 基于蒙特卡洛（Monte Carlo）的测量不确定度评定法

为了克服使用基于 GUM 的测量不确定度方法遇到的困难，采用基于 Monte Carlo 的测量不确定度评定法作为测量不确定度评估的一种补充方法。采用式（4-41）对测量过程进行表示，图 4-10 所示为基于 Monte Carlo 的测量不确定度评定示意图。可以看出，在输入随机变量的概率分布函数 $g_1(x_1),g_2(x_2),\cdots,g_n(x_n)$ 均已知的情况下，可以对被测量 y 的概率分布函数 $g(y)$ 进行估计，并利用 $g(y)$ 求得被测量的不确定度。

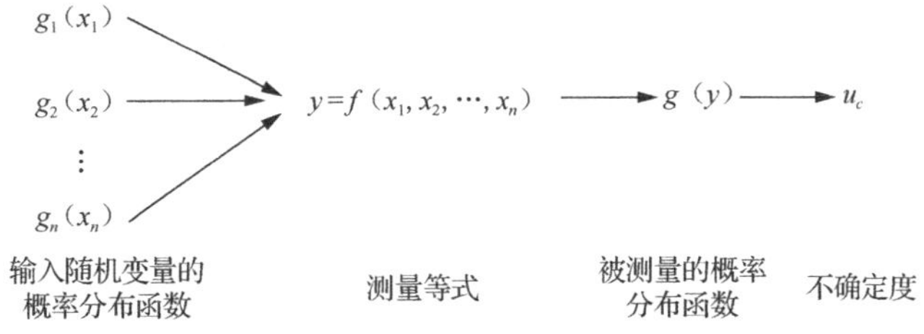

图 4-10　基于 Monte Carlo 的测量不确定度评定示意图

与基于 GUM 的测量不确定度评定法相比，基于 Monte Carlo 的测量不确定度评定法不需要通过偏导数计算灵敏度系数，这也恰恰是基于 GUM 的测量不确定度评定法导致

式（4-42）计算复杂的原因。此外，基于 Monte Carlo 的测量不确定度评定法能够获得被测量满足非对称概率分布函数的不确定度，这也不符合基于 GUM 的测量不确定度评定条件。

尽管基于 Monte Carlo 的测量不确定度评定法得到了一定的提升，但是在实际应用过程中输入随机变量的概率分布函数在很少的情况下是已知的，而且也很难利用有限的样本进行估计。此外，由于测量过程中不确定度源的个数并不能事先确定，因此基于 Monte Carlo 的测量不确定度评定法在实际使用过程中也存在一定的局限性。

3. 基于自助法（Bootstrap Method）的测量不确定度评定法

自助法是由 B. Efron 提出的，是用于对有限数量样本进行统计推断的分析方法。自助法的基本原理是通过对有限样本进行重采样，生成 B 个 Bootstrap 样本，再通过 Bootstrap 样本集对基于原样本计算的某一参数进行估计，以获得所估计参数的均值、标准差、分布函数及置信区间等统计描述[94,95]。

假设样本集 $\boldsymbol{X}=\{x_1,x_2,\cdots,x_n\}$，其中 x_i 服从经验分布 F，该经验分布存在一个未知参数 $\theta=\theta(F)$。为了获得 θ 的参数估计值 $\hat{\theta}=T(\boldsymbol{X})$，对原样本集 $\boldsymbol{X}$ 中的样本进行 n 次随机选取，以获得 Bootstrap 样本集 $\boldsymbol{X}^*$，其中 $T(\cdot)$ 是用于计算参数估计值 $\hat{\theta}$ 的函数。在整个估计过程中，需要重复 B 次采样，生成 B 个 Bootstrap 样本，即

$$\boldsymbol{X}^{*b}=\{x_1^{*b},x_2^{*b},\cdots,x_n^{*b}\},b=1,2,\cdots,B$$

参数估计值 $\hat{\theta}^{*b}$ 可以通过第 b 次 Bootstrap 重采样的样本求出：

$$\hat{\theta}^{*b}=\hat{\theta}(x_1^{*b},x_2^{*b},\cdots,x_n^{*b}),b=1,2,\cdots,B$$

$\hat{\theta}$ 的标准误差（Standard Error）表示为

$$\widehat{se}_B=\sqrt{\frac{1}{B-1}\sum_{b=1}^{B}(\hat{\theta}^{*b}-\bar{\theta}^*)^2} \tag{4-44}$$

式中，$\bar{\theta}^*=\dfrac{1}{B}\sum_{b=1}^{B}\hat{\theta}^{*b}$ 是对 θ 的最佳估计值，记为 $\hat{\theta}$。

估计值 $\hat{\theta}$ 的 Bootstrap 分布函数可以通过以下集合 $\{\hat{\theta}^{*1},\hat{\theta}^{*2},\cdots,\hat{\theta}^{*b},\cdots,\hat{\theta}^{*B}\}(b=1,2,\cdots,B)$ 求出。利用 t 分布、百分位、偏差校正和加速（Bias-Corrected and Accelerated，BCa）等计算方法对以上集合的 Bootstrap 置信区间进行估计。

t 分布 Bootstrap 置信区间的计算方法是利用 $\hat{\theta}$ 的标准误差 $\widehat{se}_B$ 的百分位数对置信区间进行近似表示，置信水平在 $(1-\alpha)\times100\%$ 的置信区间表示为

$$(\theta_\alpha,\theta_{1-\alpha})=\hat{\theta}\pm t_{(1-\alpha/2,n-1)}\widehat{se}_B \tag{4-45}$$

式中，α 为显著性水平。

百分位 Bootstrap 置信区间的计算方法是利用 Bootstrap 分布的百分位数决定置信区间的宽度。这种方法不需要对所求参数的分布进行预先假设，它提供了一种简单直接的非参数方法确定置信区间，即

$$\hat{\theta}_{B\alpha/2}^{*b}\leqslant\hat{\theta}\leqslant\hat{\theta}_{B(1-\alpha/2)}^{*b} \tag{4-46}$$

式中，B 为进行 Bootstrap 重采样的次数，B 在一般情况下为偶数，以避免在求百分位数时进行插值运算[96]。

BCa 置信区间估计法是一种改进的百分位 Bootstrap 置信区间计算方法，能够说明关于参数估计值 $\hat{\theta}$ 标准误差的偏倚及促进。BCa 置信区间的定义较百分位置信区间定义更为复杂，主要通过偏倚修正值 $\hat{z}_0$ 与加速量 $\hat{a}$ 进行修正。偏倚调整通过估算 Bootstrap 样本集中小于或等于参数估计值 $\hat{\theta}$ 的方式实现。

$$\hat{z}_0 = \Phi^{-1}\left[\frac{\{\hat{\theta}^{*b} \leqslant \hat{\theta}\}}{B}\right] \tag{4-47}$$

式中，$\Phi^{-1}(\cdot)$ 为标准正态累计分布函数的反函数，z 表示由标准正态分布计算出的百分位数。加速量 $\hat{a}$ 用于调整计算 BCa 置信区间的偏度，其可以通过六分之一 Jackknife 偏度估计法进行计算[97]。

$$\hat{a} = \frac{\sum_{i=1}^{B}(\hat{\theta}^*_{(i)} - \hat{\theta}^*_{(\cdot)})^3}{6[\sum_{i=1}^{B}(\hat{\theta}^*_{(i)} - \hat{\theta}^*_{(\cdot)})^2]^{3/2}}, \quad \hat{\theta}^* = \sum_{i=1}^{B}\hat{\theta}^*_{(i)} / B \tag{4-48}$$

计算出偏倚修正值 $\hat{z}_0$ 和加速量 $\hat{a}$ 后，需要从 Bootstrap 分布获得恰当的百分位数，以确定 BCa 置信区间。

$$\alpha_1 = \Phi[\hat{z}_0 + \frac{\hat{z}_0 + z_{\alpha/2}}{1-\hat{a}(\hat{z}_0 + z_{\alpha/2})}] \tag{4-49}$$

$$\alpha_2 = \Phi[\hat{z}_0 + \frac{\hat{z}_0 + z_{1-\alpha/2}}{1-\hat{a}(\hat{z}_0 + z_{1-\alpha/2})}] \tag{4-50}$$

通过以上过程，置信水平 $(1-\alpha)\times 100\%$ 下的 BCa 置信区间表示为

$$\hat{\theta}^{*b}_{B\alpha_1} \leqslant \theta \leqslant \hat{\theta}^{*b}_{B\alpha_2} \tag{4-51}$$

为了对以上 Bootstrap 置信区间估计法的特点进行分析，文献[95]指出，t 分布 Bootstrap 置信区间具有二阶精度，但不具有变换适应能力；百分位 Bootstrap 置信区间具有变换适应能力，但仅具有一阶精度；BCa 置信区间不但具有变换适应能力，而且具有二阶精度。

4. 基于 Grey Bootstrap 的测量不确定度评定法

测量值质量的优劣直接影响到传感器系统对气体分析结果的可信度，因此在使用测量值进行分析与决策之前，需要对测量值的质量进行评估，以提高系统的可靠性。测量不确定度是评定测量结果质量高低的一个重要指标。不确定度越小，测量结果的质量越高，使用价值越大，其测量水平越高[98]。国际标准组织（ISO）发布的 GUM 指出，如果被测量所依赖的随机变量是时变的，那么其不确定度可以通过统计方法进行评估。

针对动态测量系统运行的特性，Xia 提出了一种基于灰色自助法（GBM）的动态测量不确定度评估方法[99]。该方法结合了灰色预测模型 GM（1, 1）与基于 Bootstrap 的测量不确定度评定法，在解决小样本、贫信息问题方面的优点，特别适用于传感器在动态测量过

程中的动态测量不确定度评估。基于 GBM 的动态测量不确定度评定法的主要实现步骤如下：

（1）针对原始测量值序列 $\boldsymbol{X}^{(0)}=\{x^{(0)}(1),x^{(0)}(2),\cdots,x^{(0)}(k)\}$，利用基于 Bootstrap 的测量不确定度评定法对 $\boldsymbol{X}^{(0)}$ 进行 k 次等可能放回采样，从而获得新序列 $\boldsymbol{X}_b^{(0)}$；

（2）重复步骤（1）中的采样过程 B 次，得到等可能重采样自助矩阵

$$\boldsymbol{X}_{\text{Bootstrap}}=(\boldsymbol{X}_1^{(0)},\boldsymbol{X}_2^{(0)},\cdots,\boldsymbol{X}_b^{(0)},\cdots,\boldsymbol{X}_B^{(0)}) \tag{4-52}$$

（3）利用灰色预测模型 GM（1,1）对 $\boldsymbol{X}_{\text{Bootstrap}}$ 中每个测量值序列 $\boldsymbol{X}_b^{(0)}$ 进行建模，获得在 $k+1$ 时刻的预测测量值集合 $\widehat{\boldsymbol{X}}$，即

$$\widehat{\boldsymbol{X}}=\left[\hat{x}_1^{(0)}(k+1),\hat{x}_2^{(0)}(k+1),\cdots,\hat{x}_b^{(0)}(k+1),\cdots,\hat{x}_B^{(0)}(k+1)\right] \tag{4-53}$$

（4）通过式（3-22）中的预测测量值集合，可以近似估计出实际测量值在采样点 $k+1$ 时的概率密度函数，即

$$f_{k+1}=f\left(x\right) \tag{4-54}$$

式中，$f(\cdot)$ 称为灰色自助概率密度函数，表示在采样点 $k+1$ 测量值的瞬时状态；x 为一个用于描述测量值 $\hat{x}_b^{(0)}(k+1)$ 在动态测量过程中的测量值变量。

（5）在采样点 $k+1$ 时的测量值可以通过预测测量值集合 $\widehat{\boldsymbol{X}}$ 的数学期望进行估计，即

$$X_0=\hat{x}^{(0)}(k+1)=\int_{-\infty}^{+\infty}f(x)x\text{d}x. \tag{4-55}$$

上式的离散形式表示为

$$X_0=\hat{x}^{(0)}(k+1)=\sum_{t=1}^{T}F(x_t)x_t \tag{4-56}$$

式中，X_0 为估计的测量真值，T 为离散组数（f_{k+1} 被分为 T 组），x_t 为第 t 组的中位值，$F(\cdot)$ 为 $\widehat{\boldsymbol{X}}$ 的概率分布函数。

（6）设显著性水平为 α，在置信水平 $P=(1-\alpha)\times100\%$ 的情况下，测量值 $\hat{x}^{(0)}(k+1)$ 的估计区间定义为

$$[X_L,X_U]=[X_{\alpha/2},X_{1-\alpha/2}] \tag{4-57}$$

式中，$X_{\alpha/2}$ 为在采样点 $k+1$ 对应置信水平 $\alpha/2$ 的估计的测量值；$X_{1-\alpha/2}$ 为在采样点 $k+1$ 对应置信水平 $1-\alpha/2$ 的估计测量值；X_L 为估计区间下界，X_U 为估计区间上界。

（7）通过式（4-57），GBM 把在采样点 $k+1$ 的扩展不确定度定义为

$$U=X_U-X_L \tag{4-58}$$

（8）更新原始测量值序列，再执行步骤（1）～（7），进而对下一个采样点的测量值及其动态测量不确定度进行评定。

以上 Xia 提出的 GBM 可以通过置信区间的宽度对测量值的扩展不确定度进行评估，为了提高 GBM 方法的变换适应能力和估计精度，本章作者对现有基于 GBM 的动态测量不确定度评估方法进行了改进，对动态测量不确定度进行了更合理的表达。

在采样点 $k+1$ 的标准测量不确定度 $u(k+1)$ 可由预测测量值集合 $\widehat{\boldsymbol{X}}$ 的标准误差进行估计，即

$$u(k+1)=\sqrt{\frac{\sum_{b=1}^{B}(\hat{x}_b^{(0)}(n+1)-X_0)^2}{B-1}} \tag{4-59}$$

扩展测量不确定度则通过利用 BCa 置信区间的半宽进行估计，以提升 GBM 的变换适应性和估计精度。

4.4　自确认传感器结构

目前，自确认传感器的结构主要有以下 3 种类型[100]：

1. 计算机+数据采集卡

这是研发第一代自确认传感器所采用的结构。在这样的硬件平台上，设计开发者只要在计算机上编制相应的实现自确认传感器功能的软件即可，基于计算机+数据采集卡的自确认传感器开发平台如图 4-11 所示。1993 年，牛津大学的 Janice C.-Y 开发的自确认热电偶温度传感器[101]以及 Clarke 和 Fraher 开发的自确认溶解氧传感器，都是基于 Foxboro 公司生产的商业化传感器，采用的就是这样的结构。这种结构的主要缺点是体积庞大、结构欠灵活，优点是结构简单、软硬件资源丰富，是自确认传感器设计、开发的前期首选的开发平台，由于当时软件在计算机上实现应用，所以对算法的实时性和高效性的关注不够。

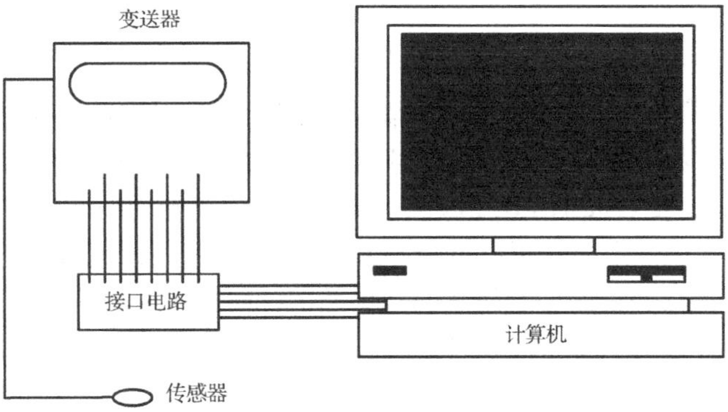

图 4-11　基于计算机+数据采集卡的自确认传感器开发平台

2. 固定的专用硬件结构

开发或购买传感器固定的专用硬件结构。例如，P.Hector 及 Plenta[102]等人开发的基于摩托罗拉 MEK6809D4/MEK6809KPD 微机系统的自确认传感器硬件结构，拥有 8 路 8 位 A/D 转换，可实现各种信号的通信。研究者将这样的结构用于军事设备如核反应堆、先进的飞行器、化工厂等所用的传感器故障检测中。这样的硬件结构虽然具有体积小、轻便、适于现场使用的优点，但其结构通用性差，难以扩展应用到其他类型的传感器上。Wilson 等人[102,103]开发的通用传感器接口芯片（USIC），采用精简指令集计算（RISC）处理器，可实现 2 路 A/D、D/A 转换，带有 RS-485 通信接口。这样的硬件结构具有价格低廉的优点，但同样存在通用性差的缺点。任何功能的扩展和修改都要从内部的硬件结构设计开始，通用传感器接口芯片的功能框图如图 4-12 所示。

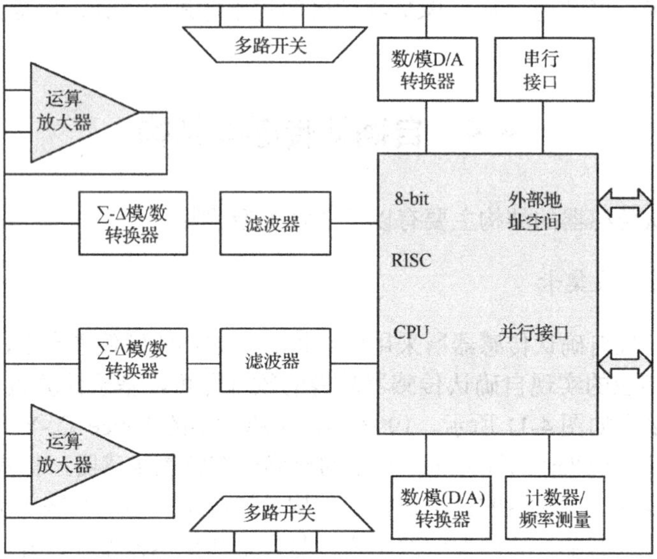

图 4-12　通用传感器接口芯片的功能框图

3. 基于可编程硬件的通用硬件结构的开发

为了设计开发自确认传感器通用硬件结构，牛津大学的控制工程研究室和计算试验室联合设立了 Valcard 项目组[105-110]，该项目主要研究目标是，开发基于现场可编程逻辑门阵列（Field Programmable Gate Array, FPGA）的自确认传感器通用硬件结构。FPGA 器件的特点如下：内部包含了一系列计算单位和 I/O 单元，前者可用来完成简单的故障诊断任务，后者可用来实现传感器与控制中心所有的数据通信，而且所有的硬件功能可以通过软件编程实现。这样可以令开发者像开发软件一样去设计、开发系统所需要的硬件功能，这显然大大增强了硬件结构的通用性和功能扩展、修改的便捷性、灵活性。此外，采用这类硬件结构，可做到整体结构轻便、体积小，非常适合于商品化。经过 Valcard 项目组的研究，最后开发出了两种基于现场可编程逻辑门阵列（FPGA）的自确认传感器硬件结构，并先后用于自确认热电偶温度传感器、自确认溶解氧传感器和自确认数字式科里奥利质量流量计的硬件设计中。图 4-13 是利用 FPGA 实现的自确认数字式科里奥利质量流量计处理卡的框图。另外，Page I 等人实现了一种基于 FPGA 的自确认传感器通用硬件结构[111]，Wagdy H. Mahmoud 等人利用 FPGA 实现了铁熔炉传感器自确认系统[112]，M.Atia 等人利用 FPGA 实现了一种自确认温度传感器[113]。

未来的自确认传感器硬件结构的发展方向应当是进一步寻求低成本、低功耗的、结构更为灵活、具有足够数据处理能力的硬件平台。此外，由于未来的智能传感器都是与现场总线相连的，因此，自确认传感器还应当具有与现场总线的通讯能力，从而最终成为一个能够用于实际工业中的结构独立、完整的自确认传感器。

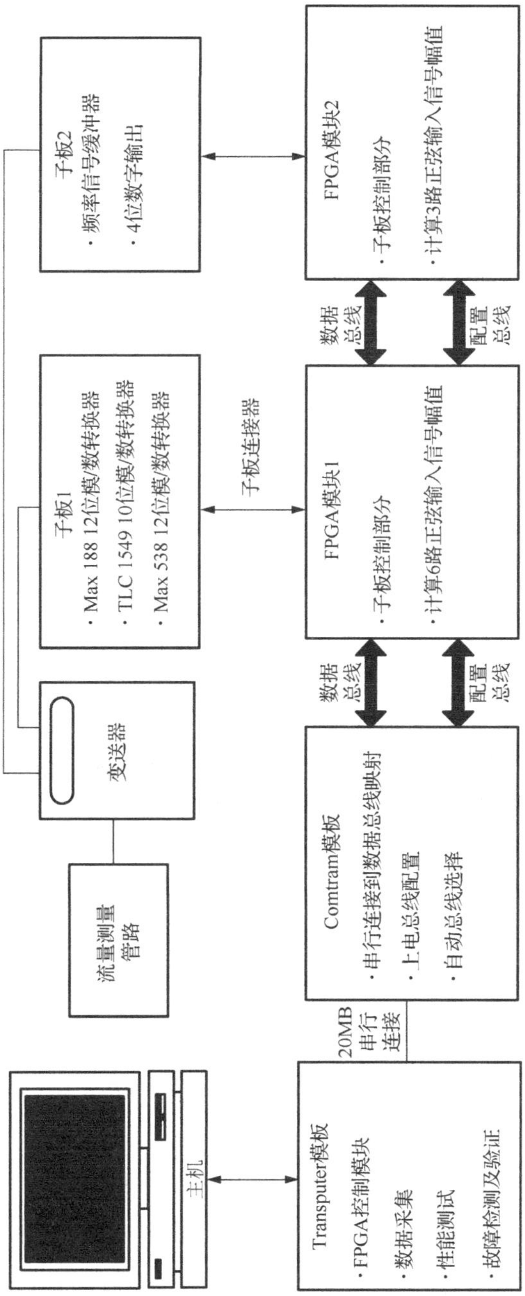

图 4-13　利用 FPGA 实现的自确认数字式科里奥利质量流量计处理卡的框图

参 考 文 献

[1] Tsang K M, Chan W L. Data validation of intelligent sensor using predictive filters and fuzzy logic[J]. Sensors and Actuators: A Physical, 2010, 159(2): 149-154.

[2] Feng Z, Wang Q, Shida K. A review of self-validating sensor technology[J]. Sensor Review, 2007, 27(1): 48-54.

[3] Henry M P, Clarke D W. The self-validating sensor: rationale, definitions and examples[J]. Control Engineering Practice, 1993, 1(4): 585-610.

[4] Feng Z, Wang Q, Shida K. A review of self-validating sensor technology[J]. Sensor Review, 2007, 27(1): 48-54.

[5] Shen Z, Wang Q. Failure detection, isolation, and recovery of multifunctional self-validating sensor[J]. Instrumentation and Measurement, IEEE Transactions on, 2012, 61(12): 3351-3362.

[6] Shen Z, Wang Q. Data Validation and Validated Uncertainty Estimation of Multifunctional Self-Validating Sensors[J]. Instrumentation and Measurement, IEEE Transactions on, 2013, 62(7): 2082-2092.

[7] BSI. Data quality metrics for industrial measurement and control system—Specification[S]. Britain: British Standards Institution, 2005. BS 7986: 2005.

[8] Wang Q, Shen Z, Zhu F. A multifunctional self-validating sensor[C]. Instrumentation and Measurement Technology Conference (I2MTC), 2013 IEEE International. Minneapolis, MN, USA: IEEE, 2013: 1283-1288.

[9] Wang Q, Shen Z, Zhu F. Failure detection and validation of multifunctional self-validating sensor using WRVM predictor[C]. Industrial Technology (ICIT), 2012 IEEE International Conference on. Athens, Greece: IEEE, 2012: 343-348.

[10] Qin S J, Yue H, Dunia R. Self-validating inferential sensors with application to air emission monitoring[J]. Industrial & Engineering Chemistry Research, 1997, 36(5): 1675-1685.

[11] Liu H, Kang O, Kim M, et al. Sustainable monitoring of indoor air pollutants in an underground subway environment using self-validating soft sensors[J]. Indoor and Built Environment, 2012: 1420326X12469744.

[12] Kerschen G, De Boe P, Golinval J C, et al. Sensor validation using principal component analysis[J]. Smart materials and structures, 2004, 14(1): 34.

[13] Lamrini B, Lakhal E K, Le Lann M V, et al. Data validation and missing data reconstruction using self-organizing map for water treatment[J]. Neural Computing and Applications, 2011, 20(4): 575-588.

[14] Alferes J, Tik S, Copp J, et al. Advanced monitoring of water systems using in situ measurement stations: Data validation and fault detection[J]. Water Sci. Technol, 2013, 68(5): 1022-1030.

[15] Quevedo J, Chen H, Cugueró M À, et al. Combining learning in model space fault diagnosis with data validation/reconstruction: Application to the Barcelona water network[J]. Engineering Applications of Artificial Intelligence, 2014, 30: 18-29.

[16] Mokdad S, Failleau G, Deuzé T, et al. A Self-Validation Method for High-Temperature Thermocouples Under Oxidizing Atmospheres[J]. International Journal of Thermophysics, 2015, 36(8): 1895-1908.

[17] Abdelghani M, Friswell M I. Sensor validation for structural systems with multiplicative sensor faults[J]. Mechanical Systems and Signal Processing, 2007, 21(1):270-279.

[18] 高羽，张建秋. 小波变换域估计观测噪声方差的 Kalman 滤波算法及其在数据融合中的应用[J]. 电子学报，2007, 35(1): 108-111.

[19] Yu G, ZHANG J q, Bo H. A Polynomial Prediction Filter Method for Estimating Multisensor Dynamically Varying Biases[J]. Chinese Journal of Aeronautics, 2007, 20(3): 240-244.

[20] 赵晋，张建秋，高羽. 迭代异方差估计及其在多传感器数据融合中的应用[J]. 电子学报, 2008, 36(10): 1938-1943.

[21] 高羽. 自确认传感器理论及应用研究[D]. 上海: 复旦大学, 2008.
[22] 申争光. 自确认多功能传感器的关键技术研究[D]. 哈尔滨: 哈尔滨工业大学, 2013.
[23] 冯志刚. 自确认压力传感器的研究[D]. 哈尔滨: 哈尔滨工业大学, 2009.
[24] 冯志刚, 王祁, 徐涛. 自确认传感器技术研究[J]. 电子器件, 2006, 29(3):848-854.
[25] Feng Z, Wang Q, Shida K. Design and implementation of a self-validating pressure sensor[J]. Sensors Journal, IEEE, 2009, 9(3): 207-218.
[26] Feng Z G, Wang Q, Shida K. Validated Uncertainty Evaluation for Self-Validating Sensor[J]. Key Engineering Materials, 2008, 381-382: 419-422.
[27] 冯志刚, 王祁. 自确认压力传感器结构设计[J]. 传感技术学报, 2006, 19(3): 662-664.
[28] 冯志刚, 王祁. 自确认压力传感器结构参数设计及其有限元分析[J]. 传感技术学报, 2007, 20(2): 279-282.
[29] 冯志刚, 王祁, 徐涛. 基于小波包和支持向量机的传感器故障诊断方法[J].南京理工大学学报: 自然科学版, 2008, 32(5): 609-614.
[30] 冯志刚, 王祁. 基于 EMD 和 SVM 的传感器故障诊断方法[J]. 哈尔滨工业大学学报, 2009(5): 59-63.
[31] 冯志刚, 王茹, 田丰. 基于 MVRVM 回归和 RVM 二叉树分类的自确认气动执行器故障诊断算法[J]. 传感技术学报, 2015, 28(6): 842-849.
[32] 冯志刚, 张学娟. 基于 LS-SVM 和 SVM 的气动执行器故障诊断方法[J]. 传感技术学报, 2013, 26(11): 1610-1614.
[33] Shen Z, Wang Q. Status self-validation of a multifunctional sensor using a multivariate relevance vector machine and predictive filters[J]. Measurement Science and Technology, 2013, 24(3): 035103.
[34] Shen Z, Wang Q. A novel health evaluation strategy for multifunctional self-validating sensors[J]. Sensors, 2013, 13(1): 587-610.
[35] 申争光, 朱凤宇, 王祁. 基于 PFP-WRVM 的多功能传感器状态自确认研究[J]. 仪器仪表学报, 2012, 33(9): 1986-1994.
[36] Shen Z, Gao Q, Dong J, et al. A self-validating flush air data sensing system[C].Fuzzy Systems and Knowledge Discovery (FSKD), 2015 12th International Conference on. Zhangjiajie: IEEE, 2015: 2614-2618.
[37] 赵树延, 张文斌, 王祁. 一种多参数自确认传感器故障诊断方法[J]. 仪表技术与传感器, 2009(B11): 37-40.
[38] 赵树延, 于金涛, 等. 基于 RVM 的多功能自确认水质检测传感器[J]. 仪器仪表学报, 2011, 32(8): 1690-1694.
[39] 刘乙奇. 自确认软测量模型研究及其在污水处理中的应用[D]. 广州: 华南理工大学, 2013.
[40] 肖红军, 刘乙奇, 伍俊. 一种自确认软测量方法的研究与应用[J]. 中山大学学报: 自然科学版, 2014, 53(4): 45-51.
[41] Liu Y, Chen J, Sun Z, et al. A probabilistic self-validating soft-sensor with application to wastewater treatment[J]. Computers & Chemical Engineering, 2014, 71: 263-280.
[42] Liu Y, Huang D, Li Y, et al. Development of a novel self-validating soft sensor[J].Korean Journal of Chemical Engineering, 2012, 29(9): 1135-1143.
[43] Liu Y, Huang D, Li Z. A SEVA soft sensor method based on self-calibration model and uncertainty description algorithm[J]. Chemometrics and Intelligent Laboratory Systems, 2013, 126: 38-49.
[44] Liu Y, Pan Y, Sun Z, et al. Statistical monitoring of wastewater treatment plants using variational Bayesian PCA[J]. Industrial & Engineering Chemistry Research, 2014, 53(8): 3272-3282.
[45] 高清华. 新型大气数据传感系统故障自诊断关键技术研究[D]. 北京: 北京理工大学, 2014.
[46] Yinsheng Chen, Jingli Yang, Yonghui Xu, Shouda Jiang, Xiaodong Liu and Qi Wang. Status Self-Validation of Sensor Arrays Using Gray Forecasting Model and Bootstrap Method. IEEE Transactions on Instrumentation and Measurement, 2016, 65(7): 1626-1640.
[47] Yinsheng Chen, Shouda Jiang, Jingli Yang, Kai Song, and Qi Wang. Grey bootstrap method for data validation and dynamic uncertainty estimation of self-validating multifunctional sensors. Chemometrics and Intelligent Laboratory

Systems, 2015, 146: 63-74.

[48] Yinsheng Chen, Yonghui Xu, Jingli Yang, Zhen Shi, Shouda Jiang and Qi Wang. Fault detection, isolation, and diagnosis of status self-validating gas sensor arrays. Review of Scientific Instruments, 2016, 87(4): 045001.

[49] 陈寅生, 姜守达, 刘晓东, 等. 基于 EEMD 样本熵和 SRC 的自确认气体传感器故障诊断方法[J]. 系统工程与电子技术, 2016, 38(5).

[50] Yinsheng Chen, Jingli Yang and Shouda Jiang. Data validation and dynamic uncertainty estimation of self-validating sensor. Instrumentation and Measurement Technology Conference (I2MTC), 2015 IEEE International. Pisa, Italy: IEEE, 2015: 405-410.

[51] 王祁, 等. 传感器信息处理及应用[M]. 北京：科学出版社，2012.

[52] Ongrai O, Pearce J, Machin G, et al. A miniature high-temperature fixed point for self-validation of type C thermocouples[J]. Measurement Science and Technology, 2011, 22(10): 105103.

[53] Consoli A, Bonilla B, Tijero J M G, et al. Self-validating technique for the measurement of the linewidth enhancement factor in semiconductor lasers[J]. Optics express, 2012, 20(5): 4979-4987.

[54] Edler F, Seefeld P. Self-validating contact thermometry sensors for higher temperatures[J]. Measurement Science and Technology, 2014, 26(1): 015102.

[55] Chen J, Howell J. A self-validating control system based approach to plant fault detection and diagnosis[J]. Computers & chemical engineering, 2001, 25(2): 337-358.

[56] Friswell M I, Inman D J. Sensor validation for smart structures[C]. Symposium on Applied Photonics. Glasgow, UK: International Society for Optics and Photonics, 2000: 150-161.

[57] Pačes P, Reinštein M, Draxler K. Fusion of smart sensor standards and sensors with self-validating abilities[C]. Digital Avionics Systems Conference, 2008. DASC 2008. IEEE/AIAA 27th. St. Paul, MN: IEEE, 2008: 4-B.

[58] Crivellaro F, Künzel G, Balbinot A. Virtual and Self-Validating Sensor for Speed Estimation of a DC Motor in a Prototype Plant[J]. Sensors & Transducers, 2015, 190(7): 10.

[59] Palmé T, Fast M, Thern M. Gas turbine sensor validation through classification with artificial neural networks[J]. Applied Energy, 2011, 88(11): 3898-3904.

[60] Bertrand-Krajewski J, Bardin J, Mourad M, et al. Accounting for sensor calibration, data validation, measurement and sampling uncertainties in monitoring urban drainage systems[J]. Water Science & Technology, 2003, 47(2): 95-102.

[61] Liu B, Han Y, Han T. Self-validating passive wireless SAW sensor[C]. Piezoelectricity,Acoustic Waves and Device Applications (SPAWDA), 2013 Symposium on.Changsha, Hunan, China: IEEE, 2013: 1-4.

[62] 杜可涛, 何世烈, 陈健. 一种基于 ARMA 模型的自确认传感器结构[J]. 传感器世界, 2008, 14(5): 42-45.

[63] 路炜, 文玉梅. 自评估传感器技术[J]. 测控技术, 2003, 22(2): 4-7.

[64] 闫军. 自确认传感器在过程控制中的应用[J]. 仪器仪表与分析监测,2001(1): 16-17.

[65] Hwang I, Kim S, Kim Y, et al. A Survey of Fault Detection, Isolation, and Reconfiguration Methods[J]. IEEE Transactions on Control Systems Technology, 2010, 18(3):636-653.

[66] 文成林, 吕菲亚, 包哲静, 等. 基于数据驱动的微小故障诊断方法综述[J]. 自动化学报, 2016, 42(9): 1285-1299.

[67] 李娟, 周东华, 司小胜, 等. 微小故障诊断方法综述[J]. 控制理论与应用,2012, 29(12): 1517-1529.

[68] Yang Q, Wang J. Multi-Level Wavelet Shannon Entropy-Based Method for Single Sensor Fault Location[J]. Entropy, 2015, 17(10): 7101-7117.

[69] Zhu D, Bai J, Yang S X. A multi-fault diagnosis method for sensor systems based on principle component analysis.[J]. Sensors, 2010, 10(1): 241-53.

[70] Caccavale F, Digiulio P, Iamarino M, et al. A neural network approach for on-line fault detection of nitrogen sensors in alternated active sludge treatment plants.[J].Water Science & Technology, 2010, 62(12): 2760-8.

[71] Yu Z, Xu Y, Ma Y, et al. Study of sensor fault detection based on modified SVM algorithm[C]. Soc Design Conference. Jeju, South Korea: IEEE, 2014: 294-295.

[72] Lee J M, Qin S J, Lee I B. Fault detection and diagnosis based on modified independent component analysis[J]. AIChE journal, 2006, 52(10): 3501-3514.

[73] Li X b, Yang Y p, Zhang W d. Fault detection method for non-Gaussian processes based on non-negative matrix factorization[J]. Asia-Pacific Journal of Chemical Engineering, 2013, 8(3): 362-370.

[74] Korbicz J, Koscielny J M, Kowalczuk Z, et al. Fault diagnosis: models, artificial intelligence, applications[M]. Poland: Springer Science & Business Media, 2012.

[75] 赵劲松，李元，邱彤. 一种基于小波变换与神经网络的传感器故障诊断方法[J]. 清华大学学报：自然科学版，2013(2): 205-209.

[76] Yang B S, Han T, An J L. ART-KOHONEN neural network for fault diagnosis of rotating machinery[J]. Mechanical Systems and Signal Processing, 2004, 18(3):645-657.

[77] Liu Z, Cao H, Chen X, et al. Multi-fault classification based on wavelet SVM with PSO algorithm to analyze vibration signals from rolling element bearings[J].Neurocomputing, 2013, 99: 399-410.

[78] Dunia R, Qin S J, Edgar T F, et al. Identification of faulty sensors using principal component analysis[J]. Aiche Journal, 2010, 42(10):2797-2812.

[79] Caesarendra, Widodo A, Yang B S. Application of Relevance Vector Machine and Logistic Regression or Machine Degradation Assessment[J]. Mechanical Systems and Signal Processing. 2010,24(4): 1161-1171.

[80] Thayananthan A, Navaratnam R, Stenger B, et al. Multivariate Relevance Vector Machines for Tracking[C]. Proceedings of the 2006 European Conference on Computer Vision. 2006, 3953: 124-138.

[81] Thayananthan A, Navaratnam R, Stenger B, et al. Pose Estimation and Tracking Using Multivariate Regression[J]. Pattern Recognition Letters. 2008,29(9): 1302-1310.

[82] Tipping ME, Faul AC. Fast Marginal Likelihood Maximisation for Sparse Bayesian Models[C]. Proceedings of the Ninth International Workshop on Artificial Intelligence and Statistics. 2003: 3-4.

[83] Lei Z. A Multivariate Relevance Vector Machine based Algorithm for On-line Fault Prognostic Application with Multiple Fault Features[C]. Proceedings of the 2012 Fifth International Conference on Intelligent Computation Technology and Automation. 2012: 26-32.

[84] Lei Z. Fault Prognostic Algorithm based on Multivariate Relevance Vector Machine and Time Series Iterative Prediction[J]. Procedia Engineering. 2012,29: 678-684.

[85] Rua Torres A F. Bayesian Data-driven Models for Irrigation Water Management [D]. Dissertations of Utah State University. 2011: 15-18.

[86] Tripathi S, Govindaraju R S. On Selection of Kernel Parametes in Relevance Vector Machines for Hydrologic Applications[J]. Stochastic Environmental Research and Risk Assessment. 2007, 21(6): 747-764.

[87] Thayananthan A. Template-based Pose Estimation and Tracking of 3D Hand Motion[D]. Dissertation of Cambridge University. 2005: 103-124.

[88] Farooqui S A, Doiron T, Sahay C. Uncertainty analysis of cylindricity measurements using bootstrap method[J]. Measurement, 2009, 42(4): 524-531.

[89] Ferrero A, Salicone S. Measurement uncertainty[J]. Instrumentation & Measurement Magazine, IEEE, 2006, 9(3): 44-51.

[90] Hack P D S, Caten T, Schwengber C. Measurement uncertainty: Literature review and research trends[J]. Instrumentation and Measurement, IEEE Transactions on, 2012, 61(8): 2116-2124.

[91] Jornada D H D, Ten Caten C, Pizzolato M. Summaries of foreign technical pa-per: Guidance documents on measurement uncertainty: an overview and critical analysis[J]. Jemic Technical Report, 2011, 46: 12-14.

[92] Locci N, Muscas C, Ghiani E. Evaluation of uncertainty in measurements based on digitized data[J]. Measurement, 2002, 32(4): 265-272.

[93] Martens H J V. Evaluation of uncertainty in measurements problems and tools[J].Optics & Lasers in Engineering, 2002, 38(3-4): 185-204.

[94] Efron B, Tibshirani R. Bootstrap methods for standard errors, confidence intervals, and other measures of statistical accuracy[J]. Statistical science, 1986: 54-75.

[95] Efron B, Tibshirani R J. An introduction to the bootstrap[M]. Boca Raton: CRC press, 1994.

[96] Afanador N, Tran T, Buydens L. An assessment of the jackknife and bootstrap procedures on uncertainty estimation in the variable importance in the projection metric[J]. Chemometrics and Intelligent Laboratory Systems, 2014, 137: 162-172.

[97] DiCiccio T J, Efron B. Bootstrap confidence intervals[J]. Statistical science, 1996:189-212.

[98] 费业泰. 误差理论与数据处理 [M]. 北京: 机械工业出版社, 2000.

[99] Xia X, Chen X, Zhang Y, et al. Grey bootstrap method of evaluation of uncertainty in dynamic measurement[J]. Measurement, 2008, 41(6): 687-694.

[100] M P Henry, N Archer, M R Atia, et al. Programmable Hardware Architectures for Sensor Validation. Control Eng. Practice. 1996, 4(10): 1339-1354.

[101] J C-Y Yang, D W Clarke. A Self-Validating Thermocouple. IEEE Transactions on Control Systems Technology. 1997, 5(2): 239-253.

[102] P Hector, Plenta, Asok Ray, et al. Microcomputer-Based Fault Detection Using Redundant Sensor. IEEE Transactions on Industry Application. 1998, 24(5): 905-912.

[103] P D Wilson, R S Spraggs, S P Hopkins. Universal Sensor Interface Chip (USIC): Specification and Applications Outline. Sensor Review. 1996, 16(1): 18-21.

[104] P.D. Wilson, S.P. Hopkins. Applications of a Universal Sensor Interface Chip (USIC)for Intelligent Sensor Applications. IEE Colloquium (Digest). 1995, 3(2): 3/1-3/4.

[105] M P Henry. Hardware Compilation－a New Technique for Rapid Prototyping of Digital Systems Applied to Sensor Validation. Control Eng. Practice. 1995, 3(7): 907-924.

[106] Zhou F, Archer N, Bowles J, Clark D, Henry M.　A General Hardware Platform for Sensor Validation. IEE Colloquium (Digest). 1999(160): 73-77.

[107]M.P.Henry. Self-validating Sensors: Torwards Standards and Products. Automazione Strumentazione. 2001, 49(2): 107-115.

[108] M.P Henry. Automatic Sensor Validation Control and Instrumentation. 1995, 27(9): 60-61.

[109] M.P Henry. Sensor Vlidation and Fieldbus. Computing and Control Engineering Journal. 1995, 6(6): 263-269.

[110] Michael Tombs, M.P Henry, Christian Peter. From Research to Product using a Common Development Platform. Control Engineering Practice. 2004, 12: 503-510.

[111] Page, I. Hardware Compilation, Configurable Platforms and ASICs for Self-validating Sensors. Lecture Notes in Computer Science. 1997, 1304: 418.

[112] Wagdy H. Mahmoud, Mohamed Abdelrahman, Roger L. Haggard. Field Programmable Gate Arrays Implementation of Automated Sensor Self-validation System for Cupola Furnaces. Computers and Industrial Engineering. 2004, 46: 553-569.

[113] M. Atia, J. Bowles, D.W. Clarke, M.P. Henry. Self-validating Temperature Sensor Implemented in FPGAs. Lecture Notes in Computer Science. 1995. 957: 321.

第 5 章　智能声发射传感器及其应用

5.1　声发射信号

5.1.1　声发射源

声发射源即声发射信号的来源。声发射信号的来源非常广泛，常见的工程材料中有很多产生声发射信号的机制，概括起来，可以分为以下 5 类[1]。

（1）金属塑性变形。具体包括位错运动、位错源开动、晶界滑动等。

（2）断裂。包括裂纹的形成和扩展。

（3）相变。如马氏体相变、贝氏体相变、共晶反应等。

（4）磁效应。

（5）表面效应。

下面具体介绍其中的两类。

1. 位错运动和塑性变形[2]

（1）位错的类型。位错是晶体原子排列的一种特殊组态。从位错的几何结构来看，可将它们分为两种基本类型，即刃型位错和螺型位错。此外，还有一种更为普遍的混合型位错，其滑移矢量既不平行也不垂直于位错线，而与位错线相交成任一角度，这种位错称为混合型位错。

（2）位错的应变能。在晶体中，位错周围因点阵畸变引起弹性应力场而导致能量增高，这部分能量称为位错的应变能，或称为位错的能量。位错中心区域的畸变能较小，通常可以忽略不计，而以中心区域之外的弹性应变能代表位错的应变能。

若位错以速度 v 向前移动，位错周围的体积扩展区以频率 f 发生变化，则有

$$f = \frac{v}{b} \tag{5-1}$$

式中，b 为位错运动方向的晶格常数，在这个区域周围的晶格传递着频率为 f 的弹性波。位错理论认为，位错运动的速度不能超过固体中的传播声速。当考虑介质的原子结构时，刃型位错的运动速度仅限于表面波速度。按（5-1）式计算，这种弹性波的频率很高，上限频率约为 10^{10}MHz。这样低的能量和如此高的频率弹性波在实际材料中衰减十分严重。因此，要检测单个位错运动的声发射信号是十分困难的，实际应用中可以检测到的是由多个位错运动组成的混合型位错运动引起的频率较低的（几百千赫到几兆赫）的声发射信号。

2. 裂纹的形成和扩展

裂纹的形成和扩展也是一种主要的声发射源，尤其对无损检测更为重要。裂纹的形成和扩展与材料的塑性变形有关，一旦裂纹形成，材料局部区域的应力集中得到卸载，产生声发射信号。

材料的断裂过程大体上可分为3个阶段：裂纹成核、裂纹扩展、最终断裂。这3个阶段都可以成为强烈的声发射源。在切应力δ_s的作用下，滑动面上的刃型位错沿滑移面前进，如果在某处位错遇到了障碍物，使位错不能继续前进而塞积，那么根据格里菲斯（Griffith）理论，从能量的观点出发，当正交应力δ_c满足下面的关系式时，就产生裂纹。

$$\delta_c = \sqrt{\frac{4\gamma E}{\pi c(1-\upsilon^2)}} \tag{5-2}$$

式中，E为弹性模量；υ为泊桑比；γ为表面能；为c为声速。

如果在裂纹形成过程中，多余能量全部以弹性波释放出来，那么裂纹产生的声发射信号能量比单个位错运动产生的声发射信号能量至少大两个数量级。

在微观裂纹扩展成为宏观裂纹之前，需要经过裂纹慢扩展阶段。相关理论计算表明，裂纹扩展所需要的能量比裂纹形成需要的能量大100～1000倍。裂纹扩展是间断进行的，大多数金属都具有一定的塑性，裂纹进一步扩展，将积蓄的能量释放出来，在裂纹尖端区域卸载。裂纹扩展产生的声发射信号能量很可能比裂纹形成的声发射信号能量远大得多。

除了以上两种常用的声发射源，磁声发射（MAE）[3]、流体泄漏、变压器放电等声发射源在目前也有一定的应用。表5-1列举了不同类型声发射信号的特点与声发射源的对应关系。

表5-1　不同类型声发射信号的特点与声发射源的对应关系

声发射信号	特点	声发射源	常见情况
突发型声发射信号	近似指数衰减信号	裂纹	断铅、切削、金属撞击
连续型声发射信号	幅值较小，信号频率高，时域波形不可分离	微小的形变，或者大量的形变	摩擦、转子高速碰磨
混合型声发射信号	具备突发型和连续型两者的特征	可以是裂纹引起的，也可能是形变引起的	转子速度较高时的碰磨，复合材料受压过程

5.1.2　声发射信号基本概念

声发射（Acoustic Emission，AE）又称为应力波发射，是指材料或物体内部因应力超过屈服强度R而进入不可逆的塑性变形阶段，或者有裂纹形成和扩展、断裂时快速释放出应变能而产生瞬态应力波的现象[4]。晶体和一些复合材料，在出现内部晶格损伤时，都会产生声发射现象。正是基于这一现象的本质，声发射技术可以用于无损检测，尤其是材料或者结构将要出现的损伤或者初期损伤的检测。而产生声发射现象的材料损伤就是声发射源。

（1）声发射信号。声发射源产生声发射现象以后，物质的微观结构受到声发射源释放能量的影响，将在物质内部局部产生微弱位移并向外传递，到达传感器后，经过传感器转换为电信号，这个信号就称为声发射信号。

（2）声发射信号模型。通过大量的实验验证，声发射科技工作者建立了声发射信号的理想波形。理想的突发型声发射信号是一个声发射信号到达最大的幅值以后，逐渐衰减，这样的信号可以用一个衰减的正弦函数来表示，如式（5-3）所示：

$$X(t) = A_0 \exp(-\alpha t) \sin 2\pi f_0 t \tag{5-3}$$

式中，A_0 为初始的幅值，α 为衰减因子，f_0 为传感器的谐振频率。这个模型已经被广泛认可了，图 5-1（a）就是从式（5-3）得到的理想声发射信号波形。图 5-1（b）是实际检测到的断铅声发射信号。从图 5-1 中可以看出，二者的波形外观相似，包络线较一致，是典型的瞬态信号，不具备周期性。

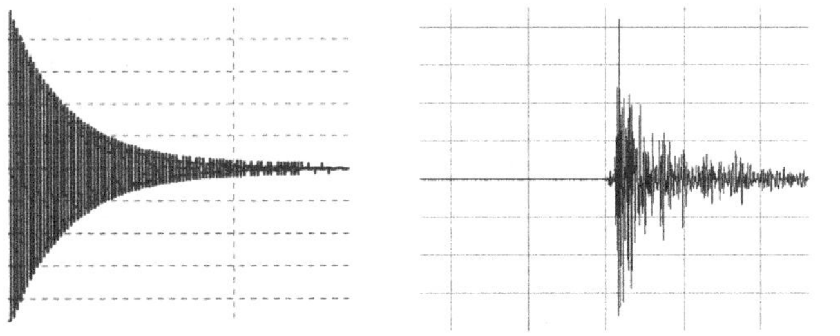

（a）理想声发射信号波形　　（b）实际检测到的断铅声发射信号波形

图 5-1　声发射信号

声发射信号主要分为突发型声发射信号、连续型声发射信号。把声发射信号分为连续型和突发型并不是绝对的，当突发型声发射信号的频率很大时，其形式类似于连续型声发射信号。而实际测得的声发射信号非常复杂，往往表现为混合型声发射信号。混合型声发射信号是在不同的阶段表现出不同的波形特征。

5.1.3　声发射信号特征及表征参数

1. 声发射信号特征

声发射信号频率很宽，从几赫兹到几十兆赫。日本学者大津政康对不同研究领域的声发射信号进行分类，具体如下：地震的声发射现象产生的声发射信号的频率为 0 赫兹到几十赫兹，地震微动引起的声发射信号的频率为几十赫兹到几百赫兹，岩石破裂的声发射信号的频率为几千赫兹。而目前研究的金属材料及一些复合材料裂纹产生的声发射信号的频率从几十千赫到几兆赫。根据国内外的一些声发射技术资料，一般实验室应用的声发射传感器的频率以几十千赫到 1 兆赫的居多，当然传感器要根据具体的研究对象进行选择。而更高频率如几兆赫到几十兆赫的传感器应用不多，主要原因可能是因为高频声发射现象衰减过于迅速和严重，而且这类声发射信号也很微弱，有时候经过传感器的声发射信号只有几微伏到几百微伏。声发射信号持续时间很短，一般只持续几微秒到几十个微秒。由声发射信号的传播特性可知，声发射信号在经过介质的过程中，以及在经过界面和传感器的耦合剂过程中，要经过模态的变化，发生频散、反射回波、出现混频现象。

目前，人们了解的声发射信号是一个持续时间短、来源较广泛的瞬态非周期信号，因此在实际无损检测中，一般要利用信号处理技术对声发射信号进行处理，以便检测出材料的损伤状况。

2. 声发射信号特征参数[5]

声发射信号的经典特征参数经历了几十年实际的检验，今天依旧被广泛地应用于声发射领域。该方法就是通过提取声发射信号的一些特征，用来衡量声发射源的某些状态。以下这些参数在声发射信号特性表征上有重要的作用。

（1）声发射激活。由于应力、压力、热量等原因引起声发射现象。

（2）声发射活动。声发射数量的量度通常包含累计能量、事件数总量、振铃数，或者这些参数的变化量。

（3）幅值。声发射波形信号中的峰值电压，通常以 dB 表示，假设前置放大器输入值是 1μV,那么当前置放大器设置为 40dB 挡时,0dB 挡对应的前置放大器输出值就是 100μV;当前置放大器设置为 100dB 挡时，前置放大器输出的电压值就是 10V。

（4）幅值分布。以幅值函数为坐标轴，将不同的特定幅值的声发射信号的幅值罗列出来。

（5）衰减。幅值随着测试构件距离的增加而减少。

（6）计数。声发射信号超过测试门槛的次数，也称为振铃计数或者过门槛计数。

（7）dB。衡量声发射信号幅值 A 的基本单位，由下式定义：

$$A(\mathrm{dB})=20\log V_{\mathrm{p}} \tag{5-4}$$

式中，V_{p} 为与前方输入有关的以 μV 为单位的电压值。

（8）探测。识别出信号（通常是探测出超过测试门槛值的信号）。

（9）事件。材料局部变化引起声发射的现象。

（10）事件能量。一次声发射事件所释放的总弹性能。

（11）强度。检测到声发射信号大小的量度，如平均幅值、平均能量或平均计数。

（12）上升时间。声发射信号穿过测试门槛到达峰值所需要的时间。

（13）信号特征。声发射信号特性的量度，如幅值、能量、持续时间等。

（14）预触发。在触发点之前记录的时间。

（15）频率质心。即能谱图的质心。

（16）峰值频率。最大能谱点的频率。

（17）局部能量。与撞击相关的波形能谱。它是一个百分数，先将一个指定频率范围内的能量谱求和，然后把它除以另一个频率范围内的总能量，最后计算得到的结果乘以 100。

（18）有效电压值。也就是 RMS 值，即采样时间内信号的均方根值，由下式定义：

$$\mathrm{RMS}=\sqrt{\frac{1}{T}\int_0^T x^2(t)\mathrm{d}t} \tag{5-5}$$

式中，$x(t)$ 为信号，T 为信号持续时间。

图 5-2 所示为常见声发射信号参数示意图。

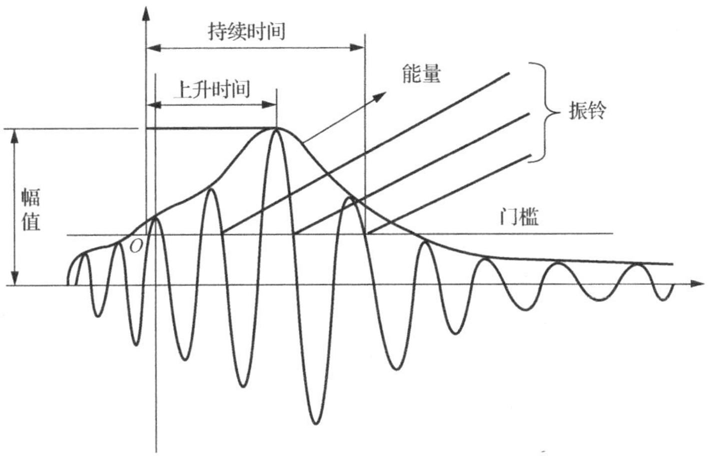

图 5-2　常见声发射信号参数示意图

除了以上介绍的声发射信号参数，还有撞击时间、能量、混频、平均幅值等参数。

5.2　智能声发射传感器概述

5.2.1　智能声发射传感器分类

人们根据不同的检测目的和环境制造了不同性能和不同结构的声发射传感器，主要分为光学型、电容型和压电型三大类，其中压电型使用最普遍。下面介绍几种常用的声发射传感器。

（1）高灵敏度谐振式传感器（也称为窄带传感器）。高灵敏度谐振式传感器是声发射检测中使用最普遍的一种，这种传感器具有很高的灵敏度，可探测的最小位移可达到 10^{-14}m，但它们的响应频率范围很窄，而且其共振频率一般都为 50～1000kHz。

（2）宽频带传感器。该类传感器的幅频特性与其压电元件的厚度有关，宽频带传感器一般是由不同厚度的压电元件组成，这种传感器的操作频率一般为几十千赫到几兆赫，适合探测声发射源频率很丰富的材料，但其缺点是灵敏度比谐振式的要低。但其频响曲线非常平坦，很适合作为波形分析。典型产品有日本富士生产的 AE1045S 宽带传感器。

（3）电容式传感器。这是一种直流偏置的静电式传感器，用它可以测量试件表面的垂直位移，因此它也是一种位移传感器。由于它在很宽的频率范围内具有平坦的响应特性，因此可用于声发射信号的频谱分析和传感器标定，缺点是灵敏度不够高。

（4）光学声发射传感器。它是根据 Michelson 干涉仪原理，以相干长度较大的激光干涉来测量弹性波引起的试件表面的垂直位移。它不与试件直接接触，因此具有很宽的通频带。但由于受波长限制，本底噪声不易消除，故其探测灵敏度不高。

（5）内置前放式传感器。这种传感器将声发射信号的前置放大器与压电元件一起置入探头的不锈钢外壳中，因此具有很好的抗电磁干扰能力，而且传感器的灵敏度不受影响，非常适合现场检测使用。

（6）差动式传感器。由两个正负极差接的压电元件组成，输出相应变化的差动信号。其抗共模干扰能力强，适用于噪声来源复杂的现场。

（7）切变波传感器。目前声发射检测普遍使用的基本上都是纵波传感器，它们只能接收厚度方向的振动分量。而切变波传感器是专门用来探测材料表面水平方向的切变振动分量的传感器，具有一定的方向性。

（8）二分量传感器。在材料表面的一点能同时获得一个纵向振动分量和一个切变振动分量，或是两个相互垂直的切变振动分量的传感器。

（9）微型传感器。微型传感器具有小巧的外形结构，适合探测小型试件的声发射。但由于压电元件小，故灵敏度较低。

（10）其他声发射传感器。例如，锥形传感器、高温传感器、磁吸附传感器、单向传感器及空气耦合传感器。

5.2.2 智能声发射传感器原理

声发射传感器将声发源在被探测物体表面产生的机械振动转换为电信号，它的输出电压 $V(t,x)$是表面位移波 $U(x,t)$和它的响应函数 $T(t)$的卷积。理想的传感器应该能同时测量样品表面位移（或速度）的纵向分量和横向分量，在整个频谱范围内（0～100MHz 或更大）能将机械振动线性地转变为电信号，并具有足够的灵敏度以探测很小的位移（通常要求$\leqslant 10^{-14}$ m）。

目前，人们还无法制造上述这种理想的传感器，现在应用的传感器大部分由压电元件组成，压电晶体受力产生变形时，其表面出现电荷，在电场的作用下，晶片发生弹性变形，这种现象称为压电效应。声发射传感器基于晶体的压电效应，将声发射波引起的被检测物体表面振动转换为电压信号。压电元件通常采用锆钛酸铅（PZT-5）、钛酸铅、钛酸钡等多晶体和铌酸锂、碘酸锂等单晶体制作而成，其中，锆钛酸铅接收灵敏度高，是声发射传感器常用的压电材料，铌酸锂晶体居里点高达 1200℃，常用作高温传感器。

图 5-3 所示为各种型号声发射传感器。

传感器的特性包括频响宽度、谐振频率和幅度灵敏度，这些特性受以下因素的影响。

① 晶片的形状、尺寸及其弹性和压电常数。

图 5-3　各种型号声发射传感器

② 晶片的阻尼块及壳体中安装方式。

③ 传感器的耦合、安装及试件的声学特性。

压电晶片的谐振频率 f 与其厚度 t 的乘积为常数，约等于 0.5 倍声速(c)，即 $f \cdot c = 0.5c$，可见，晶片的谐振频率与其厚度成反比。因此，谐振频率越低的声发射传感器体积越大。

5.2.3　智能声发射传感器结构

声发射传感器结构分为单端谐振式、差动式、内置前放式和宽带式，如图 5-4 所示。

单端谐振式声发射传感器一般由壳体、耦合面、压电元件、连接导线及高频插座组成。将压电元件的负电极所在面用导电胶黏在底座上，在另一面焊接一根很细的引线并把它与高频插座的芯线连接，外壳接地。压电元件多采用锆钛酸铅陶瓷晶片，起着声电转换作用。压电晶片的上下两个表面镀上 5～19μm 厚的银膜，起到电极作用，保护膜在晶片、传感器与被检体之间起电绝缘作用，金属外壳对电磁干扰起着屏蔽作用。单端谐振式声发射传感器结构如图 5-4（a）所示。

在差动式声发射传感器中，正负极差接成两个晶片，可输出差动信号，后接差动放大器，起着抑制共模噪声的作用，其结构如图 5-4（b）所示。

内置前放式声发射传感器在单端谐振式传感器的基础上，内部加了一个预放大器，通过外部的前置放大器和内部的预放大器组合，可以实现高灵敏度和低噪声，其结构如图 5-4（c）所示。

宽带式声发射传感器除了具有单端谐振式传感器的部分结构，还加入了阻尼材料用于抑制部分谐振，其结构如图 5-4（d）所示。

声发射传感器通常利用耦合剂涂抹传感器底部，再通过磁座方式进行安装固定。耦合剂可以填充接触面之间的微小空隙，使传感器与检测面之间的声阻抗差减小，从而减少能量在此界面的反射损失。此外，还可以起到润滑作用，减少接触面间的摩擦。

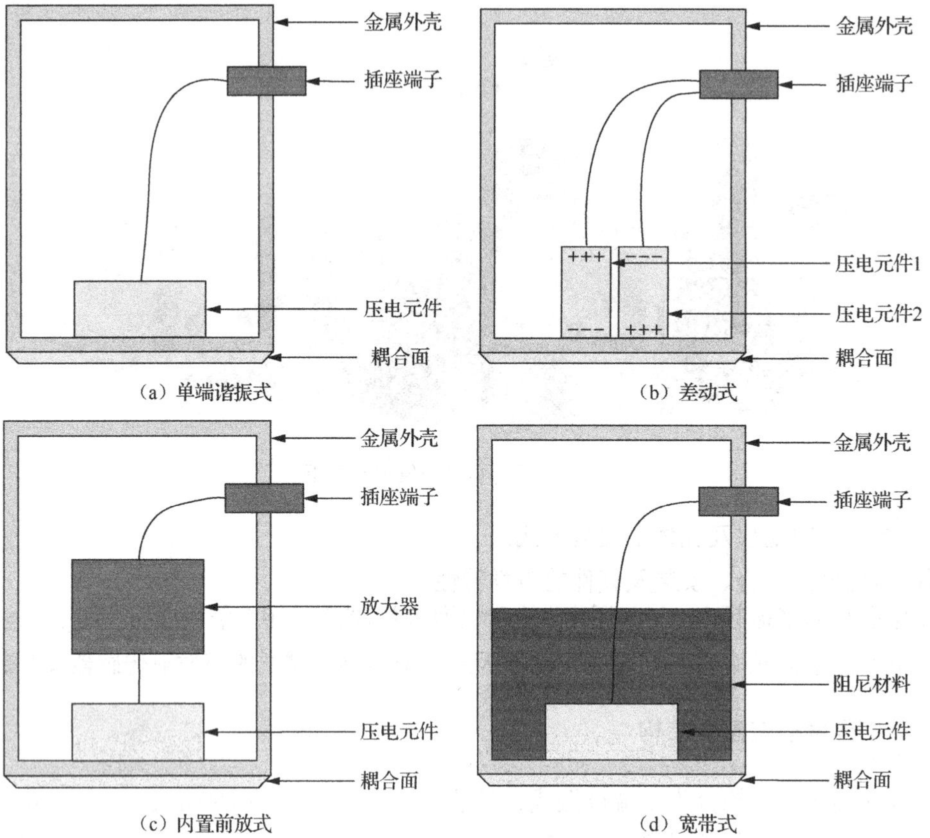

图 5-4　声发射传感器结构分类

5.3　智能声发射传感器检测技术

5.3.1　声发射技术原理

声发射技术是指利用仪器接收、记录、分析声发射信号，并利用得到的信号特征判断声发射源信息的整个过程。材料或物体接收到外部环境的激励后产生弹性应力波，通过内部介质传播到表面，引起可以用声发射探头检测到的物体表面细微机械结构振动。布置在物体表面的声发射探头根据压电效应原理，将物体的机械振动转换为电信号。声发射现象在物体表面引起的位移非常微弱，只有 10^{-7}～10^{-14}m，为了能让声发射传感器更好地与物体表面接触，要在传感器与物体表面之间涂抹耦合剂，较好的耦合剂是有机硅复合材料（Silicone Compound），价格较贵，也可以使用凡士林，但是效果会差一些。由于声发射产生的弹性波在传播过程中会有一定的衰减，需要借助放大器放大之后才能输入采集系统，再由信号采集系统进行处理和存储，最终由声发射检测软件给出物体缺陷评价。声发射技术原理示意图如图 5-5 所示。

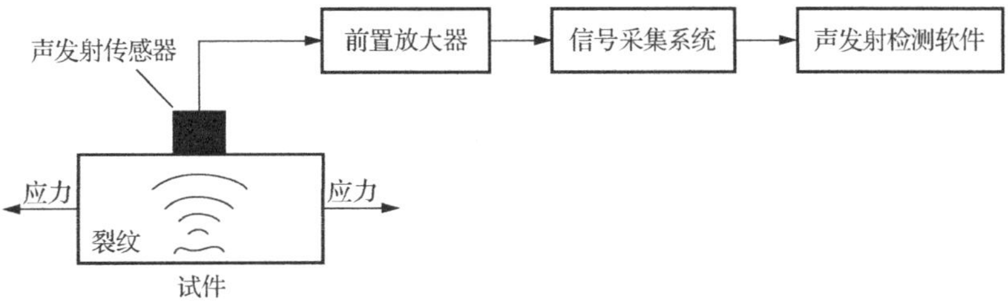

图 5-5　声发射技术原理示意图

5.3.2　声发射信号处理方法

1. 参数分析法

参数分析法因其对声发射信号处理方法简单，处理结果有效，故被广泛地应用在各种现代声发射设备上[6]。参数分析法主要包括计数分析法、分布图分析法、列表分析法、能量分析法和其他参数分析法。

1）计数分析法

所谓计数分析法的本质是特殊情况下的幅值分布分析法，只是将幅值固定到特定的阈值而已。通过计数分析法可以了解材料内部声发射信号的数量，通过适当的变换，也可以知道单位时间内的声发射信号数量，从而了解材料内部损伤的情况。计数分析法通常更适合用于突发型声发射信号的监测，对连续型声发射信号应用计数法，声发射数据巨大，可能出现数据溢出，造成声发射软件不能正常工作。对于一个特定的声发射事件，由传感器检测到的声发射计数为

$$N=\frac{f_0}{\beta}\ln\frac{V_p}{V_t} \tag{5-6}$$

式中，f_0为传感器响应中心频率；β为波形的衰减系数；V_p为声发射信号的峰值电压；V_t为阈值电压。

实际应用中，计数分析法的阈值设置需要根据实际检测对象所处的条件并结合经验，这一点要求设备操作人员具有一定的专业知识。

2）分布图分析法

分布图分析法就是将声发射信号的幅值、频率、持续时间等参数制成统计直方图，用来醒目地显示声发射信号参数的各种信息；通过对这些参数的直观对比，从而判断出声发射源的有关信息，进而判断出声源的类型及声源的损伤程度等。

3）列表分析法

列表分析法就是将声发射信号的各种参数以表格的形式给出，列表分析法与分布图分析法在本质上是一致的，只是列表分析法能更容易地将更多的声发射参数汇总到一起，有利于对声发射设备不同通道检测到的信号进行对比，同时综合分析不同类型参数，从而能够更好地识别出声发射源信息。

4）能量分析法

在使用声发射信号的能量分析法时，能量通常是指 RMS 值或者声发射信号波形的面积。能量分析法被认为经典的参数分析法中最有用的一种方法，它可以有效地分析复杂背景噪声条件下的连续声发射信号。通过对比能量的不同，从而分析不同时间段声发射信号的区别，而不一定需要将声发射信号进行降噪处理，可以较好地去除白噪声的干扰。能量分析法已经得到了广泛的应用。

5）其他参数分析法

声发射科技工作者在实际测量中定义出许多新的测量参数，这些参数还在不断地丰富着传统的声发射参数分析法。

2. 波形分析法

现在的声发射仪器趋向于数字化、智能化，这类仪器所采集的声发射信号主要是以波形分析法为主对信号进行处理，因为波形分析法并不会丢失某个局部故障信息，这一点有别于参数分析法。对于线性非平稳声发射波形信号，常用的信号处理技术包括短时傅里叶变换（STFT）、小波变换（WT）；对于非线性非平稳声发射波形信号，信号处理技术包括希尔伯特-黄变换（HHT）和聚合经验模态分解（EEMD）。

（1）短时傅里叶变换从傅里叶变换演变而来，由于傅里叶变换无法表征某个频率分量具体出现的时间，也就是说信号的时间信息和频率信息在某一固定点上不能同时获取，因此傅里叶变换不适用于处理非平稳声发射波形信号。为了能够分析非平稳声发射在超低速轴承故障诊断中的随机信号，短时傅里叶变换应运而生。它通过把窗函数与待测信号做内积，从而确定冲击脉冲频谱的具体产生时刻。但是当短时傅里叶的窗函数确定后，时频分辨率就确定了，这使得非平稳非线性的实测声发射信号的处理效果不佳。短时傅里叶变换对分析信号的频率段所采用的固定窗限制了它在突发型非平稳声发射信号领域中的应用。

（2）小波变换的窗口形状能够随频率的升高而变窄，随频率的降低而增宽，满足了在高频时拥有较高的时间分辨率、在低频时拥有较高的频率分辨率的条件，因此对于非平稳的声发射信号，波形分析法得到广泛的应用。小波变换是应用小波基函数在不同时域和频域内的伸缩与平移，实现对信号进行多尺度细化分析。不同的小波基用于分析同一信号会获得不同的结果，因此针对故障轴承声发射信号，需要选取最合适的小波基从而得到优良的分析效果。

通常小波基的选取需要考虑以下 4 个性质[7-9]：

① 紧支性。小波基具有紧支性，能够对信号的时域和频域局部特性进行良好的分析，紧支宽度越窄，对信号时域局部特性分析能力越强。

② 正交性。正交性主要指小波变换后小波系数的相关性。通常正交小波变换后的系数不相关，对信号滤波效果好。

③ 对称性。在信号的小波变换分析过程中，满足对称性的小波可以有效地避免信号产生相位畸变。

④ 消失矩。主要指经过小波变换后产生的小波系数尽可能为零或产生尽可能少的非零小波系数，有利于信号的消噪。小波基消失矩的阶次选取很重要，阶次太低，从信号中无法提取到奇异特征；阶次太高，会极大增加信号处理时的计算量。

根据小波基的选取标准及表 5-2 所列常用小波基函数的主要性质，针对低速轴承的声发射信号，需满足可以进行离散小波变换及时域具有紧支性的要求，符合的有 Haar 小波系列、Sym 小波系列、Db 小波系列和 Coif 小波系列。Haar 小波系列不具备近似指数衰减的特性，因而对信号频域局部分析能力较差，不适用于分析具有近似指数衰减特性的低速轴承的声发射信号。基于以上分析，对低速轴承的声发射信号可选用的小波有 Db 小波系列、Sym 小波系列和 Coif 小波系列。

表 5-2　常用小波基函数的主要性质

小波基函数	紧支性	正交性	对称性	连续小波变换	离散小波变换	消失矩
Haar	有	有	有	可以	可以	1
Daubechies(Db)	有	有	近似	可以	可以	N
Coiflets(Coif)	有	有	近似	可以	可以	$2N$
Symlets(Sym)	有	有	近似	可以	可以	N
Morlet	—	—	对称	可以	—	—
Mexican hat	—	—	对称	可以	—	—
Meyer	—	有	对称	可以	可以	—

（3）希尔伯特-黄变换是 1998 年由美籍华人黄锷提出的一种用于处理非平稳声发射信号的方法[10]，该方法包括经验模态分解（EMD）和希尔伯特（Hilbert）变换两部分。

经验模态分解具有出色的自适应性，特别适用于处理非线性非平稳的声发射信号，并且它不受海森堡（Heisenberg）不确定性原理的限制，可以同时在时域和频域都达到很高的精度。再对分解得到的每一个 IMF 分量进行希尔伯特变换得到时频分布图，从时频谱中提取信号的特征。

5.3.3　声发射无损检测技术的优势及应用

传统的无损故障检测方法有振动法、温度法及油液分析法等，而声发射无损检测技术具有诸多特点使其优于这 3 种检测方法。声发射无损检测技术主要有以下的优势特点：

（1）声发射无损检测几乎不受被测物体的形状影响，可以方便地对不同形状的被测物体直接进行检测。

（2）采用声发射信号对滚动轴承进行故障诊断时，故障信号的频率一般均在 20k Hz 以上[11]，具有较宽的频谱范围，对被测物体的机械结构振动和环境噪声不敏感。因此，相比其他检测方法声发射无损检测技术可最大限度地抑制干扰和噪声，具有较高的可靠性与准确性。

（3）声发射无损检测技术对外部环境的要求较低，对于低温、辐射、易燃等极度恶劣条件均可适用，并在检测过程中对声发射传感器与被测物体的距离大小要求不高。

（4）声发射无损检测技术可以追踪到轴承裂纹的萌生及扩展的全过程，对轴承缺陷的动态扩展极为敏感，能够检测到轴承缺陷的微量级增长，能及时地对轴承损伤进行预警及监控。

（5）声发射信号中可包含载荷、转速等工况变化的实时或连续信息，因此声发射无损检测技术可在多工况下完成对滚动轴承的实时监测及早期预警。

（6）声发射无损检测技术具有较高的检测效率，应用范围广，并且可完成故障源的定位及缺陷损伤程度评估。

虽然声发射无损检测技术具有很多优点，但是也有一定的局限性。局限性主要表现在以下方面：声发射信号具有不可逆性，无法通过重复实验采集到相同的声发射信号，声发射检测技术人员需要掌握大量的无损检测理论及检测技术手段，同时具备现场检测经验和熟练的声发射软件使用能力。

目前，声发射无损检测技术已比较成熟而有效，被不断深入应用于下列行业中[12]：

（1）运输行业。用于判定长卡拖车、槽车铁路线路和船舶车辆的实时状态和故障检测，检测桥梁和隧道结构的完整性，探测运输工具结构材料裂纹，监测卡车/火车滚柱轴承和轴颈轴承的状态，探测火车车轮和轴承断裂的因果联系。

（2）航天事业。用于评价航空飞机外壳、主体、重要构件的状态和结构完整性，检测航空飞机疲劳试验、时效试验和连续在线监测运行过程等。

（3）电力部门。用于检测阀门和管道泄漏情况，检测汽轮机叶片的完整性，检测汽轮机轴承实时运行情况，检测变压器局部放电损伤情况。

（4）石化行业。用于检测各种压力管道、压力容器和海洋石油钻井平台工作状态，并评估其结构完整性，检测常态下各种阀门、埋地管道和压力储罐底部的泄漏等。

（5）民用领域。用于检测隧道、桥梁、大坝、楼房和塔吊监视材料结构性裂纹形成与裂纹扩展的连续性等。

（6）材料实验。用于测试材料的特性、断裂实验、疲劳实验，监测材料腐蚀状况和摩擦损伤，测试磁性材料的磁声发射特性等。

（7）其他。用于探测硬件间干扰，检测带压瓶的完整性，监测庄稼和树木在干旱情况下的应力变化，监测材料的磨损/摩擦，探测岩石、地质，以及地震上的预报应用，监测发动机稳定性、旋转轴的机械状态，探测钢轧辊的裂纹性能，监测铸造成型过程，监测人骨头的摩擦、受力和破坏特性试验。

5.4 智能声发射传感器在滚动轴承故障检测中的应用

5.4.1 故障滚动轴承的声发射信号

金属材料在力的作用下会在内局部区域产生应力集中，使得金属材料内应力重新分配，从而使内部达到新的平衡状态。滚动轴承在运转过程中多种载荷作用会使其表面出现多种故障类型，如磨损、裂纹、胶合、压痕等。在这个过程就会有声发射弹性应力波产生。在损伤产生的早期阶段，滚动轴承内部的晶格会发生弹性扭曲，由原来稳定的低能态晶格变成不稳定的高能态晶格。当这些晶格的弹性应力超过最大应力后，晶格将会滑向最近的下一个低能态，从而达到轴承内部新的平衡状态[13]。在从高能态跳跃到低能态过程中晶体将释放能量，其中多余的能量将以弹性应力波的形式释放出来。由于轴承表面会受到周期性循环应力的作用，故轴承内外圈出现疲劳点蚀，长时间运转后在滚道上出现越来越多的麻点、剥落片等[14]。在这个故障萌生和扩展的过程中，将产生相应的声发射信号。

声发射信号一般根据波形特征人为地分为突发型信号和连续型信号两种。滚动轴承在出现运行不良的情况下，这两种类型的声发射信号都有可能产生。当故障源较复杂时，所采集的声发射信号往往是这两种类型的混合形式。在滚动轴承运转过程中，各组件间发生相互碰撞、摩擦所产生的应力，以及失效过载引起的诸如表面裂纹、点蚀、磨损、压痕、胶合、切槽、表面硬边等故障，一般都会产生突发型的声发射信号。连续型声发射信号主要来源于滚动轴承的润滑不良，例如，滚动轴承内部润滑油膜的失效、润滑脂中污染物的浸入等，这些会导致滚动轴承表面产生氧化磨损，从而造成滚动轴承全局性失效。

对滚动轴承进行声发射检测以及对故障滚动轴承声发射信号进行分析处理，最主要目的是获取声发射源的信息，进而获取滚动轴承内部故障源的信息，包括故障源的位置、损伤程度和剩余寿命等。目前，对滚动轴承声发射信号的分析处理是解决这些问题的唯一途径。

声发射信号在滚动轴承表面之间的传播是以瑞利波的形式进行的。瑞利波既包含纵波又包含横波，通常瑞利波是以两者结合的方式产生的。而金属表面的缺陷如裂纹和划痕都会造成瑞利波衰减，甚至金属表面粗糙度都会影响到波的衰减。对滚动轴承声发射信号而言，信号在到达传感器之前要受到接触面之间的反射、折射和散射，以及滚动轴承各零部件的共振放大和滤波等作用，这些过程都会造成信号的衰减。大量的学者对滚动轴承声发射信号的衰减进行了研究，Catlin[15]等人认为，超声频段的声发射信号衰减迅速，这一特点可以将滚动轴承故障与其他机械干扰源区分开来，这些干扰源包括不对中、不平衡以及轴弯曲等。Morhain[16]的研究表明声发射信号在不同介质中衰减很快，在同一介质中衰减相对较小。因此，为了尽可能地降低信号的衰减，通常将传感器布置在故障源附近，并在传感器和固定板的贴合处涂抹适量的耦合剂。

5.4.2　故障特征提取

在滚动轴承故障诊断的过程中，从原始振动信号中提取出故障特征是非常关键的步骤。滚动轴承声发射信号具有较多的尖峰，很难在时域中分辨并提取出故障特征。若直接将信号变换到频域上，则会使频率分布十分广泛，无法提取出明显的故障特征。传统的基于固定基函数的故障特征提取方法难以适应实际应用中的各类复杂信号，存在一定的困难。因此，需要采用自适应信号处理方法，对从滚动轴承中采集的声发射信号进行故障特征提取。

1. 变分模态分解

1）模态分解原理

最早，模态被定义为一种信号，后来随着相关科技的发展，模态定义就发生了稍许改变：固有模态函数，被定义如下：

基本的模态是一种幅频调制信号[17]，用公式表示为

$$u_k(t)=A_k(t)\cos[\Phi_k(t)] \tag{5-7}$$

在上式中，相位$\Phi_k(t)\geqslant 0$，载波信号$A_k(t)\geqslant 0$，并且相位比瞬时频率$\omega_k(t)=\Phi_k'(t)$和载波信号$A_k(t)\geqslant 0$都大很多的。

意思是假设时间间隔$\left[t-\delta,\ t+\delta\right]$，$\delta\approx 2\pi/\Phi_k'(t)$有很长，就可以利用谐波信号当成分量$u_k(t)$，它们则是由瞬时频率$\Phi_k'(t)$和载波信号$A_k(t)$组成。新定义的模态相对于旧定义更清晰，而且这种新的定义方式也完美地符合经验模态中信号的特性。一般这种模态，都会受到带宽的干扰，这种干扰是在处理时域中心频率的分离时引起的。在一般情况下，在其中心位置，载波频率为f_c，信号中的瞬时频率及实际带宽的最大偏移量为Δf，并且把ω_k作为模态的平均频率，依据卡森（Carson）定理，可得到偏移速度$f_{调频}$，即

$$BW_{调频}=2(\Delta f+f_{调频}) \tag{5-8}$$

此外，调频信号及载波信号$A_k(t)$在经过调制之后产生了更高的频率$f_{调频}$，从而拓宽了频谱。

2）变分模态分解（VMD）算法原理

变分模态分解算法不同于经验模态分解（EMD）等信号分析手段，不依赖于经验或构造方法，而是基于变分问题求解的数学方法，其理论明确。其在本质上也与类经验模态分解算法有区别，因为它采用了非递归分解的计算方法，有效避免了类经验模态分解算法存在的包络线累计误差和端点问题。

变分模态分解算法可以视为一组自适应的维纳滤波器组，通过改变传统信号分析处理思路，巧妙地把问题的求解转化为完全非递归的多分量信号分解，在一定约束条件下进行最优化搜索，能够从待分析信号中提取出一系列具有稀疏性的模态分量，从而完成信号的分解。

变分模态分解算法的实质是直接构造出最终需要获取的固有模态函数参数模型。具体过程如下：首先假设待分析信号f中包含的固有模态函数个数为K，并且每个固有模态函数带宽都是有限的，符合实际需求。然后，对每个固有模态函数进行带宽估计，把K个固有模态函数的估计带宽之和的最小值作为目标函数加入求解条件。

因此，只要对每个模态的中心频率和带宽参数进行迭代更新计算，就能得到最优估计情况下的模态函数$u_k\left(t\right)$，并把它作为原始信号中的固有模态函数。将上述变分模态分解算法求解问题思路，写成数学表达式，即

$$\min_{\{u_k\},\{\omega_k\}}\left\{\sum_k\left\|\partial_t\left[\left(\sigma\left(t\right)+\frac{\mathrm{j}}{\pi t}\right)*u_k\left(t\right)\right]\mathrm{e}^{-\mathrm{j}\omega_k t}\right\|_2^2\right\}$$

$$\text{s.t.}\sum_k u_k(t)=f \tag{5-9}$$

式中，$\{u_k\}$ 为 K 个模态分量，$\{\omega_k\}$ 为 K 个频率中心。

针对该带有约束的变分问题求解，常见的思路就是通过合理的参数构造与条件转换，把带有约束的最优求解问题等价于一个新构造出来的不带约束的问题。因此，这里引入拉格朗日乘子 $\lambda(t)$ 和二次惩罚因子（Penalty Term）α，从而将带有约束的变分问题成功转换为非约束变分问题。构造并经转换得到的增广拉格朗日函数如下：

$$L(\{u_k\},\{\omega_k\},\lambda)=\alpha\sum_k\left\|\partial_t\left[\left(\sigma(t)+\frac{\mathrm{j}}{\pi t}\right)*u_k(t)\right]\mathrm{e}^{-\mathrm{j}\omega_k t}\right\|_2^2+$$
$$\left\|f(t)-\sum_k u_k(t)\right\|_2^2+\left[\lambda(t),f(t)-\sum_k u_k(t)\right] \tag{5-10}$$

针对上式已转换的非约束变分问题，可以用交替方向乘子法（Alternate Direction Method of Multipliers，ADMM）来进行求解。通过对 u_k、ω_k 及 λ 参数进行不断的更新，逐步逼近最优解，从而最终完成带有约束的变分问题求解。

使用变分模态分解进行信号模态分解的过程如下：

（1）对 $\{u_k^1\}$、$\{\omega_k^1\}$、λ^1 及 n 进行初始化。

（2）通过式（5-11）和式（5-12）对 u_k 与 ω_k 进行迭代更新计算。

$$\hat{u}_k^{n+1}=\frac{\hat{f}(\omega)-\sum_{i\neq k}\hat{u}_i(\omega)+\frac{\hat{\lambda}(\omega)}{2}}{1+2\alpha(\omega-\omega_k)^2} \tag{5-11}$$

$$\omega_k^{n+1}=\frac{\int_0^\infty\omega\left|\hat{u}_k(\omega)\right|^2\mathrm{d}\omega}{\int_0^\infty\left|\hat{u}_k(\omega)\right|^2\mathrm{d}\omega} \tag{5-12}$$

（3）针对所有的 $\omega>0$，根据如下公式更新 λ 值。

$$\hat{\lambda}^{n+1}(\omega)=\hat{\lambda}^n(\omega)+\tau\left(\hat{f}(\omega)-\sum_k\hat{u}_k^{n+1}(\omega)\right) \tag{5-13}$$

（4）重复步骤（2）与步骤（3），直到满足如下公式条件为止。

$$\sum\nolimits_k\left\|\hat{u}_k^{n+1}-\hat{u}_k^n\right\|_2^2/\left\|\hat{u}_k^n\right\|_2^2<\varepsilon \tag{5-14}$$

至此完成对变分问题的分解，从而能够从原始信号中提取最合理的固有模态函数估计值。

3）变分模态分解算法参数 K（分解个数）值的选取及优化

在变分模态分解算法中，对于分解个数 K 值以及二次惩罚因子 α 值，都需要预先设定。选取 α 值默认值为 2000，然后介绍分解个数 K 值的确定方法。构造一个仿真信号 $f=x_1+x_2+x_3+x_4$，其中，

$$x_1=\cos(2\pi*20t) \tag{5-15}$$

$$x_2 = \frac{1}{4} * [\cos(2\pi * 60t)] \tag{5-16}$$

$$x_3 = \frac{1}{16}[\cos(2\pi * 100t)] \tag{5-17}$$

$$x_4 = \frac{1}{3}[\cos(2\pi * 50t)] \tag{5-18}$$

选取 K 值为 2～5 时频谱图进行观察分析。当 K 值为 2 或 3 时，变分模态分解信号中的一些重要的特征信息并没有被完整地提取出来；当 K 值为 5 时，在 297.9Hz 处频率混叠现象的出现，说明离中心频率较近。一般情况下，如果在信号分解时出现频率混叠现象，就会导致特征信息不明显，不容易识别故障。只有当 K 值为 4 时，才可以清楚地看到每一个特征信息，并且没有出现频率混叠现象。根据以上分析，对一般的故障信号进行分解时，若分解个数较少，则会导致原始信号中的一些重要成分丢失。若分解个数过多，则会导致频率混叠现象的发生。因此，对于 K 值的选取，需要注意以下两点：

（1）保持完整的特征信息。

（2）避免频率混叠。

根据上述算法理论及 K 值的选取方法及原则，对信号进行变分模态分解，选择两个较大的峭度分量进行重构，重构信号经奇异值分解降噪之后进行包络谱分析，对变分模态分解算法进行优化，优化变分模态分解算法的流程如图 5-6 所示。

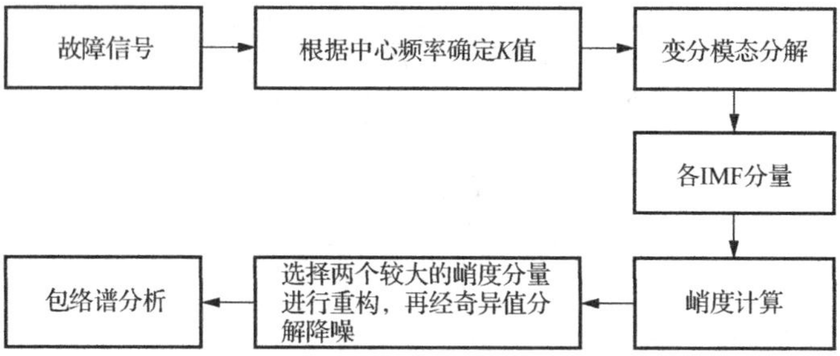

图 5-6　优化变分模态分解算法的流程

2. 特征降维方法

通过上述分析，可以发现基于变分模态分解的故障特征提取方法相较于传统的其他故障特征提取方法，能够更加有效地避免频率混叠情况，准确地从原始数据中提取出清晰的故障特征。但由于初步提取得到的固有模态函数特征矩阵维度高，数据量大，存在无法直接进行故障诊断的问题。

若不采用降维的思路，继续从信号处理和分析的角度出发，那么就需要直接对所得到的固有模态函数进行滚动轴承故障特征频率的提取分析，以此作为故障特征向量。而该方法相对于采用特征降维方法作为故障特征向量，存在明显的鲁棒性差、故障诊断精度差的问题[18]。因此在完成对测试信号的特征提取之后，需要对初步提取得到的高维特征进行降维处理，以此来保证最终故障诊断效果。下面针对变分模态分解得到的初步特征矩阵，展开降维处理方法的研究讨论。

1）基于排列熵的特征降维

由于滚动轴承运行出现故障之后，往往会附加一些非平稳、非线性的冲击量，导致了故障情况下的滚动轴承故障信号将附加到复杂的冲击信号中。基于熵的复杂性衡量算法具有计算方便的特点，适合用于检查滚动轴承状态的变化情况。信息熵作为一种衡量系统复杂性无序程度的一个重要非线性特征，可以对经过特征提取后得到的若干阶固有模态函数进行信息熵计算。最终把从固有模态函数中计算得到的熵值作为原始信号的特征，实现从高维度固有模态函数故障特征降维至低维度的信息熵故障特征。

在众多用于衡量系统的信息熵计算方法之中，主要有近似熵算法、排列熵算法、样本熵算法等，下面以排列熵为代表进行分析讨论。结合排列熵信号处理特点，需要对初步特征提取之后的每个固有模态分量进行排列熵计算，从而降低原始信号特征的维度。基于排列熵的特征降维方法流程图如图 5-7 所示。

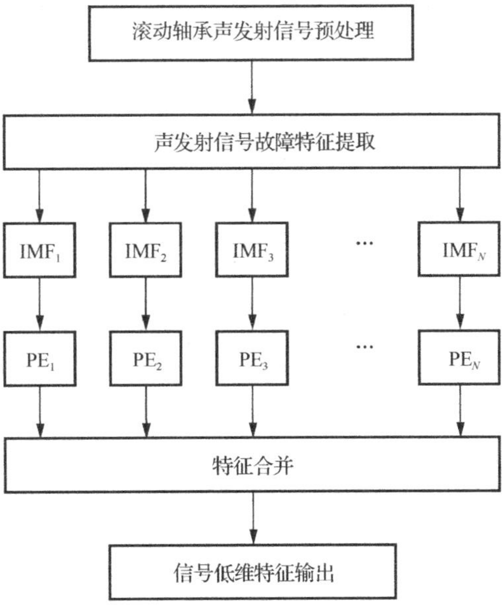

图 5-7　基于排列熵的特征降维方法流程图

排列熵是一种衡量时间序列复杂度的算法，适合对普通分析手段难以处理的非线性、非平稳信号的进行分析。其中涉及的相空间重构方法由 Takens 提出[19]，适用于时间序列模型的分析。

但由于基于排列熵的计算方法中涉及嵌入维度与时延长度等参数，故存在参数选择的难度。此外，由于嵌入维度的原因，需要对信号数据进行重复循环计算，故存在信号计算时间较长、算法效率较低的问题。

2）基于奇异值分解的特征降维

当数据的维数过高时，将带来巨大的计算困难。因此需要剔除高维数据中的无效信息，用少量的有效数据信息来反映原始数据的特征。奇异值分解就是一种有效的高维数据降维方式，具有良好的去相关特性，在大数据分析中有着广泛的应用。通过奇异值分解能够有效地从原始序列之中分离出有用的特征信息，从而保证了能够获得更低维度的特征向量。结合之前通过变分模态分解所得到的固有模态函数，可以将其组合成为一个高维矩阵。然后采用奇异值分解方法，对该特征矩阵进行特征降维，从而得到特征值，该方法的流程图如图 5-8 所示。

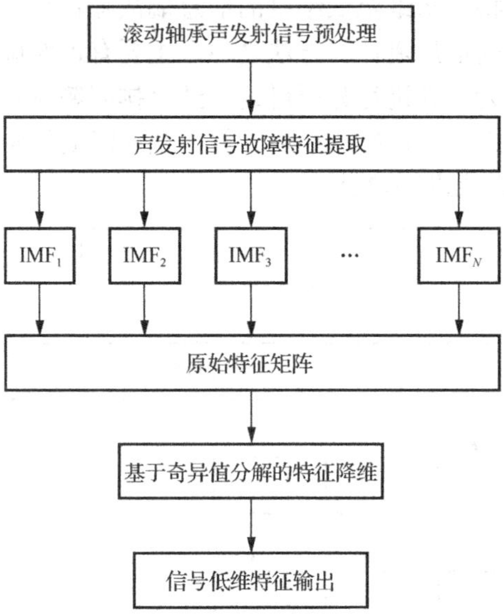

图 5-8　基于奇异值分解的特征降维方法流程图

奇异值分解原理如下：对于任意的 $m\times n$ 阶矩阵 $\boldsymbol{A}$，必然存在正交矩阵 $\boldsymbol{U}=\{u_1,u_2,\cdots,u_m\}\in\mathbf{R}^{m\times m}$ 和 $\boldsymbol{V}=\{v_1,v_2,\cdots,v_n\}\in\mathbf{R}^{n\times n}$。其中，$\{u_l\}_{l=1}^{m}\in\mathbf{R}^m,\{v_l\}_{l=1}^{n}\in\mathbf{R}^n$，使得式（5-19）成立。

$$\boldsymbol{A}_{m\times n}=\boldsymbol{U}_{m\times m}\boldsymbol{\Sigma}_{m\times n}\boldsymbol{V}_{n\times n}^{\mathrm{T}} \tag{5-19}$$

式中，$\boldsymbol{\Sigma}$ 为 $m\times n$ 阶的非负对角阵，具体形式如下：

$$\boldsymbol{\Sigma}=\begin{pmatrix}\boldsymbol{s} & \cdots & 0\\ \vdots & \ddots & \vdots\\ 0 & \cdots & 0\end{pmatrix}\qquad \boldsymbol{s}=\mathrm{diag}(\sigma_1,\sigma_2,\cdots,\sigma_\rho) \tag{5-20}$$

式中，$\rho=\min(m,n)$ 且满足 $\sigma_1\geqslant\sigma_2\geqslant\cdots\geqslant\sigma_\rho\geqslant 0$。矩阵 $\boldsymbol{U}_{m\times m}$ 称为矩阵 $\boldsymbol{A}$ 的左奇异矩阵，$\boldsymbol{V}_{n\times n}^{\mathrm{T}}$ 称为矩阵 $\boldsymbol{A}$ 的右奇异矩阵，$(\sigma_1,\sigma_2,\cdots,\sigma_\rho)$ 称为矩阵 $\boldsymbol{A}$ 的奇异值。

利用奇异值分解方法，可以直接对已提取的由若干阶固有模态函数组成的特征矩阵进行计算，提取出特征矩阵的奇异值，提高了计算效率，并保留了原始特征矩阵中的主要特征信息。基于奇异值分解的特征降维方法大大降低了原始特征矩阵的特征维度，减小了计算量，为后续故障诊断提供了有力支撑。

对比以上两种方法，发现无论从参数选择的角度，还是时间开销的角度，奇异值分解方法比排列熵方法更具有明显的优势。

5.4.3　滚动轴承声发射信号智能故障诊断模型

隐马尔可夫模型（HMM）是一种功能强大的动态识别工具，适用于对动态时间序列问题进行建模，HMM 最早在自然语言处理领域中取得了惊人的成就而引起人们的重视[20]。由于滚动轴承的运行情况无法直接观测得到，是一种隐含的状态值，故需要通过振动信号中所包含的故障特征进行间接观测得到。而实际的振动信号也是不确定的，会随着时间而发生变化，因此考虑采用多个动态变量来对其进行描述，能够更好地符合实际故障诊断的模型。为此，可以将滚动轴承故障诊断问题看作一类动态模式识别问题，适合用 HMM 来进行分析。

据此，本章深入分析 HMM 的基本概念与原理，挖掘 HMM 对动态时间序列的识别能力。通过对机械故障诊断问题和语音识别问题的相似性分析比较，说明 HMM 的可行性与优越性。在介绍 HMM 方法的理论基础、基本问题及算法后，对滚动轴承的状态进行实际数据观测和诊断评估，完成 HMM 的特定优化与结构改进。对基于 HMM 的滚动轴承故障诊断的实现方法与技术进行重点研究，保证及时发现机械设备早期故障，为复杂的旋转机械设备的平稳有效运行提供了支撑。

1. HMM 理论基础

如果某一随机过程的变化状态与该过程的当前状态相关，那么就将此过程称为马尔可夫随机过程。在处理实际问题时，大部分需要研究的对象在时间和状态上都是离散的。对这类的过程描述可以视为对马尔可夫随机过程进行分析，同时特别地将其定义为马尔可夫链。HMM 方法的核心内容就是通过对原始信号进行马尔可夫链的构建，从而完成模型的描述与建立。

1）HMM 概念

根据马尔可夫链的定义可以发现，每个状态都存在一个观测事件与之对应，即所研究的状态是可以被直接观测得到的。然而，在实际应用中，需要研究的对象往往是难以被直接观测到的，只能通过一系列其他的可观测值，对所需要研究的对象进行相应的推测。在这种情况之下，由于这些观测值与随机过程的状态并不是一一对应的关系，故直接使用马尔可夫链是无法对该随机过程进行描述的。针对这种情况，便需要引入 HMM 对随机过程进行描述。HMM 包含两个方面的随机过程，即隐状态之间的转移和每个隐状态下产生的观测值。其中，隐状态是所需要研究的对象内部状态的一种特征，也是研究的目的；而观测值是在对象的某个隐状态之下能直接获得的特征，需要通过观测值来推理计算出隐状态的信息。

可以看出，HMM 是由马尔可夫链构成的，包含隐状态和观测值这两个部分。在具体描述 HMM 时，还需要加入概率转移函数和初始化概率分布。因此 HMM 可以通过 5 个参数来进行定量描述，下面分析各个参数的概念和意义。

（1）状态数目 N。针对具体问题而言，将马尔可夫链的状态数目记为 N，表征研究对象存在的状态数目。若记 N 个状态分别为 $\theta_1,\theta_2,\cdots,\theta_N$，则在任一时刻 t，模型所处的状态为 $q_t\in\{\theta_1,\theta_2,\cdots,\theta_N\}$。

（2）观测值数目 M。观测值数目 M 表示在每个状态下可能对应的观测值的数目。若记 M 个观测值分别为 $v_1,v_2,\cdots,v_M$，则在任一时刻 t，模型的观测值为 $o_t\in\{v_1,v_2,\cdots,v_M\}$。

（3）初始概率分布矢量 $\boldsymbol{\pi}$。初始概率分布矢量 $\boldsymbol{\pi}$ 表示在模型初始化时，模型处于某个隐状态所可能发生的概率。若记 $\boldsymbol{\pi}=(\pi_1,\pi_2,\cdots,\pi_N)$，其中 $\pi_i=P(q_t=\theta_i)$，$1\leqslant i\leqslant n$，q_1 表示初始时刻 t=1 的模型状态。

（4）状态转移概率矩阵 $\boldsymbol{A}$。假设当前的状态为 $q_t=\theta_i$，那么可以将下一个状态 $q_{t+1}=\theta_j$ 的所有概率记为一个矩阵，则该矩阵被称为状态转移概率矩阵 $\boldsymbol{A}$，代表隐状态的变化规则。可以记为 $\boldsymbol{A}=\{a_{ij}\}_{N\times N}$，其中

$$a_{ij}=P(q_{t+1}=\theta_j\mid q_t=\theta_i),1\leqslant i,j\leqslant N \tag{5-21}$$

（5）观测值概率转移矩阵 $\boldsymbol{B}$。观测值概率转移矩阵 $\boldsymbol{B}$ 表示当前状态为 $q_t=\theta_i$ 的情况下，当前观测值为 $o_t=v_k$ 的概率所构成的矩阵，表征了不同观测值之间的相互转化规律。可以记为 $\boldsymbol{B}=\{b_{jk}\}_{N\times M}$，其中

$$b_{jk}=P(o_t=v_k\mid q_t=\theta_j),1\leqslant j\leqslant N,1\leqslant k\leqslant M \tag{5-22}$$

HMM 的定义可以由以上这 5 个参数来描述。因此，通常将 HMM 记为 $\lambda=(N,M,\boldsymbol{\pi},\boldsymbol{A},\boldsymbol{B})$，简记为 $\lambda=(\boldsymbol{\pi},\boldsymbol{A},\boldsymbol{B})$。一部分随机过程由 $\boldsymbol{\pi}$ 和 $\boldsymbol{A}$ 来描述，另一部分随机过程由 $\boldsymbol{B}$ 来描述。

2）HMM 分类

通过上述的分析可以得知 HMM 模型建立所需要的基本元素。但在面对实际问题时，HMM 还有着更多的变化与衍生形式。下面将从不同的角度来分析描述 HMM 模型的类别形式。

（1）马尔可夫链类型。HMM 中一个随机过程在于隐状态之间的随机转换，而该状态转移是由状态转移概率矩阵 $\boldsymbol{A}$ 来决定。状态转移概率矩阵 $\boldsymbol{A}$ 中的各元素大小与位置决定了该随机过程的马尔可夫链形状。其中典型的 HMM 包含各状态经历型 HMM 与左右型 HMM。

各状态经历型 HMM 表示马尔可夫链中的每个元素都可以从任一状态转换至另一个状态，任何一种状态都有发生的可能性。从数学表达式量化的角度来说，状态转移概率矩阵 $\boldsymbol{A}$ 中所有参数都是正数。任一状态转移的概率都不为零，存在任一状态之间相互转移的可能性。若一个 HMM 的状态数目 N 为 3，则其各状态（S_1、S_2 和 S_3）经历型 HMM 的结构如图 5-9 所示，其状态转移矩阵 $\boldsymbol{A}$ 如下式所示。

$$A=\begin{bmatrix} a_{11} & a_{12} & a_{13} \\ a_{21} & a_{22} & a_{23} \\ a_{31} & a_{32} & a_{33} \end{bmatrix} \tag{5-23}$$

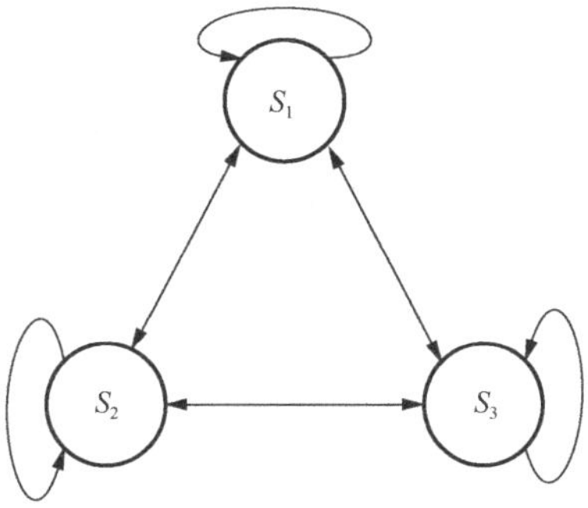

图 5-9 各状态经历型 HMM 的结构

左右型 HMM 表示马尔可夫链的状态转移是有一定规律的，整体结构可形象地表示为从左往右状态转移，有跨越的三状态左右型 HMM 如图 5-10 所示。说明该 HMM 的状态由状态 1 开始，不断向状态 N 进行转移。若从状态转移概率矩阵 $\boldsymbol{A}$ 来看，其形式如式（5-24）所示。从结构图中可以看出，该 HMM 可以从状态 1（S_1）跨越状态 2（S_2）直接转移到状态 3（S_3），通常将这样的左右型 HMM 称为有跨越的左右型 HMM。而如图 5-11 所示的 HMM 结构称为无跨越的三状态左右型 HMM，马尔可夫链只能从状态 1 逐步转移至状态 3，其状态转移概率矩阵 $\boldsymbol{A}$ 如式（5-25）所示。由于左右型 HMM 在转移到最终状态之后不再转移至其他状态，故在三状态的左右型 HMM 的例子中，$a_{33}=1$，即当马尔可夫链转移到状态 3 后保证下一个转移状态还是自身。

$$A=\begin{bmatrix} a_{11} & a_{12} & a_{13} \\ 0 & a_{22} & a_{23} \\ 0 & 0 & 1 \end{bmatrix} \tag{5-24}$$

$$A=\begin{bmatrix} a_{11} & a_{12} & 0 \\ 0 & a_{22} & a_{23} \\ 0 & 0 & 1 \end{bmatrix} \tag{5-25}$$

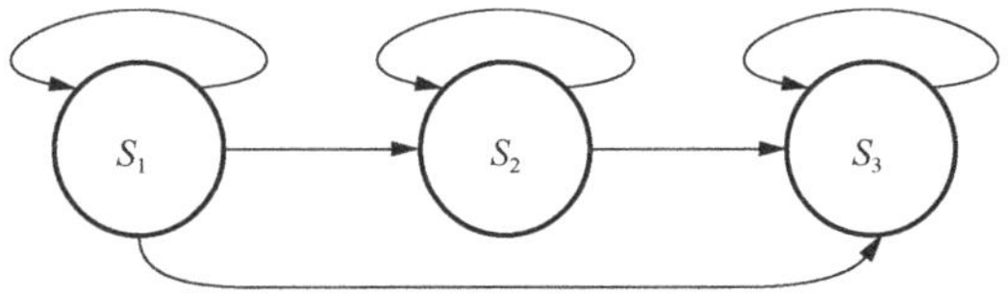

图 5-10 有跨越的三状态的左右型 HMM

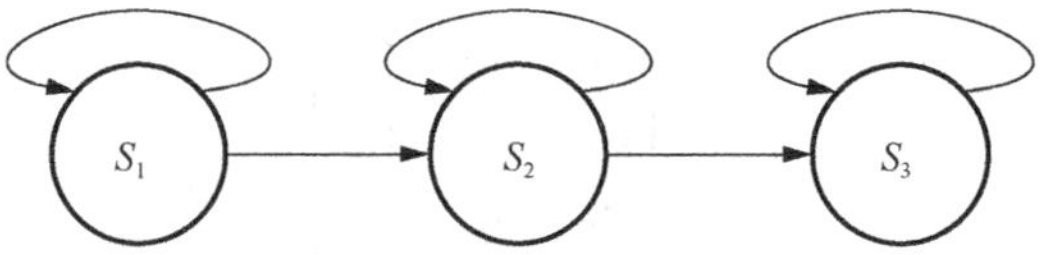

图 5-11　无跨越的三状态左右型 HMM

（2）观测值类型。对 HMM，若从观测值的角度进行分类，可以将 HMM 区分为连续型 HMM 和离散型 HMM。当 HMM 的观测值为离散值时，观测值数量有限，每个离散的观测值都存在观测概率值，把每个离散观测值的概率值组合起来，便得到观测值概率转移矩阵。但在面对实际问题时，能够获取的观测值并不一定是固定的离散值，可能是一系列连续值。那么，此时观测值概率转移矩阵便无法通过有限离散元素的概率值直接描述出来，而通常采用矢量量化等离散化手段把连续观测值转为离散值后，再建立模型。此外，也可以采用概率密度函数来描述该模型下观测值与当前状态的统计关系，以保证观测值的连续性。

2. HMM 基本问题及算法

在实际应用中，并不是所有的 HMM 参数都是完整的，通常需要解决的 3 个问题：评估问题、解码问题及学习问题。

1）评估问题

在模型参数 $\lambda=(\boldsymbol{\pi},\boldsymbol{A},\boldsymbol{B})$ 已知的情况下，如何计算出观测值序列 O 的发生概率，可以采用前向-后向算法。

若从定义出发对固定的状态序列 $Q=\{q_1,q_2,\cdots,q_T\}$ 进行计算，则有

$$P(O|Q,\lambda)=\prod_{t=1}^{T}P(o_t|q_t,\lambda)=b_{q_1}(o_1)b_{q_2}(o_2)\cdots b_{q_T}(o_T) \tag{5-26}$$

其中，

$$b_{q_t}(o_t)=b_{jk}|q_t=\theta_j,o_i=v_k,1\leqslant k\leqslant T \tag{5-27}$$

由于状态序列 $Q=\{q_1,q_2,\cdots,q_T\}$ 是无法获取的，故需要根据全概率公式将其消除。对于给定的模型参数 λ，出现状态序列 $Q=\{q_1,q_2,\cdots,q_T\}$ 的概率为

$$P(Q|\lambda)=\pi_{q_1}a_{q_1q_2}\cdots a_{q_{T-1}q_T} \tag{5-28}$$

可以得到所需要计算的概率：

$$P(O|\lambda)=\sum_{Q}P(O|Q,\lambda)P(Q|\lambda) \tag{5-29}$$

从上述分析过程可以看出，若对一个模型状态数目为 N、长度为 T 的观测值序列 O 从定义出发直接进行计算，则概率 $P(O|\lambda)$ 的计算复杂度为 $O(2TN^T)$。可以看出，这样的指数型计算复杂度问题的计算量过于庞大，无法用于实际问题完成计算。鉴于此，Baum 等人便提出了前向-后向算法来计算给定观测值序列在给定模型下的概率值，对原先复杂的迭代采用递推的方式简化了计算量，使得 HMM 得以实际应用。对待观测数据在不同故障特

征模型下的概率计算，采用前向-后向算法来完成。具体过程如下：

（1）前向算法。引入前向变量的定义：

$$\alpha_t(i) = P(o_1, o_2, \cdots, o_t, q_t = \theta_i \mid \lambda), 1 \leqslant t \leqslant T \tag{5-30}$$

那么，前向变量可以通过递推的方式计算得出，具体步骤如下：

① 对前向变量进行初始化。

$$\alpha_1(i) = \pi_i b_i(o_1) \tag{5-31}$$

② 进行递推计算。

$$\alpha_{t+1}(j) = \sum_{i=1}^{N} \alpha_t(i) a_{ij} b_j(o_{t+1}),\quad 1 \leqslant t \leqslant T-1, 1 \leqslant j \leqslant N \tag{5-32}$$

③ 停止递推计算，得到结果。

$$P(O \mid \lambda) = \sum_{i=1}^{N} \alpha_T(i) \tag{5-33}$$

可以看出，前向算法的核心是第二步骤中的递推，它巧妙地通过数学公式从 t 时刻的状态过渡到 t+1 时刻的状态，大大减小了计算量，计算复杂度降低为 $O(N^2T)$，使之能够应用于解决实际问题。

（2）后向算法。定义后向变量为

$$\beta_t(i) = P(o_{t+1}, o_{t+2}, \cdots, o_T, q_t = \theta_i \mid \lambda),\quad 1 \leqslant t \leqslant T-1 \tag{5-34}$$

同样，可以采用递推的方式进行计算，具体步骤如下：

① 对后向变量进行初始化。

$$\beta_T(i) = 1,\quad 1 \leqslant i \leqslant N \tag{5-35}$$

② 进行递推计算。

$$\beta_t(i) = \sum_{j=1}^{N} a_{ij} b_j(o_{t+1}) \beta_{t+1}(j),\quad t = T-1, T-2, \cdots, 1,\quad 1 \leqslant i \leqslant N \tag{5-36}$$

③ 停止递推计算，得到结果。

$$P(O \mid \lambda) = \sum_{i=1}^{N} \beta_t(i) \tag{5-37}$$

2）解码问题

若模型参数 $\lambda = (\boldsymbol{\pi}, \boldsymbol{A}, \boldsymbol{B})$ 和观测值序列 O_t 已获得，如何推算求出其对应可能性最大的状态序列 Q_t。针对该问题，寻找 HMM 的最优化状态序列可以采用维特比（Viterbi）算法来实现。具体步骤如下。

这里，定义 $\delta_t(i)$ 如下：在给定模型参数 $\lambda = (\boldsymbol{\pi}, \boldsymbol{A}, \boldsymbol{B})$ 下，t 时刻模型的状态序列为 $q_1, q_2, \cdots, q_t$，同时输出的观测值序列为给定的 $o_1, o_2, \cdots, o_t$ 的组合概率最大值，其数学表达式定义如下。

$$\delta_t(i) = \max_{q_1, q_2, \cdots, q_{t-1}} P(q_1, q_2, \cdots, q_t = \theta_i, o_1, o_2, \cdots, o_t \mid \lambda) \tag{5-38}$$

那么，最优化的状态序列 Q^* 的求解也将通过递推方式得到，具体步骤如下。

（1）初始化。

$$\delta_1(i)=\pi_i b_i(o_1),\quad 1\leqslant i\leqslant N \tag{5-39}$$

$$\varphi_t(i)=0,\quad 1\leqslant i\leqslant N \tag{5-40}$$

（2）递推计算。

$$\delta_t(i)=\max_{1\leqslant i\leqslant N}([\delta_{t-1}(i)a_{ij}])b_j(o_t),\quad 2\leqslant t\leqslant T,1\leqslant j\leqslant N \tag{5-41}$$

$$\varphi_t(j)=\arg\max_{1\leqslant i\leqslant N}[\delta_{t-1}(i)a_{ij}],\quad 1\leqslant t\leqslant T,1\leqslant j\leqslant N \tag{5-42}$$

（3）停止递推计算。

$$P^*=\max_{1\leqslant i\leqslant N}[\delta_T(i)] \tag{5-43}$$

$$q_t^*=\arg\max_{1\leqslant i\leqslant N}[\delta_T(i)] \tag{5-44}$$

（4）回溯计算。

$$q_t^*=\varphi_{t+1}(q_{t+1}^*),\quad t=T-1,T-2,\cdots,1 \tag{5-45}$$

通过对状态的不断回溯计算，最终可以找到最优化状态序列$Q^*=\{q_1^*,q_2^*,\cdots,q_T^*\}$。

3）学习问题

在观测值序列O_t已知的情况下，如何求得在该模型下产生观测值序列O_t的概率最大的模型参数$\lambda=(\boldsymbol{\pi},\boldsymbol{A},\boldsymbol{B})$，就是本节所提到的学习问题，即解决 HMM 参数估计问题。如何使得输出模型参数$P(O|\lambda)$最大化，是 HMM 模型训练的关键问题所在，也是基于 HMM 方法的滚动轴承故障诊断模型建立的核心算法所在。针对该问题，先确定给定观测值序列$O=\{o_1,o_2,\cdots,o_t\}$后，再确定$\lambda=(\boldsymbol{\pi},\boldsymbol{A},\boldsymbol{B})$，使得输出模型参数的$P(O|\lambda)$达到局部最大化。因此由定义可以得到

$$P(O|\lambda)=\sum_{i=1}^{N}\sum_{j=1}^{N}\alpha_t(i)b_t(O_{t+1})\beta_{t+1}(j),\ 1\leqslant i\leqslant T-2 \tag{5-46}$$

由于该问题已经转化为一个泛函极值问题，因此不存在一个最佳的方案能够估计出模型参数λ。可利用 Baum-Welch 算法转换问题思路，巧妙地利用递推方式进行求解。使得$P(O|\lambda)$满足局部最大值，解决了模型学习问题，从而得到模型的训练参数。

定义$\xi_t(i,j)$为已经给定的训练模型参数λ和观测值序列O，在t时刻，马尔可夫链处于状态θ_i，在t+1 时刻，马尔可夫链处于状态θ_j，即

$$\xi_t(i,j)=P(O,q_t=\theta_i,q_{t+1}=\theta_j|\lambda) \tag{5-47}$$

通过前向变量和后向变量的概念，可以得到

$$\xi_t(i,j)=[\alpha_t(i)a_{ij}b_j(o_{t+1})\beta_{t+1}(j)]/P(O,|\lambda) \tag{5-48}$$

那么，可以进一步求得在t时刻马尔可夫链处于状态θ_i的概率，即

$$\xi_t(i)=P(O,q_t=\theta_i|\lambda)=\sum_{j=1}^{N}\xi_t(i,j)=\alpha_t(i)\beta_t(i)P(O|\lambda) \tag{5-49}$$

因此，可以得到 Baum-Welch 算法的重估公式：

$$\bar{\boldsymbol{\pi}}=\xi_1(i) \tag{5-50}$$

$$\bar{a}_{ij} = \sum_{t=1}^{T} \xi_t(i,j) / \sum_{t=1}^{T-1} \xi_t(i) \tag{5-51}$$

$$\bar{b}_{jk} = \sum_{t=1}^{T-1} \xi_t(j) / \sum_{t=1}^{T-1} \xi_t(j), \quad o_t = v_k \tag{5-52}$$

从上述公式中可知，模型参数 $\lambda = (\boldsymbol{\pi}, \boldsymbol{A}, \boldsymbol{B})$ 的训练需要根据重估公式求得参数 $\bar{\pi}_i, \bar{a}_{ij}, \bar{b}_{jk}$，再得到新模型 $\bar{\lambda} = (\bar{\boldsymbol{\pi}}, \bar{\boldsymbol{A}}, \bar{\boldsymbol{B}})$，且满足 $P(O|\bar{\lambda}) > P(O|\lambda)$。说明对观测值序列 O 而言，在模型参数 $\bar{\lambda} = (\bar{\boldsymbol{\pi}}, \bar{\boldsymbol{A}}, \bar{\boldsymbol{B}})$ 下的概率估计值比原先的模型参数 $\lambda = (\boldsymbol{\pi}, \boldsymbol{A}, \boldsymbol{B})$ 下的概率估计值效果更好。不断重复参数估计，直到 $P(O|\bar{\lambda})$ 不再有明显变化并实现收敛之后，将得到的模型参数 λ 视为在该观测值序列下的最优化模型。本节采用 Baum-Welch 算法对已提取完成的滚动轴承故障特征进行模型库的建立，为后续待观测值序列的故障诊断提供支撑。

3. HMM 在滚动轴承故障诊断中的应用

1）HMM 故障诊断可行性

HMM 是一种强大的动态模式分析处理手段，其在语音信号处理中获得了公认的成功。其在本质上就是一种模式分类手段，而滚动轴承的故障诊断实际上也是模式识别问题，具有和语音信号识别相类似的架构。

滚动轴承的声发射信号与语音信号存在着一定程度上的相似性。从广义上来说，二者在本质上都是振动信号，都是时间序列信号。同时，二者存在相类似的潜在随机结构，都无法直接观测得到。在语音信号中无法直接提取观测到的实际音素，同样，在滚动轴承的声发射信号中也无法直接观测到故障的类型。

2）HMM 故障诊断思路

本书所介绍的滚动轴承故障诊断是一个需要通过从所采集的数据中提取故障特征，并把它映射到故障类型的过程。若从概率的角度出发，这样的映射过程可以描述如下：在给定故障特征的情况下，在各个故障发生的概率中最大者为设备最可能所处的状态，即故障诊断的结果。

使用 HMM 进行故障诊断便是基于概率的角度来考虑故障诊断结果的方式。确定滚动轴承故障类型集合之后，把从原始数据中提取得到的故障特征作为模型的观测值序列 O，将设备的每种状态建立一个 HMM 来与之对应。然后，通过 Baum-Welch 算法，便能够在给定状态和观测值序列的情况下，完成模型参数的建立。

在完成各状态下的故障模型建立之后，便可以进行模式识别，在 HMM 方法中与模式识别对应的便是 HMM 解码问题。将待识别的故障特征作为模型的观测值输入已训练完成的模型中，计算每个模型下的最优化状态序列。采用前向-后向算法，便能够实现模式识别的过程，最终的故障诊断结果为

$$\text{Label}(O) = \mathop{\arg\max}_{1 \leqslant i \leqslant N} P(O|\lambda_i) \tag{5-53}$$

式中，N 为故障类型的个数，即 HMM 状态个数；O 为模型的观测数据，即实际从原始数据中提取到的故障特征。

3）基于 GMM-HMM 的滚动轴承故障诊断

对于一般的 HMM 而言，其模型参数并没有针对特定的实际应用场景进行优化设计。若直接采用基本概念下的 HMM 进行故障诊断，则会出现与实际现象不符的情况，导致错误出现。具体来说，在针对故障诊断领域应用的过程中，主要针对马尔可夫链类型与观测值概率转移矩阵两个方面进行特定的改进与优化。

（1）马尔可夫链类型。在一般情况下，HMM 的马尔可夫链都为各状态经历型，即状态之间可以实现任意的状态转移。但针对滚动轴承故障诊断而言，由于滚动轴承的运行状态往往随着工作时间的增加而不断衰退，滚动轴承也将从正常情况逐步向故障状态演化，故滚动轴承的状态并不能够实现任意的转移，通常是朝着某个方向进行不可逆的状态转移。基于滚动轴承的特殊实际情况，选用无跨越的左右型 HMM 能够在模型机理之上更好地描述滚动轴承的故障模型。

（2）观测值类型。对于普通的 HMM 而言，其所得到的观测值皆为固定的离散值，即模型为离散型 HMM。但对滚动轴承故障诊断而言，HMM 的观测值就是从原始振动信号中通过特定的特征提取方法提取得到的故障特征，这就直接导致了 HMM 观测值是连续变化的，无法使用固定离散的状态转移矩阵来描述状态之间的转移概率。对于连续信号，最为简捷的方法就是通过诸如矢量量化这样的离散手段，把原本连续的观测值再次转换为离散信号，从而保证模型的训练。但这样的离散化过程无疑会使已提取得到的有效故障特征信息造成一定程度的损失，很可能直接影响故障模型的建立，从而进一步导致故障诊断效果的失效。因此，选择通过概率密度函数的方式，对连续观测值概率转移矩阵进行描述是一种更为合理的方式。

由于实际提取得到的故障特征往往是多维特征向量，因此可以采用多个概率密度函数混合方式进行观测值概率转移矩阵的表征。高斯混合模型（Gaussian Mixed Model，GMM）成为描述观测值概率转移矩阵的良好模型。由于其结合了多个高斯概率分布模型，因此能够对任意的观测值概率转移矩阵实现逼近拟合。

若选择 GMM 对观测值概率转移矩阵进行描述，那么重估之后的观测值概率密度函数为

$$b_j(\boldsymbol{o}_t)=\sum_{m=1}^{M} w_{jm} b_{jm}(\boldsymbol{o}_t)=\sum_{m=1}^{M} w_{jm} N(\boldsymbol{o}_t,\boldsymbol{\mu}_{jm},\boldsymbol{C}_{jm}),\ 1\leqslant j\leqslant N, 1\leqslant m\leqslant M \tag{5-54}$$

记模型的状态为 S_j，则在上式中 M 是状态 S_j 的高斯分布数目，w_{jm} 是第 m 个高斯分布的混合系数权值大小，$\boldsymbol{\mu}_{jm}$ 为状态 S_j 的第 m 个高斯分布均值向量，$\boldsymbol{C}_{jm}$ 为状态 S_j 的第 m 个高斯分布协方差矩阵。$b_{jm}(\boldsymbol{o}_t)$ 是在状态 S_j 的第 m 个高斯分布，具体形式如下：

$$\begin{aligned} b_j(\boldsymbol{o}_t) &= \sum_{m=1}^{M} w_{jm} b_{jm}(\boldsymbol{o}_t) = N(\boldsymbol{o}_t,\boldsymbol{\mu}_{jm},\boldsymbol{C}_{jm}) \\ &= \frac{1}{\sqrt{(2\pi)^D |\boldsymbol{C}_{jm}|}} \exp\left(-\frac{1}{2}(\boldsymbol{o}_t-\boldsymbol{\mu}_{jm})^{\mathrm{T}} \boldsymbol{C}_{jm}^{-1}(\boldsymbol{o}_t-\boldsymbol{\mu}_{jm})\right) \end{aligned} \tag{5-55}$$

通过引入 GMM 来对观测值概率转移矩阵进行描述，将 $b_j(\boldsymbol{o}_t)$ 转换为用均值向量 $\boldsymbol{\mu}_{jm}$、协方差矩阵 $\boldsymbol{C}_{jm}$ 和混合系数权值 w_{jm} 进行表征，保证了连续型观测值中所包含的有效信息没

有丢失。基于 GMM-HMM 的滚动轴承故障诊断流程图如图 5-12 所示。首先对已完成标签分类的多种故障模式进行故障特征提取，然后进行基于 GMM-HMM 的参数训练。在完成离线部分的参数训练后，将模型参数导入在线诊断中的模型库，为未知故障模式的诊断做好准备。根据模型库中不同模型之下的极大似然估计概率值的计算，选取概率最大值所对应的模型标签类型作为故障诊断结果，输出最终结果。

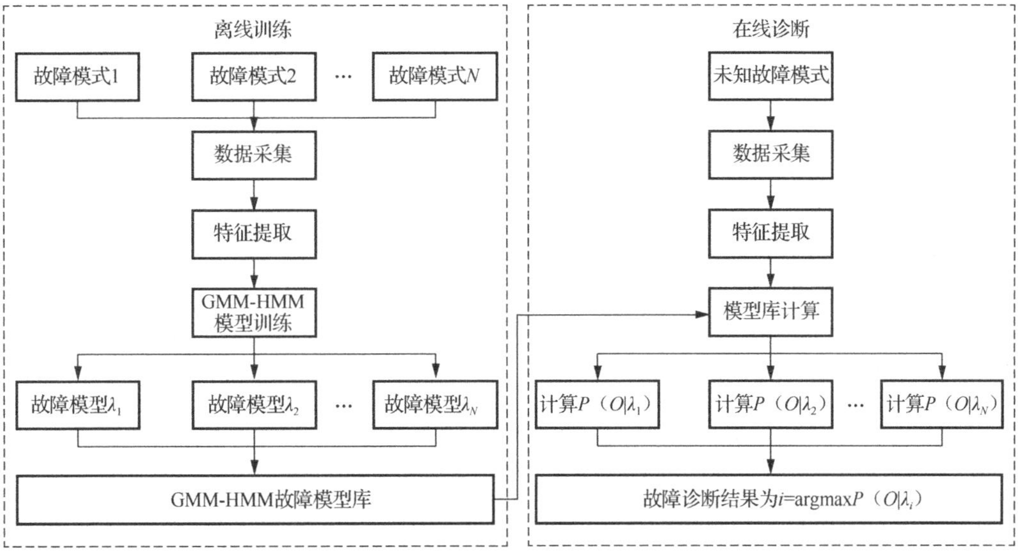

图 5-12　基于 GMM-HMM 的滚动轴承故障诊断流程图

参 考 文 献

[1] 彭振明, 马羽宽, 何泽云. 声发射技术应用[M]. 北京：机械工业出版社, 1985.

[2] 王亚男, 陈树江, 董希淳. 位错理论及其应用[M]. 北京：冶金工业出版社, 2007.

[3] 王金凤, 樊建春, 仝钢, 等. 磁声发射无损检测方法研究进展. 石油矿场机械, 2008, 37(5)：72-75.

[4] 许凤旌, 陈积懋. 声发射技术在复合材料发展中的应用[J]. 机械工程材料, 1997, (21)4: 30-34.

[5] PCI-2 BASED AE SYSTEM USER'S MANUAL. PHYSICAL ACOUSTICS CORPORATION. Rev3, April 2007.

[6] 张斌. 声发射在旋转机械轴裂纹检测(D). 北京：北京化工大学, 2007.

[7] 郑钧, 候锐锋. 小波去噪中小波基的选择[J]. 沈阳大学学报, 2009, 21(2): 108-120.

[8] 汪新凡. 小波基选择及其优化[J]. 株洲工学院学报, 2003, 17(5): 33-35.

[9] 陈泽鑫. 小波基函数在故障诊断中的最佳选择[J]. 机械科学与技术, 2005, 24(2): 172-176.

[10] N. E. Huang, Z. Shen, S. R. Long, et al. The empirical mode decomposition and the Hilbert spectrum for nonlinear and non-stationary time series analysis, Proceedings of the Royal Society of London, Series A, 1998, 454: 903-995.

[11] 王燕燕. 基于声发射技术的铁路重载火车滚动轴承故障诊断研究[D]. 长沙：中南大学, 2013.

[12] 沈功田, 戴光, 刘时风. 中国声发射检测技术进展[J]. 无损检测, 2003, 25(6): 302-307.

[13] Mba D, Rao Raj BKN. Development of acoustic emission technology for condition monitoring and diagnosis of rotating machines: bearings, pumps, gearboxes, engines and rotating structures[J]. Shock Vib Dig, 2006, 38(1): 3-16.

[14] 郝如江, 卢文秀, 褚福磊. 形态滤波在滚动轴承故障声发射信号处理中的应用[J]. 清华大学学报(自然科学版), 2008(05): 812-815.

[15] Catlin, J. B. Jr. The use of ultrasonic diagnostic technique to detect rolling element bearing defects. Proceedings of the machinery and vibration monitoring and analysis meeting, Vibration institute, IL. 1983. 4 : 123～130.

[16] Morhain A, Mba D. Bearing defect diagnosis and acoustic emission. Proc. Instnmech. engrs, Part J[J]. Journal of engineering tribology. 2003, 217: 257～272.

[17] 李亚超. 基于 VMD 的滚动轴承故障诊断方法研究[D]. 石家庄: 石家庄铁道大学, 2016: 18-23.

[18] W. Liu, J. Jiang, D. Liu and H. Zhang. Design of embedded bearing fault diagnosis system based on Zynq-7000[C]. 2017 IEEE AUTOTESTCON, Schaumburg, IL, 2017: 143-149.

[19] Takens F. Detecting strange attractors in turbulence[J]. Lecture Notes in Mathematics Berlin Springer Verlag, 1981, 898: 366-381.

[20] Rabiner L R. A tutorial on Hidden Markov Model and selected Applications in Speech Recognition[J]. Readings in Speech Recognition, 1989, 77(2): 267-296.

第 6 章　智能气体传感器及其应用

6.1　气体传感器概述

当前还没有哪种传感器能够 100%对某种气体产生响应，广泛应用的大气污染监测方法是利用光学传感器分析光谱，如傅里叶光谱仪、气相色谱仪和质谱仪等。这类传感器的优点是灵敏度高、选择性好，但价格昂贵、体积大和操作复杂，这些因素导致了传统的大气污染监测系统的分布密度小。因此，急需成本低廉、分布广泛的空气监测系统。

随着机动车排气污染日益严重，大量的移动污染源会导致污染物分布发生显著变化，需要加强对局域环境的监测，增加监测点势在必行。代替传统的仪器分析方法，使用气体传感器采集城市污染气体信息，构筑相对密集的分布式大气污染监测系统，不仅能够更加准确监控空气质量，而且可以大幅度降低增设监测点的成本、减少使用空间和降低能耗，还可以构建无线环境监测物联网。

根据检测气体种类，气体传感器常分为以下几大类：可燃气体传感器（常采用催化燃烧式、红外线、热导、半导体式）、有毒气体传感器（一般采用电化学、金属半导体、光电离、火焰离子化等）、有害气体传感器（常采用红外线、紫外线等）、氧气传感器（常采用顺磁式、二氧化锆式）等[1]。当前，大气污染监测系统主要使用其中的 5 种气体传感器：电化学气体传感器、红外线气体传感器、催化燃烧式传感器、光学气体传感器和固态气体传感器[2]。可以看出，对有毒有害气体的检测，主要使用电学、光学及电化学气体传感器。图 6-1 展示了半导体气体传感器、电化学气体传感器、热导气体传感器、声表面波（SAW）型气体传感器、光学气体传感器的结构。

电学气体传感器主要根据某些材料参数随气体浓度大小而改变的原理制成。电学气体传感器可分为电阻式传感器和非电阻式传感器两类，现在市面上的热导式、接触燃烧式、电阻式金属氧化物传感器等都属于电阻式传感器；而非电阻式又分为 MOS 二极管式传感器、结型二极管式传感器和场效应管式传感器等[3]。

光学气体传感器利用气体的光学特性来检测，不同种类的气体具有不同的光谱吸收谱，主要有直接吸收式和光反应式两种。红外线气体传感器技术在各类光学气体传感器中应用最广，其检测原理如下：气体分子排列不同，其对红外线的吸收也会有强弱之分。利用这种气体分子的特有性质，可以很好地对气体的种类以及密度进行识别[3]。

电化学气体传感器性能稳定、寿命较长、耗电小、分辨率高，不过，易受温度影响，需要进行湿度补偿[4]。按照检测原理的不同，电化学气体传感器主要分为定电位电解式气体传感器、迦伐尼电池式气体传感器、半导体气体传感器、固体电解质气体传感器、接触燃烧式气体传感器等[5]。其中，半导体传感器因为其响应速度快、寿命长、对湿度敏感性低和电路简单等诸多优点已成为世界上产量最大、应用最广的传感器之一，但半导体气体传感器需在高温环境之下工作[6]。

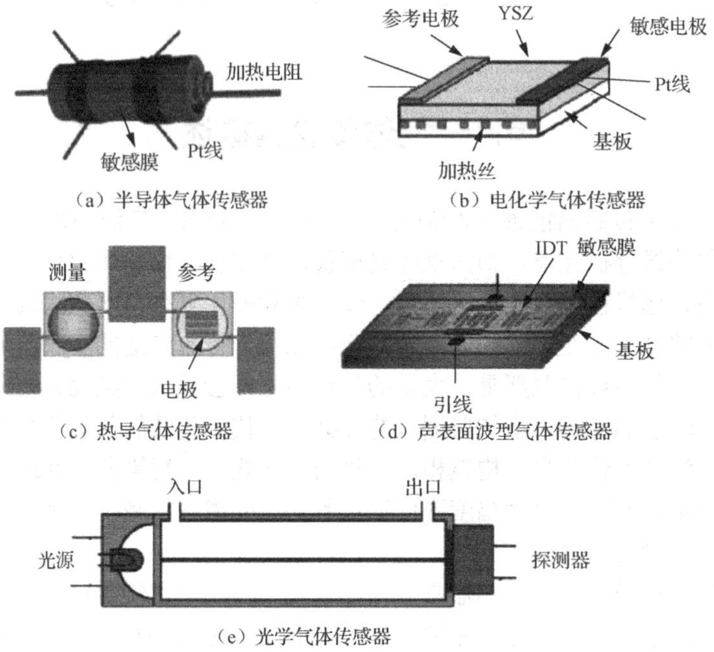

图 6-1　不同种类的气体传感器

固态气体传感器制作成本低廉，性能大幅度提升，然而其选择性较差，故很少用于气体量值分析。另外，湿度、温度和气体流速对传感器都有影响，对于环境气体监控，经常采用补偿的方法解决。当然还有其他一些方法，例如，利用温度调制提高传感器的选择性，用小波变换对温度调制的非线性信号进行特征提取。

构筑城市空气质量监测物联网的关键之一是开发高灵敏度、高选择性和高可靠性的气体传感器阵列，以便准确地获取环境中的污染气体浓度信息。现有的半导体氧化物型气体传感器和固体电解质型气体传感器虽然具有灵敏度高、响应恢复快等优点，但其敏感度易受环境温/湿度等外界因素以及传感器材料自身劣化等内部因素的影响，产生零点漂移和灵敏度变化。因此，仅仅依靠对传感器材料和器件结构的改进，很难解决传感器的稳定性问题，需要利用自补偿、自诊断、自修复等智能化技术来提高气体传感器的稳定性和可靠性。目前，国际上关于智能化气体传感器的研究还鲜有报道，国内这方面的研究也很少。

6.2　智能气体传感器精度提升算法

在气体传感器选择性改善方法方面，利用支持向量机算法改善气体传感器的选择性，提高传感器的测量准确度；利用层次多分类支持向量机，进行多气体辨识；利用最小二乘法支持向量回归，进行气体浓度测量，提高浓度测量精度。

在气体传感器温/湿度补偿算法方面，采用基于随机森林算法的气体传感器在线温/湿度补偿方法，解决在温/湿度多变的环境下传感器检测精度较低的问题，提高气体传感器的检测精度。

6.2.1　气体传感器选择性改善方法

1. 多气体辨识

1）多分类支持向量机

支持向量机算法是 Vapinik 等人根据统计学理论中的结构风险最小化原理提出的，其基本原理在第 3 章 3.6 节进行了详细介绍，这里不再赘述。由于支持向量机是从二值分类问题推导出来的，但这里需要对 4 种混合气体进行识别，因此需要将其扩展到多值分类问题。对于多值分类问题，主要有以下两种解决方法。

（1）一次性求解法。该方法在经典支持向量机理论的基础上直接建立多值分类模型。

$$\begin{aligned}&\min \phi(w,\boldsymbol{\zeta})=\frac{1}{2}\sum_{i=1}^{n}(w_i\cdot w_i)+C\sum_{i=1}^{l}\sum_{m\neq y_i}\zeta_i^m\\&[w_{y_i}\cdot\varphi(\boldsymbol{x}_i)]+b_{y_i}\geqslant[w_m\cdot\varphi(\boldsymbol{x}_i)]+b_m+2-\zeta_i^m\\&\zeta_i^m\geqslant 0, i=1,2,\cdots,l, m\in\{1,2,\cdots,n\}\end{aligned}\tag{6-1}$$

由此得到下面的 n 类支持向量机的决策函数：

$$f(\boldsymbol{x})=\arg\max_i[w_i\cdot\varphi(\boldsymbol{x})+b_i], i=1,2,\cdots,n\tag{6-2}$$

显然，该方法涉及十分复杂的优化问题，对训练样本数目较大的情况，需要很长的运算时间，而且分类精度不高。

（2）构造多个二值分类支持向量机并把它们组合起来进行求解。根据训练样本组成的不同，可分为一对余分类法、一对一分类法和层次多分类支持向量机法。

在一对余分类法中，将某一类别的样本当作一类，其余样本当作另一个类，共需要构造 k 个二值分类支持向量机模型。在构造第 i 个支持向量机时，把属于第 i 类的样本记为正类，其余 k-1 类样本记为负类。决策时将检测样本依次输入各个二值分类支持向量机模型中，最大输出值所对应的类即检测样本的类别。第 i 个支持向量机可以通过解下面的优化问题来实现。

$$\begin{aligned}&\min_{w^i,b^i,\zeta^i}\frac{1}{2}\left\|\boldsymbol{w}^i\right\|^2+C\sum_{j=1}^{l}\zeta_j^i\\&(\boldsymbol{w}^i)^{\mathrm{T}}\phi(\boldsymbol{x}_j)+b^i\geqslant 1-\zeta_j^i,\ \text{if}\ \ y_j=i\\&(\boldsymbol{w}^i)^{\mathrm{T}}\phi(\boldsymbol{x}_j)+b^i\leqslant 1-\zeta_j^i,\ \text{if}\ \ y_j\neq i\\&\zeta_j^i\geqslant 0, j=1,\cdots,l\end{aligned}\tag{6-3}$$

得到 k 个决策函数，即

$$
\begin{matrix}
(\boldsymbol{w}^1)^{\mathrm{T}}\phi(\boldsymbol{x})+b^1, \\
\vdots \\
(\boldsymbol{w}^k)^{\mathrm{T}}\phi(\boldsymbol{x})+b^k
\end{matrix} \tag{6-4}
$$

当检测样本在某个决策函数中取得最大值时，就将它归于那一类，得到多分类支持向量机的决策函数，即

$$d(\boldsymbol{x})\text{=arg max}\,\boldsymbol{x}_{i=1,\cdots,k}\left[(\boldsymbol{w}^i)^{\mathrm{T}}\phi(\boldsymbol{x})+b^i\right] \tag{6-5}$$

该方法的优点是只需训练 k 个二值分类支持向量机模型，分类速度相对较快。缺点是每个支持向量机的训练样本都由全部样本组成，训练存在冗余性。

在一对一分类法中，每个支持向量机的训练样本由两个不同类别的样本组成，共需要构造 $k(k-1)/2$ 个支持向量机模型。决策时将检测样本对所有多分类支持向量机进行测试，比较哪一类得到的票多，检测样本就归为该类。可通过解下面的最优化问题来实现该算法。

$$
\begin{aligned}
&\min_{\boldsymbol{w}^{ij},b^{ij},\zeta^{ij}} \frac{1}{2}/\left\|\boldsymbol{w}^{ij}\right\|^2+C\sum_{m=1}^{l}\zeta_j^{ij} \\
&(\boldsymbol{w}^{ij})^{\mathrm{T}}\phi(\boldsymbol{x}_m)+b^{ij}\geqslant 1-\zeta_m^{ij},\ \text{if}\ \ y_m=i \\
&(\boldsymbol{w}^{ij})^{\mathrm{T}}\phi(\boldsymbol{x}_m)+b^{ij}\leqslant 1-\zeta_m^{ij},\ \text{if}\ \ y_m\neq j
\end{aligned} \tag{6-6}
$$

得到多分类支持向量机的决策函数：

$$d(\boldsymbol{x})=\arg\max_{j}\left\{\sum_{i=1}^{m}\left|(\boldsymbol{w}^{ij})^{\mathrm{T}}\phi(\boldsymbol{x}_m)+b^{ij}\right|\right\} \tag{6-7}$$

该方法的优点是每个二值分类支持向量机训练时只考虑两类样本，故单个支持向量机易于训练。缺点是二值分类器的数目随着类数的增加而增大，使得决策速度较慢。训练时如果不对数据进行归一化处理，那么整个支持向量机将趋向于过学习。

在层次多分类支持向量机算法中，设计一种二叉树分类结构，即先将所有类别分成两个子类，然后将子类继续划分为两个次级子类，直到所有类别都成为一个单独的类别为止。决策时将检测样本沿二叉树结构依次分类，判断其最终归属的类别。判断依据如下：若 $(\boldsymbol{w}^{ij})^{\mathrm{T}}\phi(\boldsymbol{x}_m)+b^{ij}\geqslant 0$，则 x 不属于 j 类。

使用该方法训练时需要构建 $k-1$ 个二值分类支持向量机模型，由于不存在不可识别域，并且训练样本不需要遍历所有分类支持向量机，因此具有较高的效率。缺点是二叉树的拓扑结构对分类结果影响大，上层的决策错误会对下层造成影响并产生错误积累。

综合以上分析可知，被测气体的识别是一个多分类问题，即区分单一的 NO_2、单一的 CO、单一的 O_3、单一的 SO_2 及其混合气体，类别数较多（共 15 种状态），综合考虑支持向量机模型的训练难易程度、训练时间以及分类精度等因素，最终选择一对余分类法。具体分类流程如下：

（1）训练阶段。首先获取气体传感器阵列稳态响应数据，对数据进行预处理后（把电压数据转化为差分电导），建立训练样本集 $\{\boldsymbol{x}_i,\boldsymbol{y}_i\},i=1,2,\cdots,l$，其中 $\boldsymbol{x}_i\in\mathbf{R}^n$，$\boldsymbol{y}_i\in\{1,\cdots,k\}$ 是类型标签，这里 $n=12,k=15$。选择合适的核函数 $K\left(\boldsymbol{x},\boldsymbol{x}_j\right)$ 及有关参数，用一对余分类法

建立多分类支持向量机模型，求解拉格朗日系数α和分类超平面系数 b，找出支持向量。

（2）检验阶段。装入检验数据样本 $\hat{x}$，对其进行预处理后，根据式（6-5）计算检验数据的决策输出值，做出决策分类。

2）多分类支持向量机模型参数选择

支持向量机模型的参数选择是其应用中的一个关键问题，参数取值直接决定了支持向量机的泛化性能。因此，在设计多分类支持向量机时，不同的核函数及其参数会产生截然不同的分类效果，若模型参数选择得不合适，多分类支持向量机就无法满足实际应用需求。用多分类支持向量机算法对混合气体进行分类时，为提高气体识别的准确率，也需要合理选择模型参数。多分类支持向量机的参数选择主要包括核函数类型的确定及核函数参数的优化。

目前，应用较多的核函数有径向基核函数、多项式核函数、多层感知器核函数 3 种形式，具体如下：

（1）径向基核函数。

$$K(\boldsymbol{x},\boldsymbol{x}_i)=\exp\left(-\frac{\|\boldsymbol{x}-\boldsymbol{x}_i\|^2}{2\sigma^2}\right) \tag{6-8}$$

（2）多项式核函数。

$$K(\boldsymbol{x},\boldsymbol{x}_i)=[\|\boldsymbol{x}-\boldsymbol{x}_i\|^2+1]^d \tag{6-9}$$

（3）多层感知器核函数。

$$K(\boldsymbol{x},\boldsymbol{x}_i)=\tanh\left[v\|\boldsymbol{x}-\boldsymbol{x}_i\|^2+C\right] \tag{6-10}$$

式中，σ^2、d、v、C 为相应的核函数参数。核函数的选择是支持向量机理论的一个核心问题，目前还没有一种通用的核函数选择方法。下面以二维数据的分类为例，给出一个核函数选择的算例。仿真试验在 CPU 型号为 Intel Core 2、主频为 2.93GHz 的计算机上进行，训练数据由 MATLAB 标准数据库 Fisheriris 的 2 类共 75 组二维数据组成。

图 6-2 给出了不同核函数的支持向量机分类结果，其中图 6-2（a）为径向基核函数的支持向量机分类结果，图 6-2（b）为多项式核函数的支持向量机分类结果，图 6-2（c）为多层感知器核函数的支持向量机分类结果。图中“+”代表第一类数据，“*”代表第二类数据，“○”标记为支持向量，实线曲线为最优分类面。其中测试数据为 75 组。

分析以上结果不难发现，核函数的选择决定了支持向量机的分类性能，不同的核函数对训练时间和分类准确率的影响并不明显，但对支持向量的个数影响较大。多层感知器核函数对参数的变化并不明显，但分类性能稍差。相比之下，径向基核函数和多项式核函数都只有一个可控参数，更适合分类问题。径向基核函数的参数 σ 的取值决定了支持向量的个数，多项式核函数具有最少的支持向量，便于分类算法的在线实现。特别地，当阶数 $d\geqslant 3$ 时，对应的支持向量个数基本稳定。

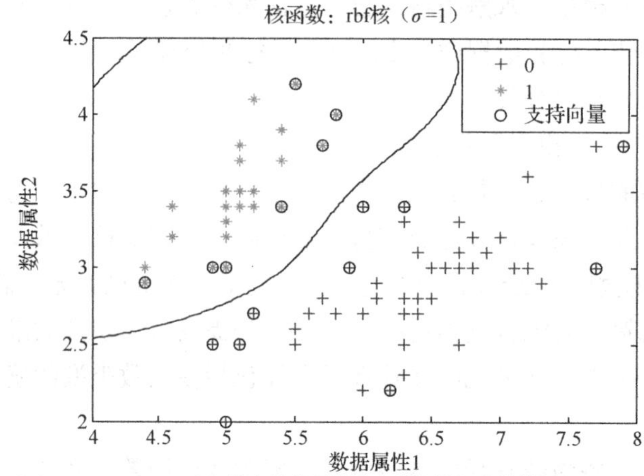

（a）径向基核函数的支持向量机分类结果

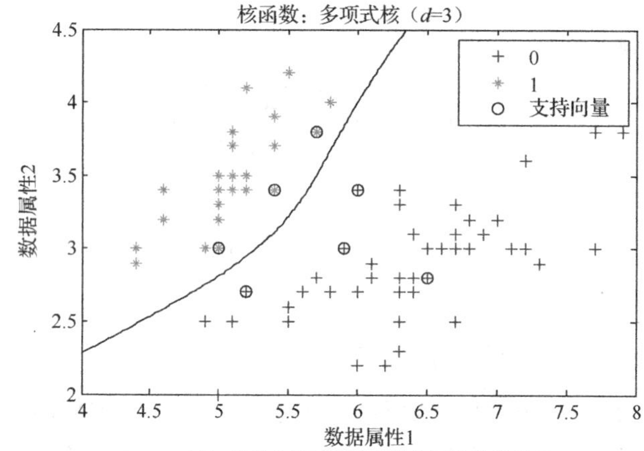

（b）多项式核函数的支持向量机分类结果

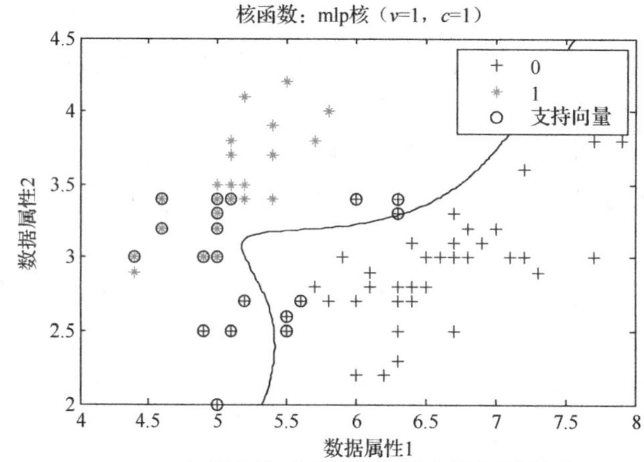

（c）多层感知器核函数的支持向量机分类结果

图 6-2　不同核函数的支持向量机分类结果

2. 提高气体浓度测量精度方法

1）最小二乘支持向量回归

最小二乘支持向量机（LS-SVM）是标准支持向量机的一种扩展，优化指标采用平方项，并用等式约束代替不等式约束，即将二次规划问题转化为线性方程组求解，降低了计算的复杂性，提高了求解速度。最小二乘支持向量回归（LS-SVR）就是将最小二乘支持向量机用于回归的情况，其基本工作原理是通过一个非线性映射函数φ将原始空间中的样本映射到高维特征空间中，并在特征空间中进行线性回归，从而取得在原空间非线性回归的效果。因此，将最小二乘支持向量回归用于小样本情况下传感器阵列非线性响应的建模，提高气体传感器系统的选择性，实现多元气体浓度的定量测量。用最小二乘支持向量回归进行混合气体检测的详细流程如下：

（1）构建训练样本$\{(\boldsymbol{x}_k, y_k) \mid k=1,\cdots,N\}$。其中$\boldsymbol{x}_k \in \mathbf{R}^n$，表示传感器阵列响应，$y_k \in R$，表示 NO_2、O_3、CO、SO_2 浓度，N 为训练样本数，n 为传感器个数。

（2）建立回归模型并确定回归参数。寻找一个数据空间到特征空间的非线性映射函数函数φ，将样本数据映射到高维希尔伯特（Hilbert）空间 F 中，并在空间 F 进行线性回归，从而取得在原空间非线性回归的效果。空间 F 中的线性回归模型可表示为

$$y(\boldsymbol{x}) = \boldsymbol{w}^{\mathrm{T}}\varphi(\boldsymbol{x}) + b \quad \varphi: \mathbf{R}^n \to F, \boldsymbol{w} \in F \tag{6-11}$$

式中，$\varphi(\cdot)$为数据空间到特征空间的非线性映射函数，$\boldsymbol{w}$ 是权值向量，b 是阈值。其目标函数可描述为

$$\min J(\boldsymbol{w}, e) = \frac{1}{2}\boldsymbol{w}^{\mathrm{T}}\boldsymbol{w} + \frac{1}{2}C\sum_{k=1}^{N} e_k^2 \tag{6-12}$$

约束条件为

$$y_k = \boldsymbol{w}^{\mathrm{T}}\varphi(\boldsymbol{x}_k) + b + e_k, \quad k=1,\cdots,N \tag{6-13}$$

式中，e_k为误差变量，损失函数 J 是 SSE（Sum of Squared Errors）和规则化量之和，C 是惩罚因子。因为 LS-SVR 只有等式约束，并且优化目标中的损失函数是误差e_k的二范数，所以大大地简化了问题的求解。根据式（6-12）和式（6-13），定义拉格朗日函数如下：

$$L(\boldsymbol{w}, b, e, \boldsymbol{\alpha}) = J(\boldsymbol{w}, e) - \sum_{k=1}^{N} \alpha_k \{\boldsymbol{w}^{\mathrm{T}}\varphi(\boldsymbol{x}_k) + b + e_k - y_k\} \tag{6-14}$$

式中，α_k为拉格朗日系数。根据卡罗需-库恩-塔克（Karush-Kuhn-Tucher）最优条件，对上式进行优化，得

$$\begin{cases} \dfrac{\partial L}{\partial w} = 0 \to \boldsymbol{w} = \sum\limits_{k=1}^{N} \alpha_k \varphi(\boldsymbol{x}_k) \\ \dfrac{\partial L}{\partial b} = 0 \to \sum\limits_{k=1}^{N} \alpha_k = 0 \\ \dfrac{\partial L}{\partial e_k} = 0 \to \alpha_k = Ce_k \\ \dfrac{\partial L}{\partial \alpha_k} = 0 \to \boldsymbol{w}^{\mathrm{T}}\varphi(\boldsymbol{x}_k) + b + e_k - y_k = 0 \end{cases} \tag{6-15}$$

对于 $k=1,\cdots,N$， 消去变量 e_k 和 $\boldsymbol{w}$ 后，可得如下矩阵方程

$$\begin{bmatrix} \boldsymbol{0} & \boldsymbol{l}^{\mathrm{T}} \\ \boldsymbol{l} & \boldsymbol{\Omega}+\dfrac{1}{C}\boldsymbol{I} \end{bmatrix}\begin{bmatrix} b \\ \boldsymbol{\alpha} \end{bmatrix}=\begin{bmatrix} \boldsymbol{0} \\ \boldsymbol{y} \end{bmatrix} \tag{6-16}$$

式中，$\boldsymbol{y}=[y_1,\cdots,y_N]^{\mathrm{T}}, \boldsymbol{l}=[1,\cdots,1]^{\mathrm{T}}, \boldsymbol{\alpha}=[\alpha_i,\cdots,\alpha_N]^{\mathrm{T}}$，$\boldsymbol{\Omega}=\varphi(\boldsymbol{x}_k)^{\mathrm{T}}\varphi(\boldsymbol{x}_j)$，$j=1,\cdots,N$，$\boldsymbol{I}$ 为单位矩阵。这样，算法的优化问题就转化为求解线性方程组。根据 Mercer 定理，可知存在非线性映射函数 φ 和核函数 $K(\cdot,\cdot)$，使得

$$K(\boldsymbol{x}_k,\boldsymbol{x}_j)=\varphi(\boldsymbol{x}_k)^{\mathrm{T}}\varphi(\boldsymbol{x}_j) \qquad k,j=1,\cdots,N \tag{6-17}$$

在计算核函数矩阵时，只需要考虑如何选定一个合适的核函数，而不需要知道非线性映射函数 φ 的具体形式。最后可得回归模型，即

$$y(\boldsymbol{x})=\sum_{k=1}^{N}\alpha_k K(\boldsymbol{x},\boldsymbol{x}_k)+b \tag{6-18}$$

式中，回归参数 α_k 和 b 可由式（6-16）求解得到。

（3）测试样本检验。对于测试样本 $\hat{\boldsymbol{x}}$，根据所选核函数和训练获得的支持向量及回归参数，得到气体浓度检测结果 $\hat{y}$，即

$$\hat{y}=\sum_{k=1}^{N}\alpha_k K(\hat{\boldsymbol{x}},\boldsymbol{x}_k)+b \tag{6-19}$$

2）最小二乘支持向量回归模型参数选择

在实际利用最小二乘支持向量回归进行建模时，在准备好用于建立模型的训练样本数据后，要先确定核函数及其参数。

同多分类支持向量机模型参数的选择类似，最小二乘支持向量回归常用的核函数也有 3 种，即径向基核函数 $K(\boldsymbol{x},\boldsymbol{x}_i)=\exp(-\|\boldsymbol{x}-\boldsymbol{x}_i\|^2/2\delta^2)$、多项式核函数 $K(\boldsymbol{x},\boldsymbol{x}_i)=(\|\boldsymbol{x}-\boldsymbol{x}_i\|^2+1)^d$ 和多层感知器核函数 $K(\boldsymbol{x},\boldsymbol{x}_i)=\tanh(v\|\boldsymbol{x}-\boldsymbol{x}_i\|^2+C)$。为了确定不同核函数对回归性能的影响，以 sinc 函数为例，分别选用以上常用的 3 个核函数作为最小二乘支持向量回归的核函数，对 sinc 函数进行回归。sinc 函数表达式为

$$y=\mathrm{sinc}(x)=\frac{\sin(x)}{x} \tag{6-20}$$

式中，x 为函数输入值，取值范围为-20～20，采样间隔为 0.1；y 为函数输出值，在其上叠加幅度为 0.1 的高斯白噪声，共得到 400 个数据，选择其中一半即 200 个数据作为训练样本，剩余数据作为测试样本。

图 6-3 给出了用不同核函数的 sinc 函数最小二乘支持向量回归结果，其中图 6-3（a）为径向基核函数的回归结果，图 6-3（b）为多项式核函数的回归结果，图 6-3（c）为多层感知器核函数的回归结果。图中实线为原始 sinc 函数曲线，黑点线为带噪声的 sinc 函数曲线，虚线为 LS-SVR 曲线。

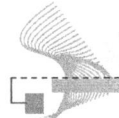

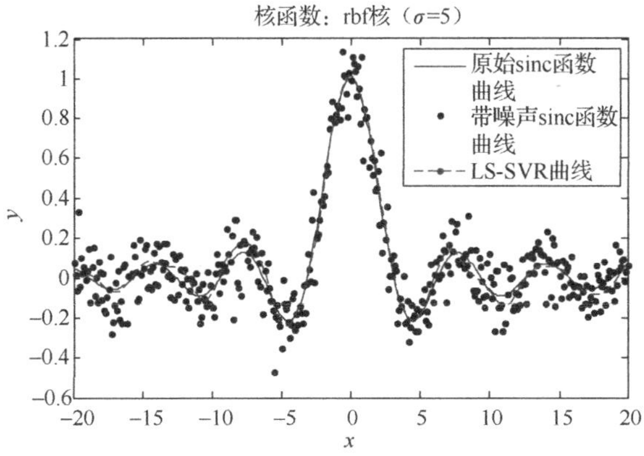

（a）径向基核函数的回归结果

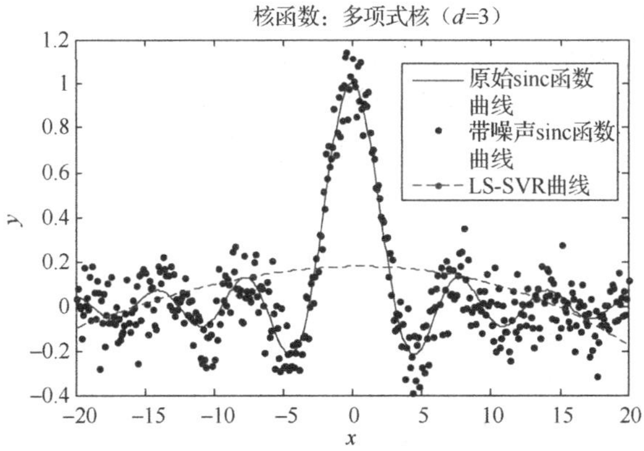

（b）多项式核函数的回归结果

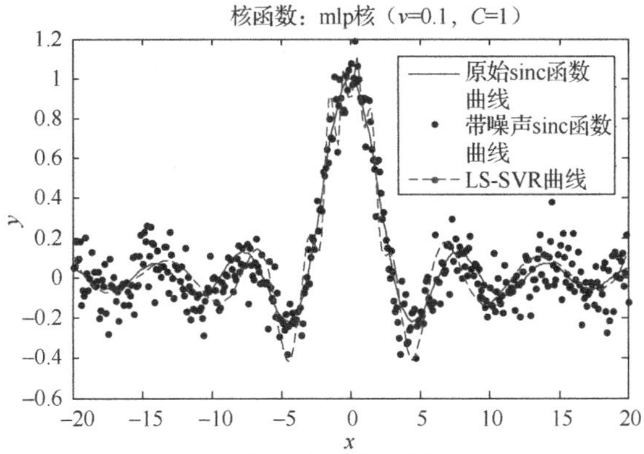

（c）多层感知器核函数的回归结果

图 6-3　不同核函数的 sinc 函数 LS-SVR 回归结果

分析以上结果不难发现，径向基核函数对 sinc 函数的回归效果最好，主要原因在于径向基核函数属于局部核函数，具有局部特征检测能力，它能给支持向量机提供一个好的内插能力，通过参数的选择，它可以适用于任意分布的样本。而多项式核函数虽然分类效果好，但对于回归问题，无论多项式阶数如何选择，总得不到正确的回归结果。对于多层感知器核函数，参数 v 和 C 只对某些值满足 Mercer 定理，导致其存在一定的局限性，使得回归精度不高。因此径向基核函数成为目前在回归问题中被普遍应用的一种核函数，因其只有一个可控核函数参数 σ^2，并且计算量不会随着特征空间维数的提高而增大。因此，这里选择径向基核函数作为最小二乘支持向量回归的核函数。

通过上述分析可以看出，最小二乘支持向量回归模型中有两个调节参数，即惩罚因子 C 和核函数参数 σ^2。在实际应用中，这两个参数的取值情况将大大影响最小二乘支持向量回归的泛化精度，因此，选择合适的 C 和 σ^2 是保证最小二乘支持向量回归模型泛化精度的关键。结合气体传感器阵列响应实验数据，采用遍历方法研究 C 和 σ^2 对气体浓度检测所用 LS-SVR 模型的影响。以均方根误差（Root Mean Squared Error，RMSE）为指标，根据折叠交叉验证原则，将训练样本随机地近似等分为 k 组，对每组的调节参数 C 和 σ^2，用余下的 k–1 组子集数据作为训练集，然后用余下一部分进行检验，共得到 k 个最小二乘支持向量回归模型。对这 k 个模型的气体浓度预测结果与实际气体浓度进行均方根误差计算，就得到最小二乘支持向量回归在所选参数下的泛化误差。这样，把指定范围内的 C 和 σ^2 通过遍历方法，计算得到最小的均方根误差对应的调节参数 C 和 σ^2 即最小二乘支持向量回归模型的最优参数。

3）基于小生境粒子群优化算法的最小二乘支持向量回归模型参数优化

由于最小二乘支持向量回归模型参数的选择会直接影响回归模型的泛化精度，采用遍历方法进行参数选择具有一定的盲目性，并且需要花费大量的时间，最后找到的参数也必是全局最优解。针对最小二乘支持向量回归模型参数选择难的问题，这里提出的基于小生境粒子群优化（NPSO）算法的最小二乘支持向量回归模型参数优化方法，利用基于共享机制的小生境粒子群优化算法来对惩罚因子 C 和核函数参数 σ^2 这两个参数进行优化，以 k 次气体浓度测量结果的均方根误差作为小生境粒子群优化算法的适应度函数值，利用折叠交叉验证原则评价最小二乘支持向量回归模型的泛化精度。将小生境技术共享机制引入粒子群算法中，增加了粒子群体的多样性，能够快速找到全局最优解。

惯性权重是粒子群优化（PSO）算法中非常重要的参数，惯性权重的大小决定了对粒子当前速度继承的多少，较大的惯性权重将使粒子具有较大的速度，从而有较强的探索能力，较小的惯性权重将使粒子具有较强的开发能力。惯性权重粒子群优化算法速度和位置的更新公式如下：

$$\boldsymbol{v}_{id}(t+1) = w\boldsymbol{v}_{id}(t) + c_1 r_1[\text{pbest}_{id}(t) - \boldsymbol{x}_{id}(t)] + c_2 r_2[\text{gbest}_{id}(t) - \boldsymbol{x}_{id}(t)] \tag{6-21}$$

$$\boldsymbol{x}_{id}(t+1) = \boldsymbol{x}_{id}(t) + \boldsymbol{v}_{id}(t+1) \tag{6-22}$$

式中，i 表示第 i 个粒子，d 表示粒子维数，t 为代数，c_1 和 c_2 为加速度常数，r_1 和 r_2 是介于 0～1 之间的随机数，w 表示惯性权重，$\boldsymbol{x}_{id}$ 表示粒子位置，$\boldsymbol{v}_{id}$ 表示粒子速度，pbest_{id} 是粒子 i 所经历过的最好位置，gbest_{id} 是群体中所有粒子所经历的最好位置。由于惯性权重粒子群优化算法收敛到一定精度时无法继续优化，因此这里采用小生境粒子群优化算法增加粒子群体的多样性，提高收敛速度，避免了一般粒子群算法的早熟现象，可获得所搜寻空间内的全局最优解。

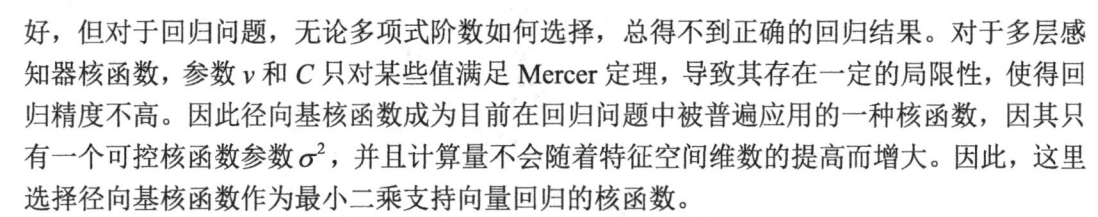

小生境技术引入了共享机制，即通过反映个体之间相似程度的共享函数来调整群体中各个个体的适应度，以维护群体的多样性，从而在之后的群体进化过程中依据新适应度选择运算。选择两个个体 $\boldsymbol{x}_j$ 和 $\boldsymbol{x}_k$ 之间的海明距离作为共享函数，即

$$\mathrm{Sh}(\boldsymbol{x}_j,\boldsymbol{x}_k)=\left\|\boldsymbol{x}_j-\boldsymbol{x}_k\right\| \tag{6-23}$$

当两个个体之间的共享函数小于某一距离 L 的时候，将适应度函数值较差的个体适应度值乘以一个惩罚因子 C，使其适应度函数值更差。对于求最小值的问题，惩罚后的适应度函数可表示为

$$\text{Fitness}=\text{Fitness}_{\max}(\boldsymbol{x}_j,\boldsymbol{x}_k)\times C \tag{6-24}$$

这样，在距离小于 L 的两个个体中，适应度函数值较差的个体经过惩罚后，其适应度函数值变得更差，那么它在后面的进化过程中被淘汰的概率就越大。因此，小生境技术根据粒子间的共享函数实现了淘汰运算，使得各个个体能够在整个约束空间中分散开来，并保持一定的距离，从而维护了群体的多样性。小生境粒子群优化算法的具体流程如下。

第 1 步：设定群体规模、维数、惯性权重、加速度常数、最大允许迭代次数。

第 2 步：初始化各粒子速度及位置（随机产生）。

第 3 步：按目标函数计算群体中各个粒子的适应度值，并依次计算任意两个个体间的共享函数值（海明距离）。若该值小于某一阈值，则用惩罚因子惩罚该个体的适应度函数值。

第 4 步：对每个粒子，比较其当前适应度值和其所经历的最好适应度函数值，若其当前适应度函数值更小，则选择当前适应度函数值作为该个体所经历的最好适应度函数值并保存它。

第 5 步：计算群体中所有粒子经历的最好适应度函数值的最小值，把它记为全局最好适应度函数值并保存它。

第 6 步：更新粒子速度和位置，并对各粒子新的速度和位置进行限幅处理；

第 7 步：若达到最大允许迭代次数，则停止搜索，输出最佳适应度函数值及其位置；否则，转到第 3 步。

为验证小生境粒子群优化算法的寻优性能，以 Rosenbrock 函数为例进行测试。Rosenbrock 函数是一个单峰函数，各个变量之间有很强的耦合性，该函数表达式为

$$f(x)=\sum_{i=1}^{n-1}100(x_{i+1}-x_i^2)^2+(x_i-1)^2 \tag{6-25}$$

当 $x^*=(1,1)$ 时，全局最小值 $f(x^*)=0$。全局最优解位于一个狭长的抛物线状的山谷形区域，此山谷形区域很容易到达，但要收敛到全局最优解非常困难。因此，该函数通常用来评价优化算法的执行效率。

图 6-4 所示是基于小生境粒子群优化算法寻找 Rosenbrock 函数最小值的最佳适应度函数值框图，从图中可以看出，该优化算法在迭代 109 次后收敛，然后不再变化，由此得到的函数最小值为 5.8067×10^{-7}。其中小生境粒子群优化模型参数设置如下：粒子数=30，最大迭代次数=200，采用线性递减惯性权重，初始权重=0.9；加速度常数 $c_1=2$，$c_2=2$，速度限制 $v_{\max}=2$，小生境距离常数 $L=1.5$，惩罚因子 $C=1000$。

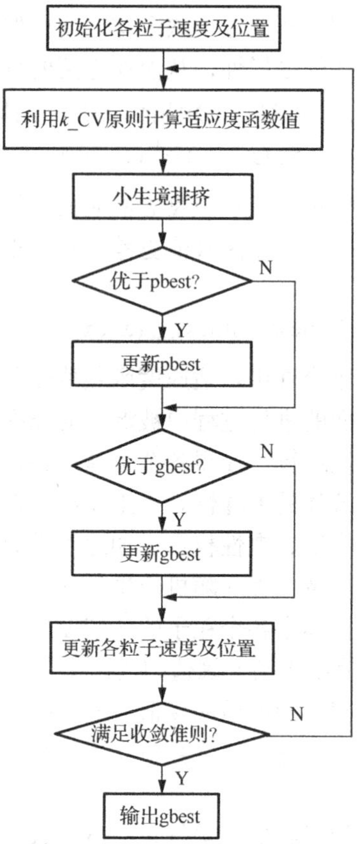

图 6-4　基于小生境粒子群优化算法寻找 Rosenbrock 函数最小值的最佳适应度函数值框图

为了比较小生境粒子群优化算法的性能，表 6-1 给出了该算法与一般惯性权重下的粒子群优化算法性能的比较，用 10 次平均最佳解（10 次最佳适应度函数值的平均值）、10 次平均收敛成功率、10 次内计算机的平均计算时间 3 个指标来评价算法性能。显然，在计算时间相差无几的情况下，小生境粒子群优化算法能获得全局最优解，并且收敛成功率高。

表 6-1　小生境粒子群优化算法与一般惯性权重下的粒子群优化算法性能比较

算法	10 次平均最佳解	10 次平均收敛成功率	10 次内计算机的平均计算时间/s
NPSO 算法	5.8067×10^{9}	90%	0.5973
一般惯性权重下 PSO 算法	0.0010	40%	0.4491

NPSO 算法具有良好的全局收敛性，它通过维护群体中物种的多样性，使群体向优秀个体的方向进化，避免进化过早收敛或陷入局部最优。利用 NPSO 算法对混合气体浓度定量测量 LS-SVR 模型的调节参数 C 和 σ^2 进行优化，将每组调节参数 C 和 σ^2 的折叠交叉验证计算的浓度均方根误差作为适应度值函数，即

$$\text{Fitness}=k\_\text{CV}(C,\delta^2) \tag{6-26}$$

6.2.2　气体传感器温/湿度补偿方法

1. 随机森林算法

随机森林（RF）算法的基本原理在第 3 章 3.6.4 节中有所介绍，这里将它应用于解决气体传感器温/湿度补偿问题，并进行深入解析。随机森林算法在训练数据集合上采用有放回地随机抽取 Bootstrap 样本集的方法，得到单个决策树的训练集合，并且在每个决策树节点的分裂中，选择特征属性子集进行分裂，从而保证了森林中的决策树在树和节点级别上的独立性。基于此特性，随机森林算法能够很好地处理大规模数据集合，并且能够获得性能较好的分类模型。在大数定律的支撑下，也能够很好地避免模型过拟合（Model Overfitting）问题。

随机森林算法是一种基于组合分类器思想的算法。所谓组合分类器就是通过聚集多个模型来提高预测精度，解决传统分类器精度不高的一种方法。随机森林是树形分类器 $\{h(\boldsymbol{X},\theta_k),k=1,\cdots,p\}$ 的集合，元分类器 $\{h(\boldsymbol{X},\theta_k)\}$ 是用分类回归树（CART）算法构建的没有剪枝的分类回归树；应用 Bagging 方法构造有差异的训练样本，在构建单个回归树时，随机选择特征对内部节点进行属性分类[7]。Bagging 是早期使用的组合树方法，其全称是 Bootstrap Aggregating，其思想是从原始数据集中有放回地随机抽取 k 个与其大小相同的训练样本集（每次大约有 37%的样本未被选中）。这意味着，总的训练样集中的有些样本可能多次出现在一棵树的训练样集中，也可能从未出现在一棵树的训练样集中。每个随机样本对应一个分类回归树。随机特征选择思想是当每个节点进行分裂时，从全部属性中随机抽取一个属性子集，该子集使用的特征是从所有特征中按照一定比例随机无放回地抽取。在训练每棵树的节点时，再从这个子集中选取一个最优的属性来分裂节点。随机森林算法被提出后，就被广泛应用于分类研究算法。随机森林算法原理示意图如图 6-5 所示。

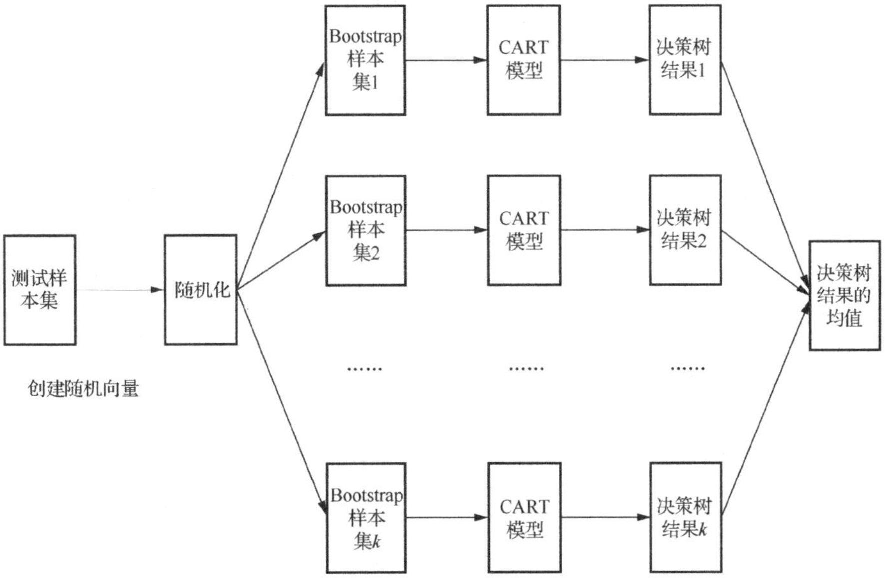

图 6-5　随机森林算法原理示意图

随机森林回归算法是随机森林算法的重要应用，就是利用组合多棵决策树做出预测的多决策树模型，该算法具有预测精度高、泛化性能好、收敛速度快和调节参数少等优点，可以有效地避免过拟合的发生，适合各种数据集的运算，对数据集特征的提取具有较好的鲁棒性，适用于超高维特征向量空间。随机森林回归算法具有以下优点：

（1）由 Bagging 方法产生的袋外（OOB）数据，可用来进行袋外估计。袋外估计可以用来估计单个特征的重要性，也可以用来估计模型的泛化误差。

（2）不容易过拟合。

（3）采用 CART 算法作为元学习算法，这使得随机森林能同时处理连续属性和类别属性。

（4）该算法能较好地容忍噪声。

（5）适用于超高维特征向量空间，可以不用进行特征处理，只进行高维数据处理。

（6）调节参数较少，收敛速度快，泛化性能好。

随机森林算法采用了分类回归树作为元分类器，自助法（Bootstrap）作为特征样本构造方法，通过随机特征提取方法进行分类回归树构造。

随机森林算法应用自助法（Bootstrap）重抽样技术，由随机向量$\boldsymbol{\theta}$（分类回归树）构成组合模型$\left\{h\left(\boldsymbol{X},\theta_k\right),k=1,\cdots,p\right\}$。预测变量为数值型变量，生成的随机森林模型为多元回归分析模型[8]。随机森林预测的形成是通过求 k 棵树的$\left\{h\left(\boldsymbol{X},\theta_k\right)\right\}$的平均值而构成随机森林算法的训练样本集的，这些训练样本集各自独立。选择随机向量 $\boldsymbol{Y}$ 和 $\boldsymbol{X}$，数值型预测向量 $h\left(\boldsymbol{X}\right)$ 的推广误差均方值为

$$E_{\boldsymbol{X},\boldsymbol{Y}}\left[\boldsymbol{Y}-h\left(\boldsymbol{X}\right)\right] \tag{6-27}$$

随机森林回归算法有以下特性。

定理 1：当随机森林中树的个数趋近于无穷大时，有

$$E_{\boldsymbol{X},\boldsymbol{Y}}\left[\boldsymbol{Y}-\alpha\upsilon_k h\left(\boldsymbol{X},\boldsymbol{\theta}\right)\right]^2 \rightarrow E_{\boldsymbol{X},\boldsymbol{Y}}\left[\boldsymbol{Y}-E_{\boldsymbol{\theta}}h\left(\boldsymbol{X},\boldsymbol{\theta}\right)\right]^2 \tag{6-28}$$

定理 2：若对于所有的$\boldsymbol{\theta}$，$E\left(\boldsymbol{Y}\right)=E_{\boldsymbol{X}}h\left(\boldsymbol{X},\boldsymbol{\theta}\right)$，则

$$\mathrm{PE}^*\left(\text{forest}\right)\leqslant\bar{\rho}\mathrm{PE}^*\left(\text{tree}\right) \tag{6-29}$$

式中，$\mathrm{PE}^*\left(\text{tree}\right)=E_{\boldsymbol{\theta}}E_{\boldsymbol{X},\boldsymbol{Y}}\left[\boldsymbol{Y}-h\left(\boldsymbol{X},\boldsymbol{\theta}\right)\right]^2$，$\bar{\rho}$ 为余下的$\boldsymbol{Y}-h\left(\boldsymbol{X},\boldsymbol{\theta}\right)$和$Y-h\left(\boldsymbol{X},\boldsymbol{\theta}\right)$之间的权重向量，$\boldsymbol{\theta}$是独立的。随机森林回归算法的实现步骤如下[9]：

（1）原始数据中样本数目为 n 个。应用 Bootstrap 方法从这 n 个原始数据样本中有放回地抽取 m 个自助样本集，用于构建 m 棵分类回归树（Classification And Regression Tree，CART），每次 Bootstrap 抽样中，未被抽到的样本构成了 $n-m$ 个袋外数据（Out-Of-Bag，OOB），作为随机森林的测试样本。

（2）在原始数据样本中包含的变量个数为 p，在每棵树的每个节点处，从所有的 p 个变量中随机抽取 k 个变量（$k<p$），作为备选分枝变量，在其中根据分支优度准则，选取最优分枝。在随机森林回归算法中，一般设参数$k=p/3$。

（3）每棵分类回归树开始自上而下地递归分枝并不进行剪枝，一般设定叶节点最小尺

寸值为 5，以此作为回归树生长的终止条件；

（4）将生成的 m 棵回归树组成随机森林的回归模型，回归的效果评价采用袋外数据预测残差的均方值。

$$\mathrm{MSE_{OOB}} = n^{-1}\sum_{1}^{n}\left\{y_i - \hat{y}_i^{\mathrm{OOB}}\right\}^2 \tag{6-30}$$

$$R_{RF}^2 = 1 - \frac{\mathrm{MSE_{OOB}}}{\hat{\sigma}_y^2} \tag{6-31}$$

式中，y_i 为袋外数据的因变量实际值，$\hat{y}_i$ 为随机森林对袋外数据的预测值。$\hat{\sigma}_y^2$ 为随机森林对袋外数据的预测方差。

为验证随机森林算法对数据预测的精度，保证在进行补偿算法和不确定单元计算时能有良好的输出精度，对正常环境中的随机森林信号跟踪能力进行研究是很必要的。以某一敏感元件对不同气体浓度的信号突变响应为例，分析随机森林的信号跟踪能力，并从预测精度及追踪时间方面，与常规的反向传播（BP）神经网络、径向基（RBF）神经网络及相关向量机（RVM）算法进行对比。

以下根据传感器由于气体浓度改变而发生突变后产生的信号，研究随机森林算法、相关向量机算法、RBF 神经网络、BP 神经网络的信号跟踪能力，并从其预测精度以及跟踪事件进行分析对比。以下试验均采用相同数据，在一台中央处理器（型号为 Core 5）、主频为 2.5GHz、内存为 4G 的计算机上，用 MATLAB 编程实现，具体步骤如下：

①构造训练样本矩阵。设定输入的样本共 n 个，则输入的样本矩阵可以定义为 $\boldsymbol{Q}' = [\boldsymbol{Q}_1 \quad \boldsymbol{Q}_2 \quad \cdots \quad \boldsymbol{Q}_{m-k}]^{\mathrm{T}}$，目标向量为 $\boldsymbol{T}' = [T_1 \quad T_2 \quad \cdots \quad T_{m-k}]^{\mathrm{T}}$，训练样本与目标样本的对应关系如表 6-2 所示，其中，k 是单次训练样本长度，即步长，m 为正常工作的训练样本总数。

表 6-2　训练样本与目标样本的对应关系

序号	训练样本	目标样本
1	$x(1), x(2), \cdots, x(k)$	$x(k+1)$
2	$x(2), x(3), \cdots, x(k+1)$	$x(k+2)$
…	…	…
$m-k$	$x(m-k), x(m-k+1), \cdots, x(m-1)$	$x(m)$

（2）把 $[x(m-k+1), x(m-k+2), \cdots, x(m)]$ 输入已建立的预测模型，可得到 $m+1$ 时刻的预测值 $\hat{x}(m+1)$。把预测值 $\hat{x}(m+1)$ 与测量值 $x(m+1)$ 进行比较，获取该时刻的测量误差。

选取随机森林算法默认参数进行跟随验证，图 6-6 所示分别是 BP 神经网络、RBF 神经网络、相关向量机（Relevance Vector Machine，RVM）和随机森林（RF）4 种预测模型在不同气体浓度下的正常突变信号在 230s 内的跟踪结果，表 6-3 是不同预测模型在每个采样点之间的时间间隔以及在 230s 内预测误差值的比较结果。

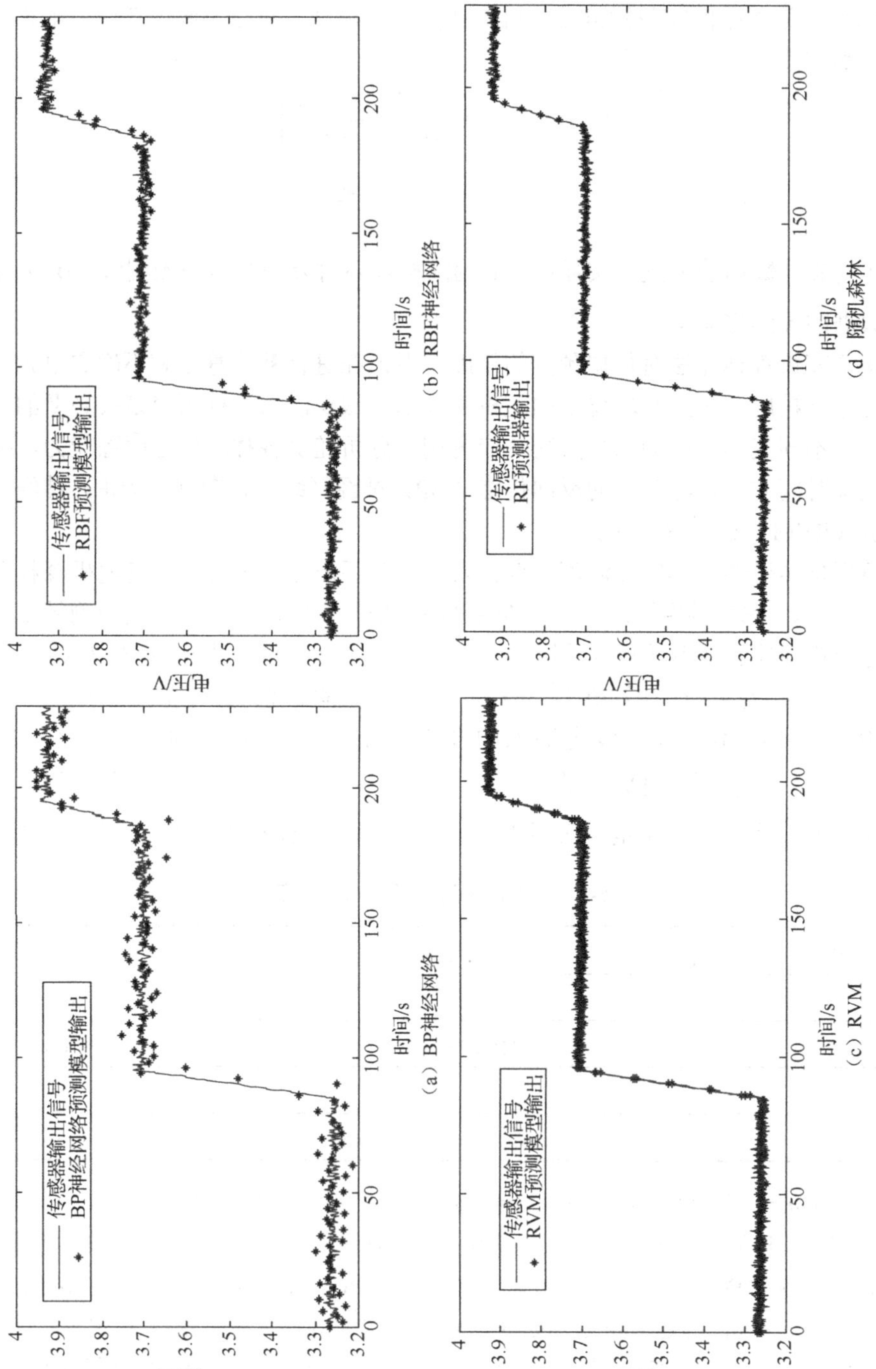

图 6-6　4 种预测模型在不同气体浓度下的正常突变信号在 230s 内的跟踪结果

表 6-3　不同预测模型对真实突变信号的跟踪性能

预测模型	BP 神经网络	RBF 神经网络	RVM	RF
平均相对误差/%	2.29	0.28	0.18	0.024
时间/s	0.186	0.15	0.272	0.193

由表 6-3 可知，BP 神经网络与其余 3 种预测模型相比其精度都处于明显的弱势。RVM 的精度略高于 RBF 神经网络，其数量级相同，速度略慢。RVM 相对于 BP 神经网络精度有大幅度提高。相比之下，随机森林算法在精度上有很大程度的提升。在运算所用时间方面，4 种算法的运算所用时间差别不大，处在同一数量级，能够满足系统的实时性要求。

2. 温/湿度补偿算法模型

温/湿度补偿是传感器智能化算法中最重要的一部分，气体传感器在相同浓度气体下，会随着环境中温/湿度的变化逐渐出现漂移现象。这种现象导致测量时出现额外的误差，在极大程度上影响了气体传感器的输出精度及稳定性。然而，温度漂移的原因比较复杂，如传感器自身的老化、传感器材料与腐蚀性气体发生反应等。传感器的老化没有规律可循，难以建立一个任何环境都适用的数学模型，因此无法根据传感器漂移机理对传感器的温度漂移进行建模。这里采用基于随机森林回归算法的、从数据驱动的角度进行温/湿度漂移补偿的算法。因不同气敏元件对温/湿度的响应不同，需以气体传感器阵列所针对的 4 种气体为研究对象，分别进行温/湿度补偿算法研究。以气体传感器阵列中各敏感元件（气敏、温敏和湿敏）的采样电压值为输入样本，实时输出 4 种气体的真实浓度值。从数据驱动的角度，能够自适应抑制传感器的温/湿度漂移，借此实现对传感器输出的有效补偿，提高检测精度。但由于输出数据趋势不变，因此应用数据驱动的方法在一定程度上抑制了气体传感器的温度漂移，也可提高检测精度。所谓数据驱动的方法就是单纯根据历史数据的输入/输出关系，在无法探知系统内部结构及各部件之间关联性的情况下，通过获取系统的输出值，避免了分析没有规律的漂移机理。温/湿度补偿训练模型如图 6-7 所示。

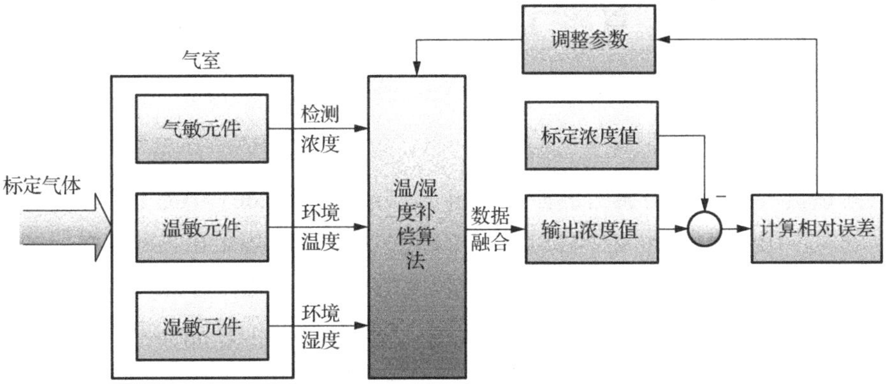

图 6-7　温/湿度补偿训练模型

训练完成后，应用已成功建立的模型实现补偿算法，借此实现漂移的补偿。温/湿度补偿过程模型如图 6-8 所示，具体步骤如下：

（1）采集被测气体，并输入气室中，等待气体充分并均匀分布在气室中。

（2）建立一个多值的输入样本，该样本包括气敏元件的采集电压值及温度或湿度传感器的输入电压值。

（3）获取气体传感器阵列中各种气体的补偿浓度值。

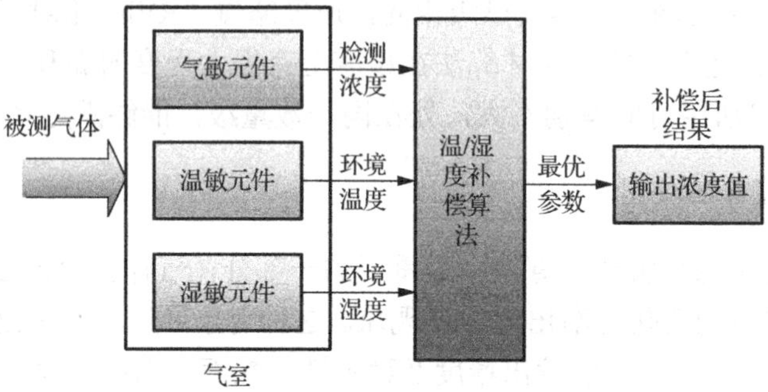

图 6-8　温/湿度补偿过程模型

为简化计算方法，气体传感器阵列内部的 14 个传感器在计算温/湿度补偿时不会全部应用，而是先采用单一检测气体进行温/湿度补偿。首先将标定气体输入气室，通过温/湿度箱控制气室内的温度与湿度，并将气体传感器采集的气敏元件、温敏元件、湿敏元件采集的数据作为一组训练样本的输入值，经随机森林算法计算后获取温度补偿后的输出浓度值，把该输出浓度值与气室内气体的标定浓度值进行对比，获取相对误差。然后更新算法的参数，并重新进行训练，直到获取最优参数为止，把最优参数作为补偿过程的模型参数。在验证时，把测试数据（包括浓度、温度及湿度）作为输入值，经温/湿度补偿模型处理后获取新的输出浓度值。

6.3　智能气体传感器数据恢复方法

6.3.1　相关向量机基本理论

相关向量机（RVM）是美国学者 Michal E. Tipping 在 2001 年提出的一种基于贝叶斯（Bayes）学习理论的有监督小样本机器学习方法。其基本思想是在贝叶斯框架之下，实现分类与回归，并借助自相关的判断理论，对那些不相关的点进行移除，从而得到一个基于核函数的稀疏解。与支持向量机（SVM）相比，相关向量机的稀疏性更强，参数设置更简单，只需对核函数参数进行设置，并且核函数不受 Mercer 定理的限制，能够给出预测的概率信息，在保证精度的同时提高了预测的速度，特别适用于函数的回归与分类。

假定训练样本集为 $\{\boldsymbol{x}_i,\boldsymbol{t}_i\}_{i=1}^N$，其中，$\boldsymbol{x}_i \in \mathbf{R}^{\mathrm{d}}$，为输入向量，$\boldsymbol{t}_i \in \mathbf{R}$，为输出向量。假定 $\boldsymbol{x}_i$ 和 $\boldsymbol{t}_i$ 都是独立分布的，它们之间的关系可以表示为

$$\boldsymbol{t}_i = y(\boldsymbol{x}_i,\boldsymbol{w}) + \varepsilon_i \tag{6-32}$$

在贝叶斯框架下，上式中的 ε_i 为噪声，其均值等于 0，而其方差为 σ^2 的高斯分布。在此，假设模型中的 σ^2 为未知量，此时，以训练样本集目标值的噪声方差为依据，给定一个初值。相关向量机的输出模型的一般表达式为

$$y(x,\boldsymbol{w}) = \sum_{i=1}^{N} \boldsymbol{w}_i K(x,x_i) + \boldsymbol{w}_0 \tag{6-33}$$

式中，$K(x,x_i)$ 为核函数，$\boldsymbol{w}_i$ 为权重向量。由于 ε_n 满足高斯分布，假设训练样本独立同分布，则相应的训练样本集的似然函数为

$$p(\boldsymbol{t}|\boldsymbol{w},\sigma^2) = (2\pi\sigma^2)^{-N/2} \exp\left\{-\frac{1}{2\sigma^2}\|\boldsymbol{t}-\boldsymbol{\Phi}\boldsymbol{w}\|^2\right\} \tag{6-34}$$

式中，$\boldsymbol{t}=(t_1,\cdots,t_N)^{\mathrm{T}}$ 为目标向量，$\boldsymbol{w}=(\boldsymbol{w}_0,\cdots,\boldsymbol{w}_N)^{\mathrm{T}}$ 为参数向量，$\boldsymbol{\Phi}=[\boldsymbol{\phi}(x_1),\cdots,\boldsymbol{\phi}(x_N)]^{\mathrm{T}}$ 为基函数，而且 $\boldsymbol{\phi}(x_n)=[1,K(x_n,x_1),\cdots,K(x_n,x_N)]^{\mathrm{T}}$，为了防止通过极大似然法估计 $\boldsymbol{w}$ 和 σ^2 值时导致过学习问题，假设 $\boldsymbol{w}_i$ 服从均值为 0、方差为 α_i^{-1} 的高斯分布，则 $\boldsymbol{w}$ 的先验条件概率分布为

$$p\left(\boldsymbol{w}|\boldsymbol{\alpha}\right) = \prod_{i=0}^{M} N\left(\boldsymbol{w}_i \middle| 0,\alpha_i^{-1}\right) \tag{6-35}$$

式中，$\boldsymbol{\alpha}$ 是决定权重向量 $\boldsymbol{w}$ 先验分布的超参数组成的超参数向量，根据贝叶斯公式，权重向量 $\boldsymbol{w}$ 的后验概率分布为

$$\begin{aligned} p\left(\boldsymbol{w}\middle|\boldsymbol{t},\boldsymbol{\alpha},\sigma^2\right) &= \frac{p\left(\boldsymbol{t}\middle|\boldsymbol{w},\sigma^2\right)p\left(\boldsymbol{w}|\boldsymbol{\alpha}\right)}{p\left(\boldsymbol{t}\middle|\boldsymbol{\alpha},\sigma^2\right)} \\ &= (2\pi)^{-(N+1)/2}|\boldsymbol{\Sigma}|^{-1/2}\exp\left\{-\frac{1}{2}(\boldsymbol{w}-\boldsymbol{\mu})^{\mathrm{T}}\boldsymbol{\Sigma}^{-1}(\boldsymbol{w}-\boldsymbol{\mu})\right\} \end{aligned} \tag{6-36}$$

式中，后验协方差矩阵 $\boldsymbol{\Sigma}=\left(\sigma^{-2}\boldsymbol{\Phi}^{\mathrm{T}}\boldsymbol{\Phi}+\boldsymbol{A}\right)^{-1}$，均值向量 $\boldsymbol{\mu}=\sigma^{-2}\boldsymbol{\Sigma}\boldsymbol{\Phi}^{\mathrm{T}}\boldsymbol{t}$，$\boldsymbol{A}=\mathrm{diag}(\alpha_0,\alpha_1,\cdots,\alpha_N)$。

若利用狄拉克 δ 函数来完成近似运算的话，就可将相关向量机的学习问题转变为寻求超参数后验分布 $p\left(\boldsymbol{\alpha},\sigma^2|\boldsymbol{t}\right)$ 关于 $\boldsymbol{\alpha}$ 和 σ^2 的最大值问题，在一致超先验的情况之下，只需将 $p(\boldsymbol{t}|\boldsymbol{\alpha},\sigma^2)$ 最大化，即

$$\begin{aligned} p(\boldsymbol{t}|\boldsymbol{\alpha},\sigma^2) &= \int p(\boldsymbol{t}|\boldsymbol{w},\sigma^2)p(\boldsymbol{w}|\boldsymbol{\alpha})\mathrm{d}\boldsymbol{w} \\ &= (2\pi)^{-N/2}\left|\sigma^2\boldsymbol{I}+\boldsymbol{\Phi}\boldsymbol{A}^{-1}\boldsymbol{\Phi}^{\mathrm{T}}\right|^{-1/2}\exp\left\{-\frac{1}{2}\boldsymbol{t}^{\mathrm{T}}\left(\sigma^2\boldsymbol{I}+\boldsymbol{\Phi}\boldsymbol{A}^{-1}\boldsymbol{\Phi}^{\mathrm{T}}\right)^{-1}\boldsymbol{t}\right\} \end{aligned} \tag{6-37}$$

根据 MacKay 方法，整理得

$$\alpha_i^{\mathrm{new}} = \frac{\gamma_i}{\mu_i^2} \tag{6-38}$$

式中，μ_i是均值向量$\boldsymbol{\mu}$的第i个元素，MacKay 方法中定义$\gamma_i = 1-\alpha_i N_{ii}$，其中$N_{ii}$为协方差矩阵$\boldsymbol{\Sigma}$的第$i$个对角元素。对噪声方差用同样的方法可得

$$(\sigma^2)^{\text{new}} = \frac{\|\boldsymbol{t}-\boldsymbol{\Phi}\boldsymbol{\mu}\|^2}{N-\sum_{i=0}^{N}\gamma_i} \tag{6-39}$$

相关向量机的学习过程就是根据式（6-36）～式（6-39）完成α_i^{new}、$(\sigma^2)^{\text{new}}$的迭代更新的过程，并在之后对统计量$\boldsymbol{\Sigma}$和$\boldsymbol{\mu}$进行更新，这一过程将在设定的收敛标准得以满足之后结束。从中可以发现，在迭代次数不断增加的情况下，一系列α_i都会趋近于无穷大，而$\boldsymbol{w}_i$则不断趋近于零，此时，其相应的基函数就会被删除，而模型也将稀疏化，$\boldsymbol{w}_i$（满足$\boldsymbol{w}_i \neq 0$条件）对应的向量则被称为“相关向量”。

在对超参数进行估计收敛时，建立在权重基础上的后验分布条件对最大值α_{MP}和σ_{MP}^2都具有一定的依赖性，对于一个新的测试样本x_*，预测值分布可以记为

$$p\left(t_* \middle| \boldsymbol{t},\alpha_{MP},\sigma_{MP}^2\right) = \int p\left(t_* \middle| \boldsymbol{w},\sigma_{MP}^2\right) p\left(\boldsymbol{w} \middle| \boldsymbol{t},\alpha_{MP},\sigma_{MP}^2\right)\mathrm{d}\boldsymbol{w} \tag{6-40}$$

由于被积函数都满足高斯分布，因此

$$p(t_* \mid \boldsymbol{t},\alpha_{MP},\sigma_{MP}^2) = N(t_* \mid y_*,\sigma_*^2) \tag{6-41}$$

式中，$y_* = \boldsymbol{\mu}^{\mathrm{T}}\boldsymbol{\phi}(x_*)$，$\sigma_*^2 = \sigma_{MP}^2 + \boldsymbol{\phi}(x_*)^{\mathrm{T}}\boldsymbol{\Sigma}\boldsymbol{\phi}(x_*)$，测试样本$x_*$对应的预测值$t_*$的均值=$y(x_*,\boldsymbol{\mu})$，此时可将其视为新观测值的预测输出。

6.3.2 相关向量机核函数选择

同支持向量机（SVM）一样，相关向量机也是一种以核函数为核心的学习方法，但相关向量机在选择核函数时不受 Mercer 定理的限制，可供选择的种类较多，较常见的主要有如下几种：

（1）线性核函数。

$$K(x,z) = \langle x,z \rangle \tag{6-42}$$

线性核函数是相关向量机（RVM）算法早期产生的一种核函数，其模型相对简单，计算复杂度较低。

（2）高斯径向基核函数（RBF 核函数）。

$$K(x,z) = \exp\left(-\frac{\|x-z\|^2}{\sigma^2}\right) \tag{6-43}$$

高斯核函数是目前应用较多的一种核函数，由于其收敛域较宽，因此适用于各种情况下的样本识别。

（3）多项式核函数。

$$K(x,z) = \left(\frac{1}{\sigma^2}xz+1\right)^p \tag{6-44}$$

多项式核函数具有较强的全局学习能力，距离较远的数据点也会对核函数的值产生一定的影响。在式（6-44）中，p 是特征调节因子，随着 p 值的增大，核函数映射的维数也会增大，模型的计算复杂度也随之增加，从而影响算法的泛化性能。

（4）Sigmoid 核函数。

$$K(x,z)=\tanh\left(s\langle x,z\rangle+C\right) \tag{6-45}$$

Sigmoid 核函数也具有较强的全局学习能力，将其应用于相关向量机算法中时，其学习方法与多层感知的神经网络类似，泛化性能较好。但因为它的参数 C 需满足一定的条件才能作为核函数使用，所以在一定程度上限制了它的使用范围。

核函数在很大程度上决定了相关向量机算法的性能，但是，在实际应用中选择哪种核函数能最大限度地发挥相关向量机算法的性能并且是解决问题的最优方法，目前在这方面仍然没有一个好的方法，在多数情况下，还是通过大量的实验和经验来选择。

在此，选取线性核函数为研究对象，对相关向量机决策函数计算过程的复杂性进行验证，在核函数参数等于 1 的情况下，有

$$K(\boldsymbol{x},y)=(\boldsymbol{x}^{\mathrm{T}}y)+1 \tag{6-46}$$

可得

$$\begin{aligned}f_{\mathrm{RVM}}&=\sum_{i=1}^{N}a_i(\boldsymbol{x}^{\mathrm{T}}x_i+1)\\&=\boldsymbol{x}^{\mathrm{T}}(\sum_{i=1}^{N}a_ix_i)+(\sum_{i=1}^{N}a_i)\\&=\boldsymbol{x}^{\mathrm{T}}x^*+b'\end{aligned} \tag{6-47}$$

式中，$x^*=\sum_{i=1}^{N}a_ix_i$，$b'=\sum_{i=1}^{N}a_i$。

从上式中可以发现，此时的相关向量分类器与模板分类器无异。可利用相关向量（RV）的加权均值确定模板 x^*，并提前计算其值。这样，计算过程的复杂程度不会受到相关向量数目的影响。

至于非线性分类器，也可以在映射空间找到其相应的模板匹配模式。此时，将存在一个非线性映射函数 $\boldsymbol{\Phi}(x)$（由向量 $\boldsymbol{x}$ 映射到高维空间 H），并且满足以下条件：$K(x,y)=\boldsymbol{\Phi}(x)^{\mathrm{T}}\boldsymbol{\Phi}(y)$。此时，相关向量分类器的表达式如下：

$$f_{\mathrm{RVM}}(x)=\boldsymbol{\Phi}^{\mathrm{T}}(x)[\sum_{i=1}^{N}a_i\boldsymbol{\Phi}(x_i)]=\boldsymbol{\Phi}^{\mathrm{T}}(x)\boldsymbol{\Phi}^* \tag{6-48}$$

此时，$K(\boldsymbol{x},x_i)=(\boldsymbol{x}^{\mathrm{T}}x_i+1)^2$，它的映射空间的维数为 $N(N+1)/2$，N 是输入向量的维数。从式（6-48）中不难发现，

$$\boldsymbol{\Phi}^*=\sum_{i=1}^{N}a_i\boldsymbol{\Phi}(x_i)$$

其中，$f_{\mathrm{RVM}}(x)$代表的是一种映射的加权均值，它利用H空间中（高维空间）的模板匹配器实现模板到H空间相关向量的映射。其计算方式与线性分类器相同，首先对模板$\boldsymbol{\Phi}^*$进行计算，接着，充分运用H空间的内积，完成$f_{\mathrm{RVM}}(x)$的计算。如此一来，计算过程的复杂程度将不受相关向量数目的任何影响。但要注意的是，因H空间的维数极高，$\boldsymbol{\Phi}(x)$的计算难度要比直接核函数的计算难度大得多。由此可见，运用这种方法并没有缩短计算时间。

与相关向量的个数相比，$\boldsymbol{\Phi}(x)$的维数要大得多，这就导致模板的计算难度大大增加，远远超过了直接计算核函数。由此可以推断，在对非线性函数进行计算时，其计算过程势必与相关向量存在关联。而且，与相关向量机算法中相关向量的个数相比，支持向量机算法的支持向量的个数要多得多。因此，运用支持向量机算法的计算难度大于相关向量机算法的计算难度。

6.3.3 基于相关向量机的气体传感器故障数据恢复

任意两种敏感单元的相关性可以用相关系数$r(x_j,x_k)$表示，即

$$r(x_j,x_k)=\frac{\mathrm{Cov}(x_j,x_k)}{\sqrt{\mathrm{Var}(x_j)\cdot\mathrm{Var}(x_k)}} \tag{6-49}$$

式中，x_j和x_k表示敏感单元响应的输出信号。由于不同敏感单元之间具有较强的相关性，为故障数据的恢复提供了依据。为了实现气体传感器的在线故障数据恢复，根据各敏感单元输出值之间的关系，在对故障数据的恢复过程中，充分利用多个敏感单元之间的相关性，先分别建立基于相关向量机的敏感单元测量值之间的回归模型，根据无故障数据对模型进行训练。然后，以其中无故障敏感单元的输出值作为相关向量机回归模型的输入集，来估计发生故障的敏感单元的输出值，用所估计的数据代替故障数据，从而实现故障数据的短时恢复。故障数据恢复后，就可继续利用相关向量回归原理对气体浓度进行测量。

为了验证该数据恢复方法的性能，对各敏感单元发生故障的情况分别进行故障数据的恢复仿真实验，并与支持向量机算法和 RBF 神经网络算法进行比较。图 6-9 为不同回归模型下CO_x敏感单元发生掉电故障的数据恢复情况，利用其他无故障敏感单元的输出数据对CO_x敏感单元的故障数据进行回归分析。图 6-10 为不同回归模型下NO_x敏感单元发生冲击故障的数据恢复情况，利用其他无故障敏感单元的输出数据对NO_x敏感单元的故障数据进行回归分析。图 6-11 为不同回归模型下SO_2敏感单元发生过载故障的数据恢复情况，利用其他无故障敏感单元的输出数据对SO_2敏感单元的故障数据进行回归分析。

表 6-4 为不同回归模型的性能比较，从表中可以看出，RVM 模型的相对误差最小，均在 3%以内，并且在恢复准确度（均方根误差）和计算时间上都优于其他两种回归模型。

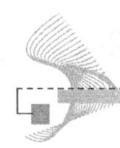

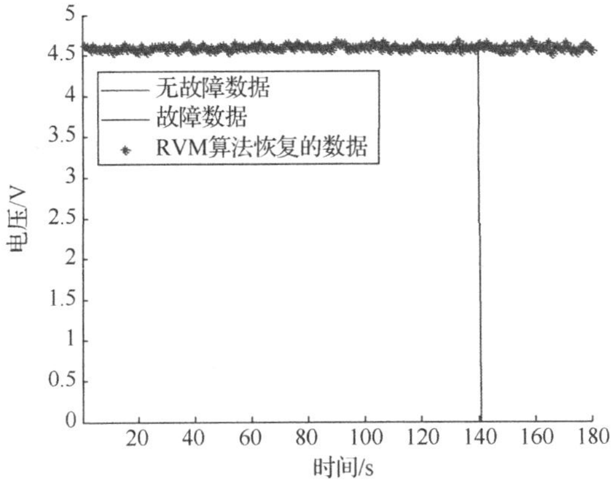

（a）RVM回归模型

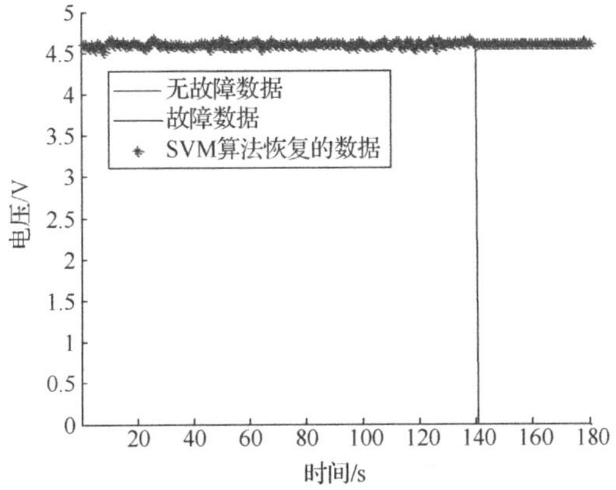

（b）SVM回归模型

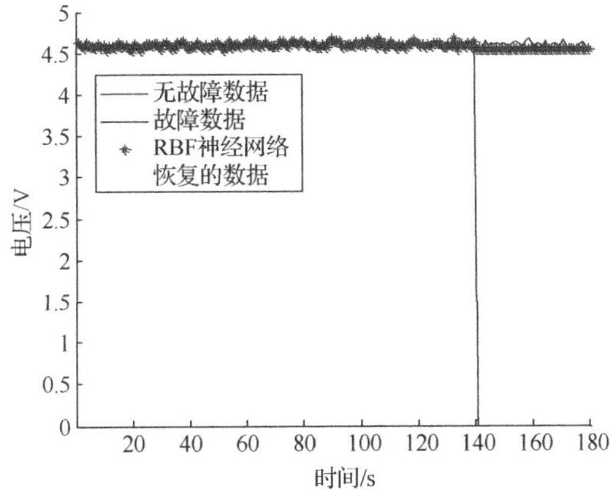

（c）RBF网络回归模型

图 6-9　不同回归模型下 CO_x 敏感单元发生掉电故障的数据恢复情况

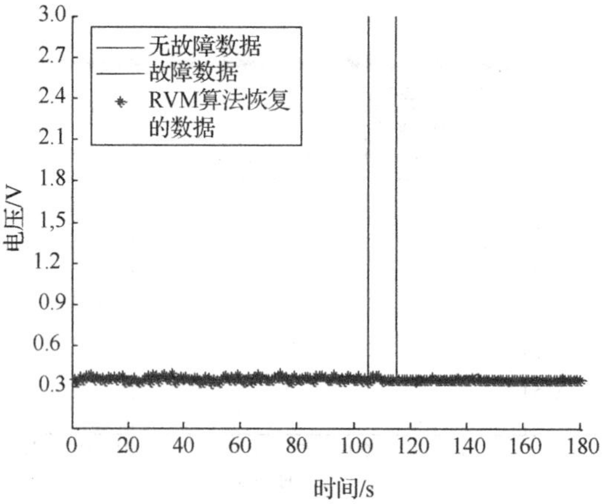

（a）RVM回归模型

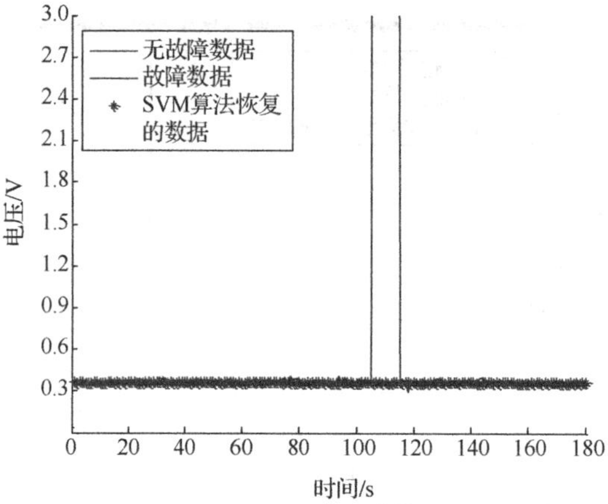

（b）SVM回归模型

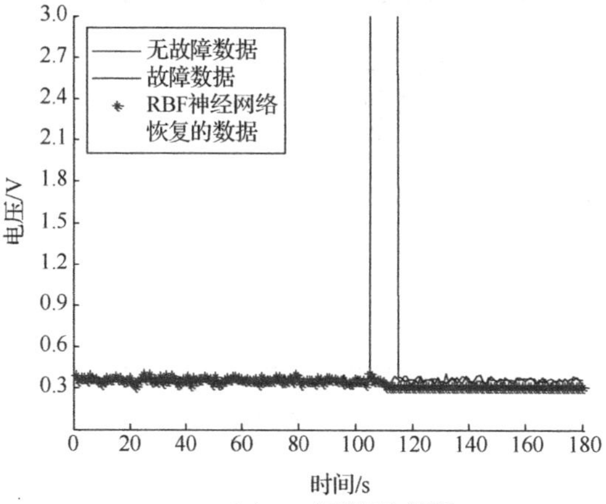

（c）RBF网络回归模型

图 6-10　不同回归模型下 NO_x 敏感单元发生冲击故障的数据恢复情况

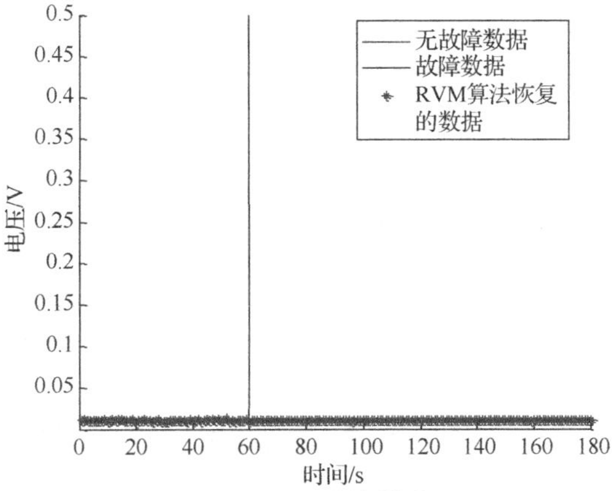

（a）RVM回归模型

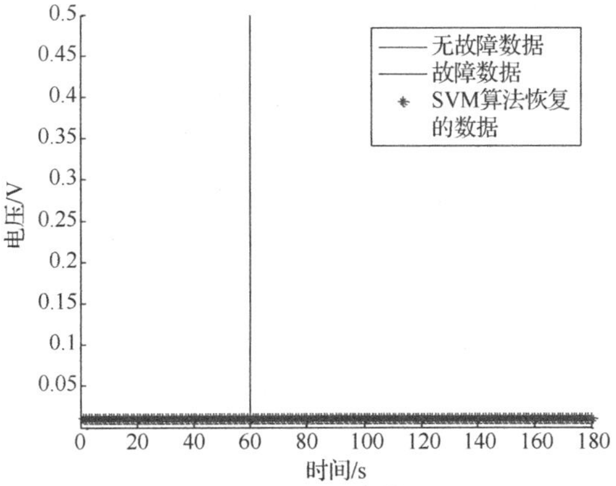

（b）SVM回归模型

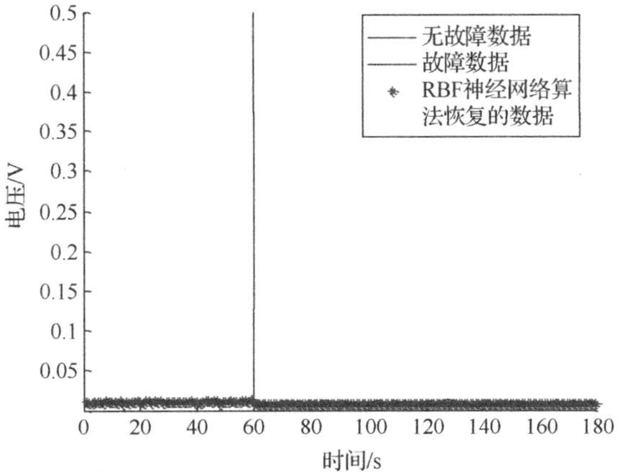

（c）RBF神经网络回归模型

图 6-11　不同回归模型下 SO_2 敏感单元发生过载故障数据恢复情况

表 6-4 不同回归模型的性能比较

故障类型	RVM			SVM			RBF 神经网络		
	相对误差	均方根误差	计算时间/s	相对误差	均方根误差	计算时间/s	相对误差	均方根误差	计算时间/s
掉电故障	0.0257	0.0562	0.3116	0.0266	0.0636	0.3472	0.0413	0.1370	0.8673
冲击故障	0.0249	0.0432	0.4038	0.0258	0.0615	0.4107	0.0416	0.2714	0.8510
过载故障	0.0234	0.0365	0.3026	0.0239	0.0549	0.4115	0.0351	0.0956	0.7579

6.4 智能气体传感器的故障诊断

6.4.1 气体传感器故障模式分析

根据气体传感器的特征结构和专家经验，深入研究传感器的失效机理，进行全面的故障模式分析，得到敏感单元的主要故障类型，包括失效、过载、变化率异常、冲击、掉电 5 种情况。在故障仿真软件中，通过对敏感单元输出信号的差异分析，模拟真实故障，建立气敏单元各种故障与输出信号的特征关系，如图 6-12～图 6-18 所示。

（1）失效故障。敏感单元加热电极和敏感膜的脱落也可能导致失效故障发生。失效故障的特征是敏感单元的输出信号不随气体浓度的变化而变化，测量值基本保持恒定。

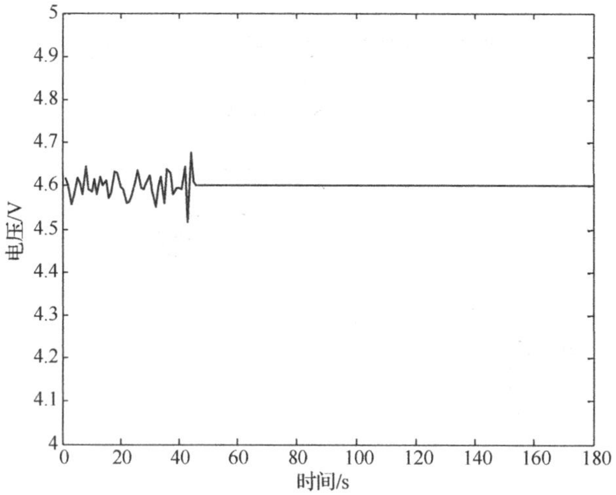

图 6-12 失效故障与输出信号的特征关系

（2）过载故障。敏感单元的供电电源可能损坏或用长期运行而产生偏压，这些都可能导致过载故障。过载故障的表现形式是敏感单元的输出信号不随气体浓度的变化而变化，而是始终保持一个较大的恒定偏压。

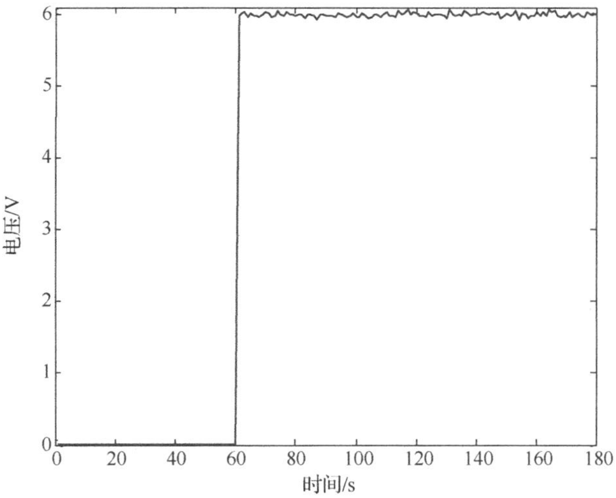

图 6-13 过载故障与输出信号的特征关系

（3）变化率异常故障。敏感单元的内部放大电路或信号调理电路出现故障，可能会导致变化率异常。变化率异常故障特征表现为敏感单元的输出信号异常波动。

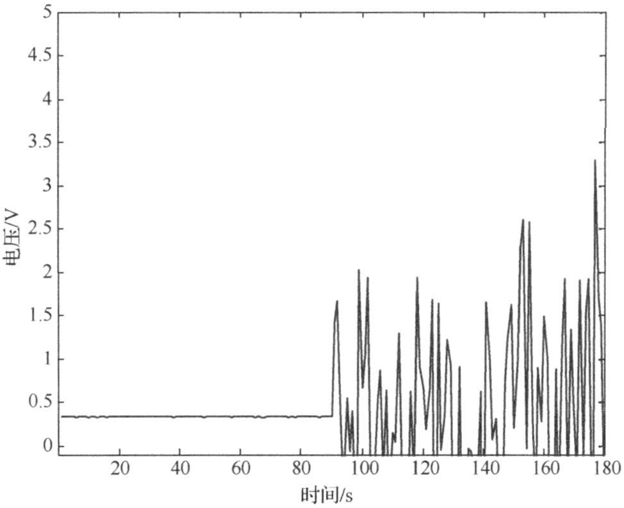

图 6-14 变化率异常故障与输出信号的特征关系

（4）冲击故障。干扰信号作用的时间常常很短，并且敏感单元输出信号呈尖峰状，因此称为冲击故障。

（5）掉电故障。气体传感器的掉电故障通常是由于信号电极损坏（开路、短路）引起的。掉电故障表现为该敏感单元的输出信号迅速下降至零，并且不随气体浓度的变化而变化。

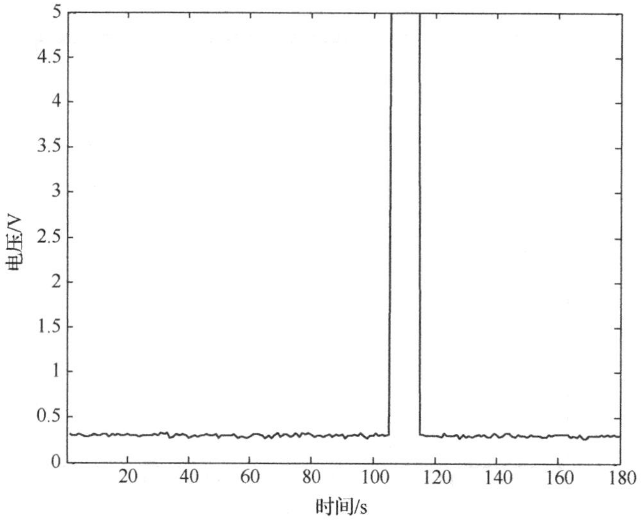

图 6-15　冲击故障与输出信号的特征关系

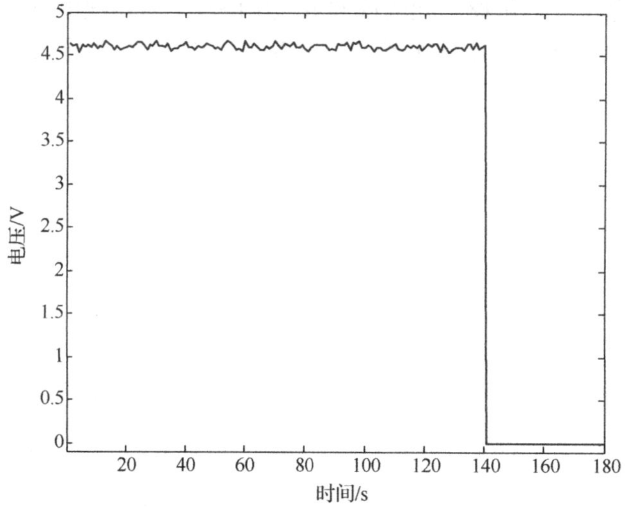

图 6-16　掉电故障与输出信号的特征关系

6.4.2　气体传感器在线故障检测

利用数理统计方法实时监测气体传感器是否发生了故障，即通过计算传感器中各个敏感单元输出信号的相邻三点的方差，得到输出数据的变换率，从而判断敏感单元是否发生了故障。首先设定一个阈值，然后计算相邻三点的方差，把它与设定的阈值进行比较。如果该方差低于或高于阈值，就说明敏感单元发生了故障。

为了验证故障检测方法的性能，对以上 5 种常见的故障进行在线检测的仿真实验。根据各个气体敏感单元的测量范围、精度以及长期数据统计及使用经验，设定各敏感单元的阈值范围。

基于以上设定的阈值，对一氧化碳敏感芯片的失效和掉电故障检测方法进行了仿真，检测结果如图 6-17 和图 6-18 所示。

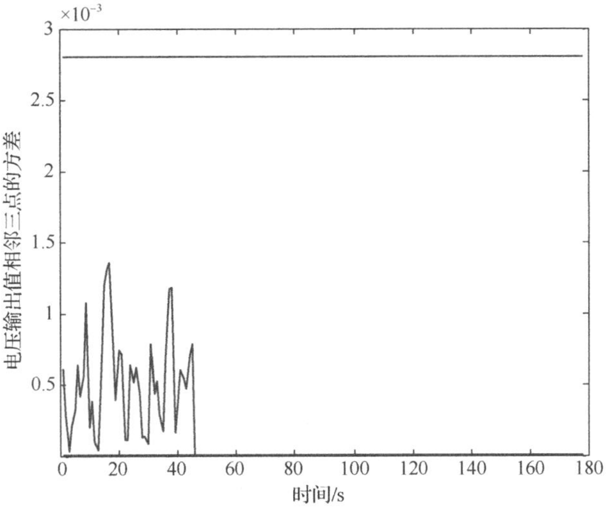

图 6-17　失效故障检测方法仿真结果

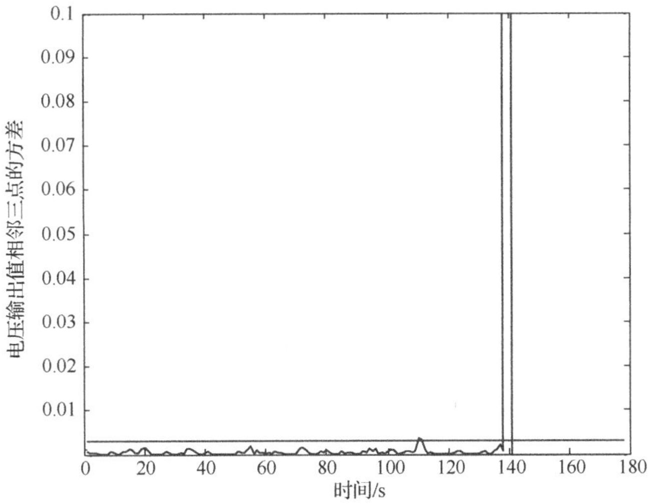

图 6-18　掉电故障检测方法仿真结果

从图 6-17 可以看出，45s 以后相邻三点的方差低于设定的阈值下限，接近 0，说明发生了故障。在图 6-18 中，138s 时相邻三点的方差突然高于阈值上限，然后又下降到低于阈值下限，说明发生了故障。

图 6-19 和图 6-20 分别为变化率异常故障检测方法仿真结果和冲击故障检测方法仿真结果。

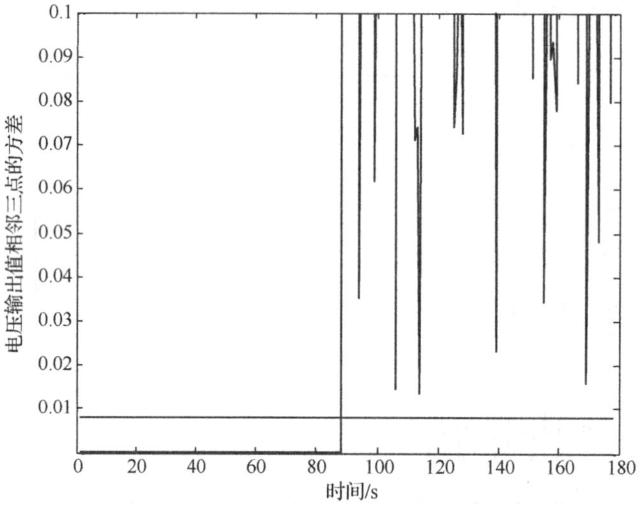

图 6-19　变化率异常故障检测方法仿真结果

在图 6-19 中，90s 后电压输出值相邻三点的方差发生不规则变化且高于阈值上限，说明敏感单元发生了故障。从图 6-20 中可以发现，在 105～115s，电压输出值相邻三点的方差呈尖峰状。且大于阈值上限，说明这段时间内发生了故障。

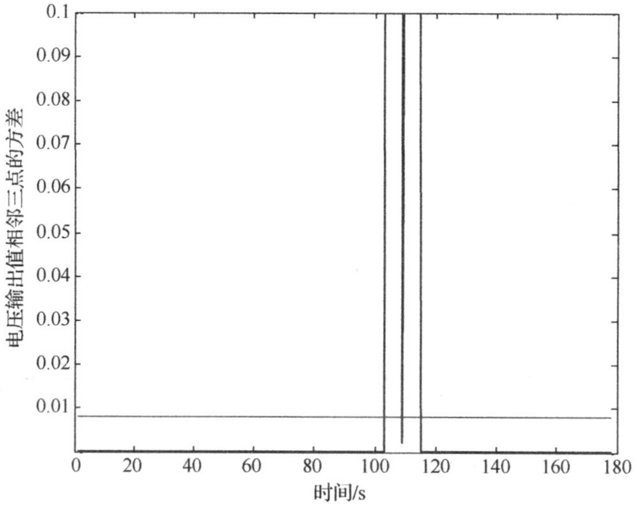

图 6-20　冲击故障检测方法仿真结果

基于 SO_2 敏感单元的过载故障方法仿真结果如图 6-21 所示，在 60s 左右，电压输出值相邻三点的方差瞬间增大，超出了设定的阈值上限，说明此时发生了故障。

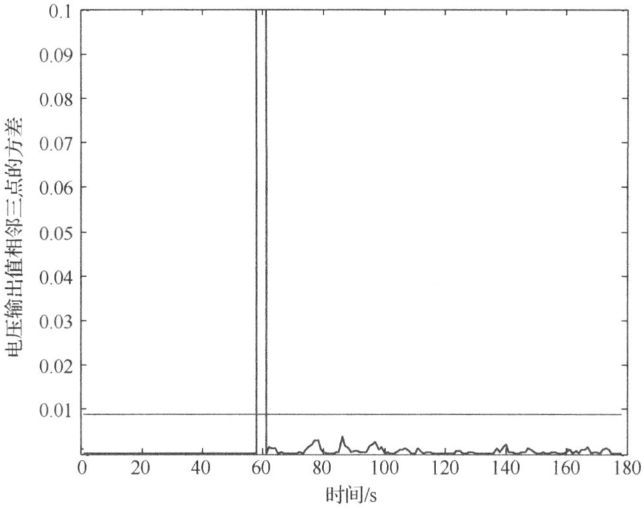

图 6-21　过载故障检测方法仿真结果

6.4.3　基于核主成分分析的气体传感器故障特征提取

1. 核主成分分析

核主成分分析（Kernel Principal Component Analysis, KPCA）方法是 Scho Lkopf 等人在研究支持向量分类算法提出的，KPCA 方法原理如下：通过事先选择的某种非线性映射，将输入向量 ***X*** 映射到一个高维特征空间 *F*，使输入向量具有更好的可分性，然后对高维特征空间中的映射数据做线性主成分分析，从而得到数据的非线性主成分，以所选择的非线性主成分作为特征子空间。线性主成分是原始变量的线性组合，它使数据点到它所代表的直线间的距离之和最小，而非线性主成分则使数据点到它所代表的曲线或者曲面间的距离之和最小。通过该方法可将线性主成分分析拓展到非线性研究领域，从而为气体传感器故障特征的提取提供了一种有效的方法。

常用的核函数有线性核函数、多项式核函数、径向基核函数等，由于径向基核函数具有良好性能，因此在实际应用中，一般选择径向基核函数作为核主成分分析的核函数。

2. 特征评估方法

利用第 4 章 4.3.2 节介绍的故障特征评估方法对特征的可分性进行评估的。评估原则如下：根据同一类的类内特征距离最小、不同类的类间特征距离最大原则，若某一特征同一类的类内距离越小，不同类的类间距离越大，则这一特征越敏感，该特征区分这些类别的能力就越强。

在提取特征时，应该满足如下条件：

（1）对于两类，所选取的特征中至少有一个的区分度因子大于 1，即对于两类，至少有一个特征能够被区分。

（2）在满足条件（1）的前提下，每个特征的综合评估因子越大越好。

3. 基于核主成分分析特征提取验证

1）基于核主成分分析特征提取结果

在确定了基于核主成分分析所选择的核函数参数后，利用最优核函数参数对数据进行特征提取，然后将所提取的特征输入多分类支持向量机，进行故障诊断。下面通过对故障仿真数据进行分析，说明基于核主成分分析特征提取方法的有效性。对于每种故障模式，选取了 20 组数据用于特征提取。图 6-22 为在最优核函数参数下基于核主成分分析特征提取的第一主成分和第二主成分的投影图，图 6-23 为在最优核函数参数下基于核主成分分析特征提取的第一主成分和第三主成分的投影图，图 6-24 为在最优核函数参数下基于核主成分分析特征提取的第二主成分和第三主成分的投影图。

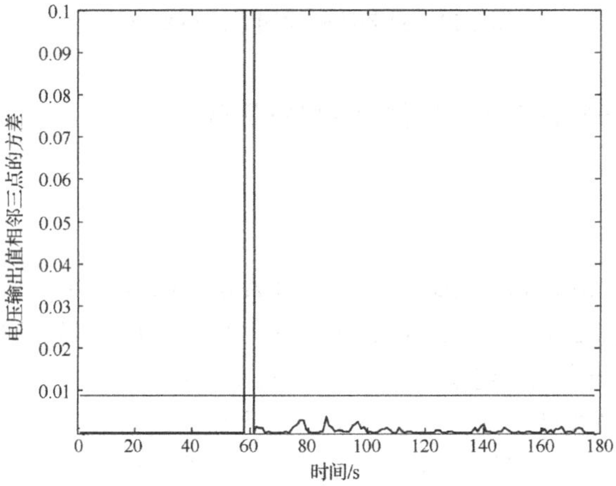

图 6-22　第一主成分和第二主成分的投影图（$\sigma=902.3$）

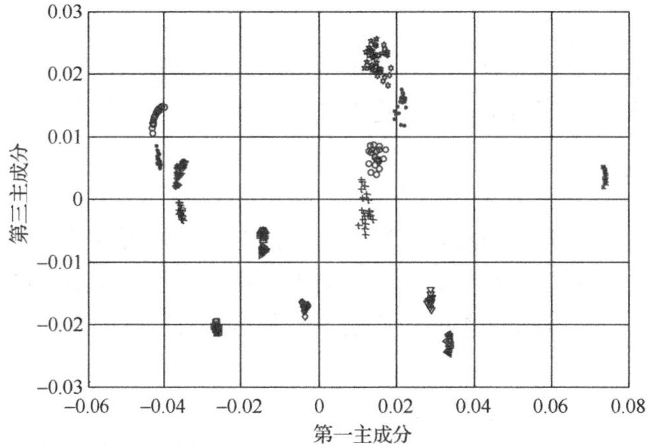

图 6-23　第一主成分和第三主成分投影图（$\sigma=902.3$）

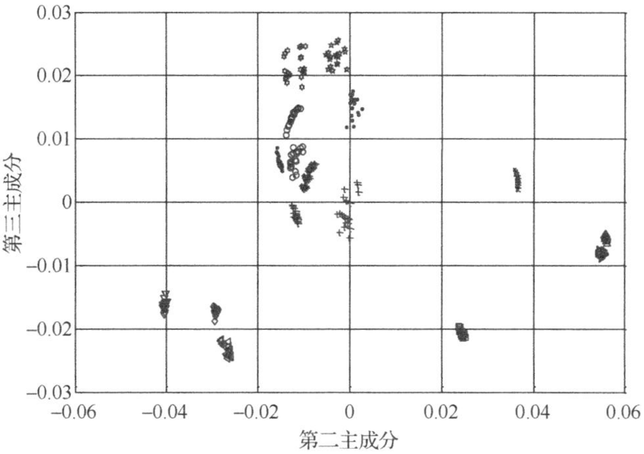

图 6-24　第二主成分和第三主成分投影图（$\sigma = 902.3$）

主成分数为 165，第一、二、三主成分的累计贡献率达到了 51.29%，从图中可以看出，各类故障基本可区分。为了说明核函数参数优化的必要性，下面给出了核函数参数为 20 时的特征提取结果，图 6-25 为基于核主成分分析特征提取的第一主成分和第二主成分的投影图，图 6-26 为基于核主成分分析特征提取的第一主成分和第三主成分的投影图，图 6-27 为基于核主成分分析特征提取的第二主成分和第三主成分的投影图。主成分数为 254，第一、二、三主成分的累计贡献率仅占 14.94%，此时所提取特征的综合评估因子的平均值为 1.224。从图中可以看出，各类故障的区分性已经很差。

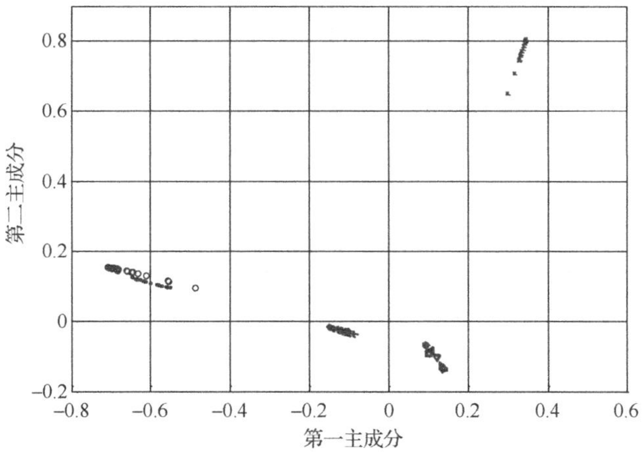

图 6-25　第一主成分和第二主成分投影图（$\sigma = 0$）

2）核主成分分析与主成分分析特征提取结果比较

为了说明核主成分分析特征提取的有效性，需把它与主成分分析特征提取结果进行比较，见表 6-5 表中所用数据为故障仿真数据，对每种故障模式，选取了 20 组数据用于特征提取。

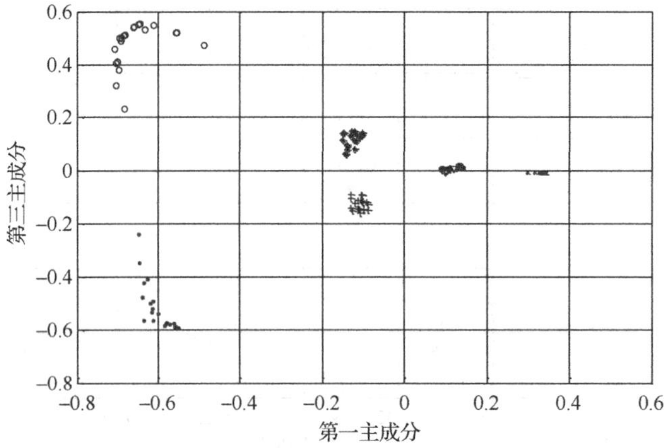

图 6-26　第一主成分和第三主成分投影图（$\sigma = 20$）

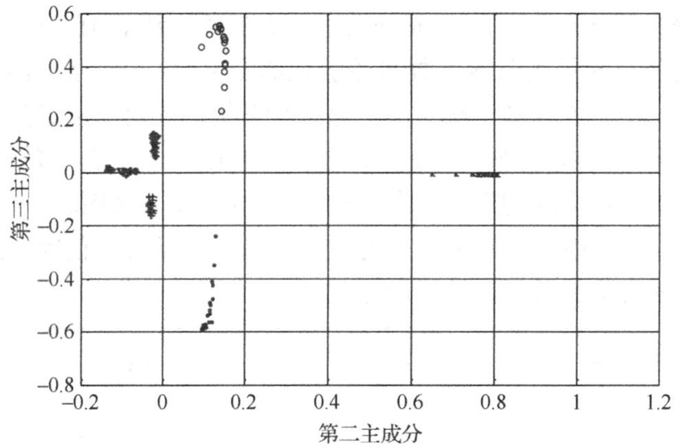

图 6-27　第二主成分和第三主成分投影图（$\sigma = 20$）

表 6-5　核主成分分析和主成分分析特征提取结果比较

特征提取方法	计算时间/s	综合评估因子的平均值
核主成分分析	8.2	1.982
主成分分析	13735.2	1.452

可以看出，核主成分分析方法与主成分分析方法相比，在计算效率和有效性上都有很大的优势。利用核主成分分析特征提取的区分性优于利用主成分分析特征提取的结果，这是因为敏感单元数据之间存在非线性关系，核主成分分析方法有效地提取了非线性特征，而主成分分析不能提取敏感单元数据之间非线性关系。

6.4.4　基于多分类相关向量机的气体传感器故障诊断

气体传感器存在多种故障模式，为了对多种故障模式进行分类，必须将二值分类问题扩展为多分类后再进行处理。

采用基于层次分类法的多分类器进行系统的故障诊断。层次分类法不存在不可区分的情况，但是层次结构在一定程度上影响了分类的性能，上层节点的多分类相关向量机性能对分类模型的总体性能影响较大。因此在进行层次结构分析设计时，应尽可能保证上层子分类器的精度越高越好，分类器的结构越简单越好，这样能减小整体分类的累积误差。其基本原理是把最容易区分的类别的上层节点进行分类，从而设计一种基于聚类方法的层次结构分类器。该方法首先通过计算各类别的类间距离和类内距离，以判断识别的难易程度，把难区分的类别聚成一类，通过不断地聚类，直到每一个类别都单独区分开。

根据以上分析并结合实际情况，可知这里的故障诊断属于一个五分类问题，类别数量不多，但考虑到模型的训练时间、计算复杂度及分类准确度等因素，宜采用层次多分类相关向量机进行分类，其结构如图 6-28 所示。

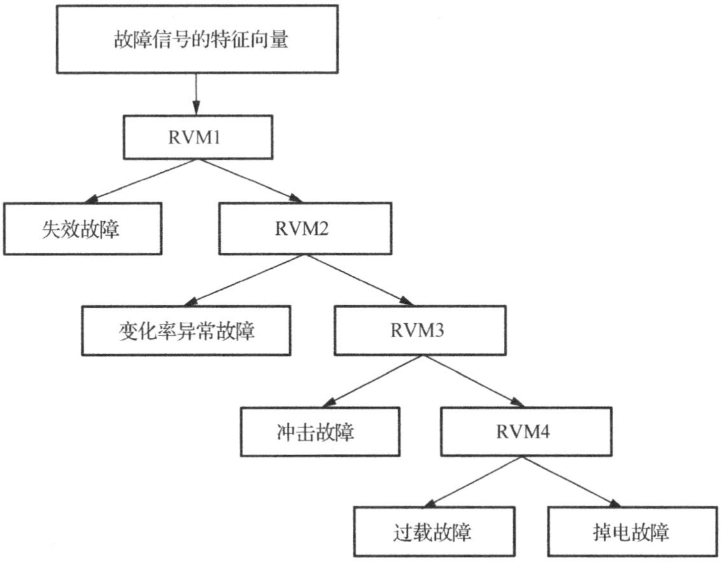

图 6-28　层次多分类相关向量机

利用核主成分分析方法提取了敏感单元信号的特征向量，然后将此特征向量输入多分类相关向量机中进行故障诊断。具体步骤如下：先对多分类相关向量机进行训练，根据无故障情况的数据和本章提到的 5 类故障情况的数据得到训练模型。第一次训练时，两类样本分别为失效故障和剩余的 4 类故障，再对剩余的 4 类故障分层，进行多次二分类训练，最后完成对所有故障的分类训练。当发现其他新的故障时，应按照上述方法对多分类相关向量机进行重新训练。基本的二分类相关向量机的具体训练步骤如下：

（1）对输入数据进行标准化处理，减小量纲的影响。

（2）将待分类的样本分别编码，划分为两类作为目标集。

（3）通过核函数的计算，将输入的数据映射到高维的特征空间，对 α 和 σ^2 进行迭代更新。

（4）得到 ω_{MP}。

（5）得到分类的目标值，完成分类。

采用上述方法，通过仿真实验验证该算法的有效性，具体步骤如下：

首先，利用仿真软件模拟上述 5 种故障类型数据。然后，利用核主成分分析方法进行特征提取。最后根据折叠交叉验证的原则，设置相关向量机参数的适应度值函数，以此来评价相关向量机的分类性能。

这里选取径向基核函数，因为对于该核函数，只要选择合适的核函数参数，训练样本就能在特征空间中被线性分开。本实验随机选取 6 种状态下的数据各 20 组对所建立的多分类相关向量机进行训练，把余下的 6 种状态（含正常状态）下的各 20 组数据作为测试样本进行故障模式识别。优化过程的适应度值变化曲线如图 6-29 所示，可以看出在第 53 代以后，最佳适应度值近似收敛于全局最优解。

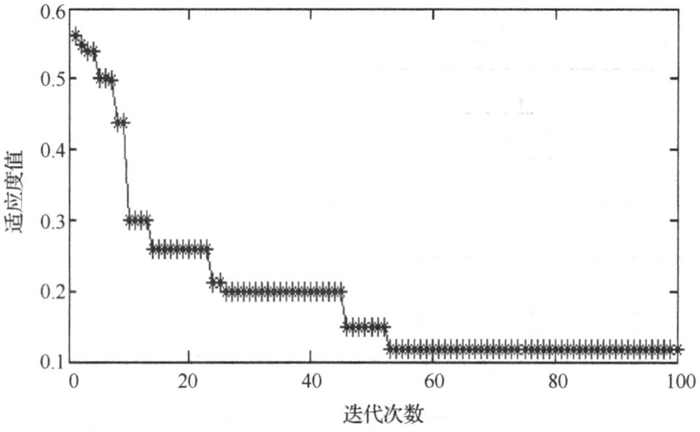

图 6-29　适应度值变化曲线

利用所获得的最优参数，再应用层次多分类相关向量机对敏感单元故障类型进行诊断，并取相同的测试样本和训练样本，与 RBF 神经网络、SVM 方法进行了比较，如表 6-6 所示。

表 6-6　各种分类方法性能比较

方法	训练样本/组	测试样本/组	训练时间/s	样本错误分类数				
				失效	过载	变化率异常	冲击	掉电
RVM	20	50	0.18	0	0	1	0	0
RBF 神经网络	20	50	0.29	1	0	3	1	1
SVM	20	50	0.21	1	1	2	0	1

参 考 文 献

[1] 余稀, 但涛. 光学式气体传感器的种类及应用[J]. 电子元件与材料, 2013, 32(12): 87-88.

[2] Chou J. Hazardous gas monitors: a practical guide to selection, operation and applications[M]. McGraw-Hill Professional Publishing, 2000.

[3] 柯淋. 红外气体传感器设计与实现[D]. 电子科技大学, 2017.

[4] 周鹏辉, 汪献忠, 薛妤. 基于 MSP430 的便携式四合一气体检测仪[J]. 仪表技术与传感器, 2012(11): 77-79.

[5] 方静. 烟气分析仪中电化学气体传感器的使用与维护[J]. 工业计量, 2006(01): 30-31.

[6] 李颖, 付金宇, 侯永超. 有害气体检测的电化学技术的应用发展[J]. 科学技术与工程, 2018, 18(03): 132-141.

[7] Shen Z G，Wang Q. Failure Detection, Isolation, and Recovery of Multifunctional Self-Validating Sensor[J]. IEEE Transactions on Instrumentation and Measurement. 2012，61(12)：3351-3362.

[8] Joshi D, Kumar S. Interval-valued intuitionistic hesitant fuzzy Choquet integral based TOPSIS method for multi-criteria group decision making[J]. European Journal of Operational Research, 2016, 248(1): 183-191.

[9] Xu Z. Approaches to multiple attribute group decision making based on intuitionistic fuzzy power aggregation operators[J]. Knowledge-Based Systems, 2011, 24(6): 749-760.

第 7 章　智能压力传感器及其应用

7.1　压力传感器工作原理概述

压力传感器是能感受压力信号并能按照一定的规律，把压力信号转换成可输出的电信号的器件或装置，其通常由敏感元件和信号处理单元组成。按不同的测试压力类型，压力传感器可分为表压传感器、差压传感器和绝压传感器。

压力传感器是工业应用最多的一种传感器，广泛应用于各种工业自控环境中，涉及水利水电、铁路交通、航空航天、石化、电力、管道等众多行业。在航空航天领域，液氢供应系统是火箭发动机试车台的一个重要组成部分，为了保证试车台的顺利进行需要实时监测液氢供应系统工作状态，其中氢储箱顶部压力（P_{ohr}）和氢泵前阀入口处压力（P_{xr}）最为重要。

试车台采用的是应变式压力传感器，这种传感器是利用金属的电阻应变效应，将被测物体的变形转换成电阻变化，再经过转换电路变成电信号输出的传感器。

电阻应变片的基本结构如图 7-1 所示，以合金电阻丝绕成形如栅栏的敏感栅，敏感栅被粘贴在绝缘的基底上，从电阻丝的两端焊接引出线，敏感栅上面粘贴有保护作用的覆盖层。图中，l 称为应变片的基长，b 称为基宽，$l \times b$ 称为应变片的使用面积。

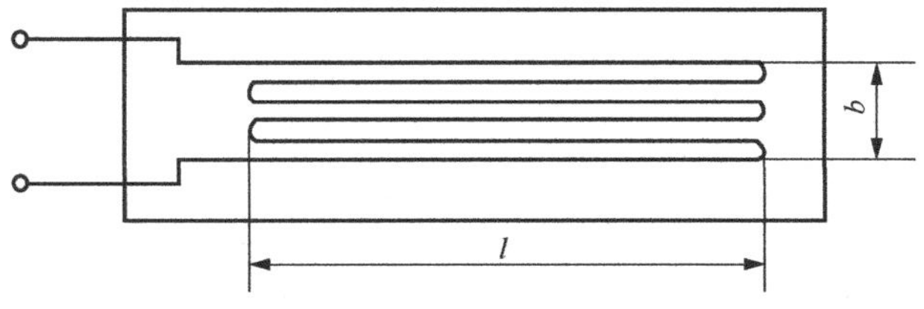

图 7-1　电阻应变片的基本结构

用电阻应变片测量受力应变时，要把应变片粘贴于被测物体表面。在外力作用下，被测物体表面产生微小的机械变形，应变片上的敏感栅也随之变形，其电阻值发生相应变化。通过转换电路把电阻值的变化转换为相应的电压或电流的变化。

7.2　压力传感器的故障模式

7.2.1　常见压力传感器的故障类型

Lees 等人总结了化工生产过程中常见的压力传感器故障和原因[1,2]，将压力传感器故障分为突发性故障和缓变型故障，但没有系统地总结传感器的故障模式。牛津大学的 S. K Yung 和 D. W Clarke 等人首次总结了部分压力传感器的故障类型及其信号表现形式[3-7]。文献[8]系统地研究了常见压力传感器的故障类型、原因，并给出了这些传感器故障的仿真方法。目前所用的方法都把干扰造成的传感器输出信号不正常当作传感器故障来处理，从而保证系统的正常运行。表 7-1 给出了常见压力传感器的故障类型及主要的故障原因。

表 7-1　常见压力传感器的故障类型及主要的故障原因

故障类型	主要的故障原因
偏差故障	偏置电流或偏置电压
冲击故障	电源和地线中的随机干扰，浪涌、电火花放电、数/模（D/A）变换器中的毛刺
断路故障	信号断线、芯片管脚没连接好
短路故障	污染引起的桥路腐蚀、电路短路
周期性干扰故障	电源（50Hz）干扰
漂移故障	温漂、零漂

表 7-1 所列的 6 种故障状态下压力传感器的输出信号曲线如图 7-2～图 7-7 所示。

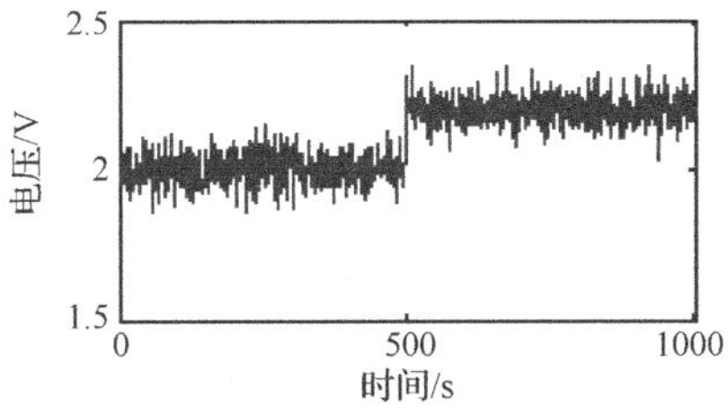

图 7-2　偏差故障状态下的输出信号曲线

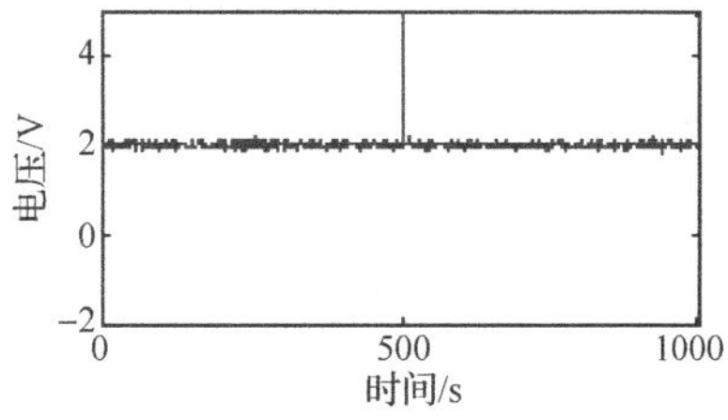

图 7-3　冲击故障状态下的输出信号曲线

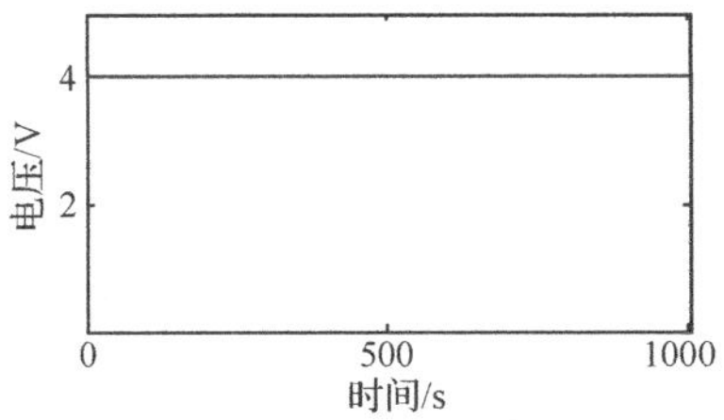

图 7-4　断路故障状态下的输出信号曲线

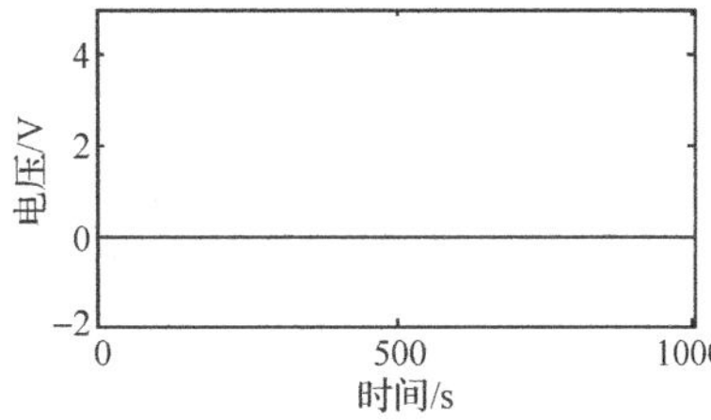

图 7-5　短路故障状态下的输出信号曲线

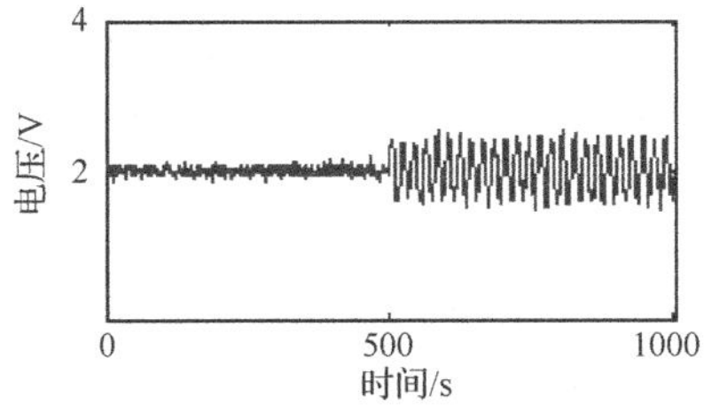

图 7-6　周期性干扰故障状态下的输出信号曲线

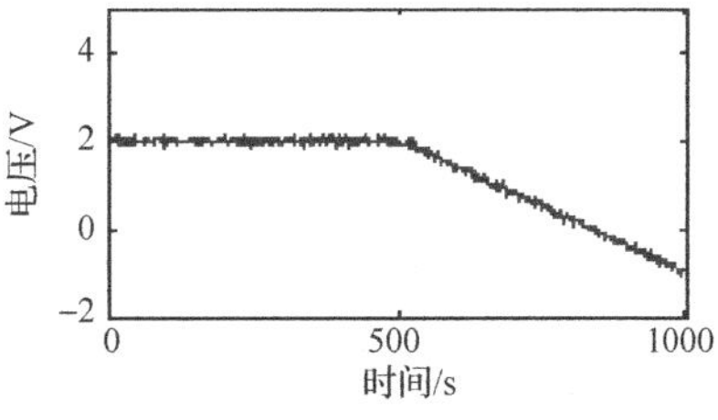

图 7-7　漂移故障状态下的输出信号曲线

7.2.2 压力传感器的故障模式分类

根据各种压力传感器的故障特征，可以进行如下分类[9]：

（1）按故障信号的大小分类。

① 软故障。即故障信号幅度小，如偏差故障及漂移故障。

② 硬故障。即故障信号幅度大，如短路及断路故障。

（2）按故障存在时间分类。

① 间歇性故障。即故障断断续续出现，如冲击故障。

② 永久性故障。即发生故障后不能恢复正常，如断路故障。

（3）按故障变化速率分类。

① 突变型故障。即故障信号变化速率大，如周期性干扰故障。

② 缓变型故障。即故障信号变化速率小，如漂移故障。

7.3 智能压力传感器故障诊断方法

主成分分析（PCA）作为建立多传感器解析模型的一种有效工具，可以用于传感器的故障诊断[10-12]。但是，主成分分析方法只利用了多传感器之间的相关性，而没有利用单传感器输出序列之间的相关性。在采样率较高的情况下，这种相关性是不应该被忽略的。Bakshi 把多传感器之间的相关性与单传感器时间序列的相关性结合起来，提出了多尺度主成分分析（Multiscale Principal Component Analysis, MSPCA）概念[13]，即把基于主成分分析方法的去除变量间的关联与基于小波分析方法提取被测量决定性特征和去除被测量自相关的优势相结合，在各尺度上建立小波系数的主成分分析模型。文献[14]根据 MSPCA 概念在细尺度上建立主成分分析模型，并通过计算主成分空间的 Hotelling T^2 统计量进行传感器故障检测。由于细尺度系数主要包含信号的高频信息，因此这种方法不能有效地检测漂移、偏差这类低频故障。文献[15]利用细尺度系数含有噪声的特点在粗尺度上建立主成分分析模型，采用平方预报误差（SPE）对传感器的漂移故障进行检测，利用各个传感器对平方预报误差的贡献率对发生故障的传感器进行辨识。因为粗尺度系数主要包含信号的低频信息，所以这种方法也不能有效地检测周期性干扰这类高频故障。

MSPCA 较传统的 PCA 在传感器故障检测方面更有优势。另外，可以将传感器信号进行小波变换后，在各个尺度上分别建立 PCA 模型，利用多个模型实现对传感器故障的全面检测。同时，在检测到传感器故障之后，可以根据传感器有效度指标（Sensor Validity Index，SVI）对发生故障的传感器进行辨识。基于贡献率的故障识别方法只能给出定性的标准，而根据 SVI 对发生故障的传感器进行辨识的方法可以给出更好的定量标准，而且能够区分人为异常操作造成的与传感器自身故障。

由于小波变换时-频窗的自适应性导致了小波变换时的“高频低分辨率”，因此限制了基于小波变换的 MSPCA 方法对高频故障的检测性能。又由于小波分析可以将细尺度进一步分解，从而解决“高频低分辨率”的问题，因此利用基于小波分析的 MSPCA 传感器故障诊断模型，在确定最佳分解树的所有节点上建立 PCA 模型，同样可以实现对传感器故障的全面检测。这种方法不但可以对渐变类故障进行检测，而且同基于小波变换的 MSPCA 方法相比，其对高频故障的检测性能得到进一步提高。

7.3.1　基于多尺度主成分分析的故障诊断方法

1. 多尺度主成分分析原理

利用小波变换的多分辨分析特性可以在不同的尺度上得到信号的细节，该特性具有时频同时局部化的能力。多分辨分析示意图如图 7-8 所示。

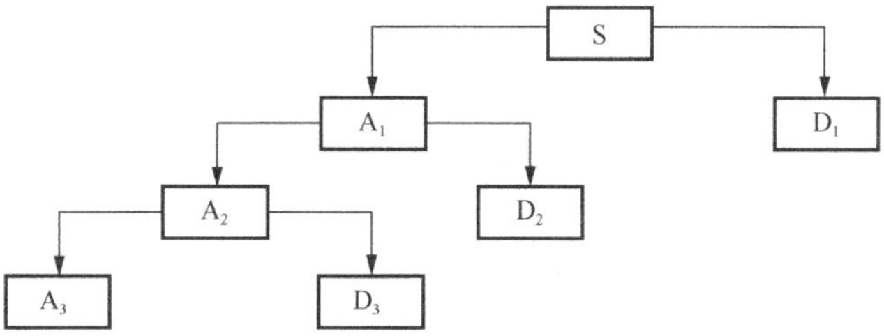

图 7-8　多分辨分析示意图

可以看出，通过多分辨分析可把低频部分进一步分解，而高频部分则不予考虑。图 7-8 中各代号的关系式如下：$S = A_3 + D_3 + D_2 + D_1$。如果还要进一步分解，可以把低频部分 A_3 分解为低频部分 A_4 和高频部分 D_4，依此类推。

而多尺度主成分分析的思路就是首先将建模的各个传感器进行小波变换多分辨分析，然后把相同一尺度上得到的分解系数组成系数矩阵，在此基础上建立多个主成分分析模型。图 7-9 所示是对 n 个传感器进行 3 层多分辨分析之后建立多尺度主成分分析模型过程：

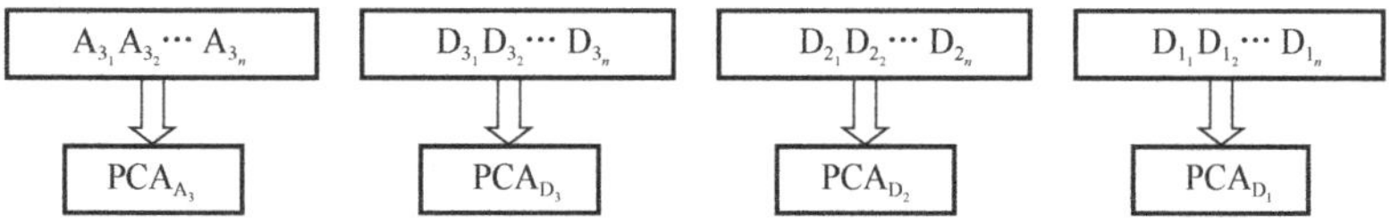

图 7-9　建立多尺度主成分分析模型过程

PCA 模型是将过程数据向量投影到两个正交的子空间（主成分空间和残差空间），分别建立相应的统计量进行假设检验，以判断过程的运行状况。具体来说，就是建立两个统计量——Hotelling T^2 和 SPE（Square Predection Error）统计量[16]。

Hotelling T^2 是得分向量的标准平方和，用于指示每个采样点在变换趋势和幅值上偏离模型的程度。T^2 表征 PCA 模型内部变化的一种测度，对应第 i 个时刻过程变量向量 $\boldsymbol{X}_i$，T^2 统计量的定义为

$$\boldsymbol{T}_i^2 = \boldsymbol{t}_i\lambda^{-1}\boldsymbol{t}_i^{\mathrm{T}} = \boldsymbol{X}_i\boldsymbol{P}\lambda^{-1}\boldsymbol{P}^{\mathrm{T}}\boldsymbol{X}_i^{\mathrm{T}} \tag{7-1}$$

式中，$\boldsymbol{t}_i$ 是 $\boldsymbol{T}_i$ 矩阵中的第 i 行，$\boldsymbol{T}_i$ 由构成主成分模型的 k 个主成分的得分向量所组成；λ 是

由与前 k 个主成分所对应的特征值所组成的对角均值。显然，$\boldsymbol{T}_i^2$ 也是多个变量累积的标量，它也可以通过单变量控制图的形式来监控多变量工况。T^2 通过主成分模型内部的主成分向量模的波动来反映多变量变化的情况。

T^2 统计量的控制限可以利用 F 分布按照下式进行计算[17]：

$$T_{k,m,\alpha}^2=\frac{k(m-1)}{m-k}F_{k,m-1,\alpha} \tag{7-2}$$

式中，m 是样本个数；k 是所保留的主成分个数；α 是检验水平（正态分布置信度）；$F_{k,m-1,\alpha}$ 是对应于检验水平 α 且自由度为 k，$m-1$ 条件下的 F 分布的临界值。

SPE 统计量在 i 时刻的值是个标量，它表示此时刻测量值 $\boldsymbol{X}_i$ 对主成分模型的偏离程度，是模型外部数据变化的一种测度。SPE 统计量也被称为 Q 统计量。第 i 个采样点用下式表示

$$Q_i=\boldsymbol{e}_i\boldsymbol{e}_i^{\mathrm{T}}=\boldsymbol{X}_i(\boldsymbol{I}-P_k\boldsymbol{P}_k^{\mathrm{T}})\boldsymbol{X}_i^{\mathrm{T}} \tag{7-3}$$

SPE 统计量代表数据中未被主成分模型所解释的变化。当 SPE 值过大时，说明过程中出现了异常的情况。

当检验水平为 α 时，Q 统计量的控制限可按照下式计算[18]：

$$Q_\alpha=\theta_1\left[1+\frac{C_\alpha h_0\sqrt{2\theta_2}}{\theta_1}+\frac{\theta_2h_0(h_0-1)}{\theta_1^2}\right]^{\frac{1}{h_0}} \tag{7-4}$$

式中，

$$\theta_i=\sum_{j=k+1}^{n}\lambda_j^i,\quad i=1,2,3 \tag{7-5}$$

$$h_0=1-\frac{2\theta_1\theta_3}{3\theta_2^2} \tag{7-6}$$

式中，λ_j^i 是协方差矩阵 $\boldsymbol{X}$ 的特征值，C_α 是正态分布置信度为 α 的统计量。若 $Q<Q_\alpha$，说明该时刻 SPE 统计正常。

尽管 T^2 和 Q 统计方法对故障检测非常有效，但对故障特征分离却显得无能为力。贡献率方法是一种基于 PCA 模型的简单故障诊断方法，它反映各个变量的变化对系统模型稳定性的影响，从而实现故障特征分离。第 j 个传感器对第 i 时刻的 T^2 和 Q 统计量的贡献率分别定义如下：

$$T_{ij}^2=\hat{X}_{ij}^2 \tag{7-7}$$

$$\mathrm{SPE}_{ij}=e_{ij}^2=(X_{ij}-\hat{X}_{ij})^2 \tag{7-8}$$

对于 Q 统计方法，当过程中新的测量数据的 SPE 值超过其控制限之后，可以绘出各个变量 x_i 的贡献率曲线。显然，对 SPE 有较大贡献率的变量最有可能发生故障。如果基于主成分空间的 Holleting T^2 计算值超出了控制限，可以根据每个变量 x_i 值对 t_j 值的贡献率大小，判定各个变量的变化率，从而确定故障源[19]。

需要指出的是，这种基于 PCA 模型的贡献率故障诊断方法比较简单，它们是以系统过

程变量之间的关联性作为依据进行故障诊断的，它们无法为过程的故障与变量建立一种一一对应的因果关系，即无法进行直接的故障诊断，而只能显示一组与该故障相关联的系统变量。对于传感器故障，由于只有某一个变量与其他变量之间的关联性被破坏，因此运用该方法可以有效地进行故障传感器辨识。

传感器有效度指标是 Dunia 于 1996 年提出的一种故障传感器辨识方法[20]。使用该方法时，首先需要定义 A 型残差、D 型残差和 E 型残差序列，具体如下：

$$A_i = \mathrm{SPE}_i \tag{7-9}$$

$$D_i = \frac{(\hat{x}_i - x_i)^2}{1 - c_{ii}} \tag{7-10}$$

$$E_i = \mathrm{SPE}_i - \frac{(\hat{x}_i - x_i)^2}{1 - c_{ii}} \tag{7-11}$$

从式（7-9）～式（7-11）可以看出，A 型残差为测量值减去模型估计值，D 型残差为测量值减去调整后的测量向量，E 型残差是调整后的测量向量减去由调整后的测量向量得到的模型估计值，可以清楚地指示故障传感器的影响。

其次，需要定义一个定量的性能指标以便真实地度量传感器的性能。该性能指标具有精确的度量范围，而与主成分数、噪声、变量方差或故障类型等因素无关。而 E 型残差与 A 型残差的比值就提供了这样的一个性能指标。

$$\eta_i^2 = \frac{E_i}{\mathrm{SPE}_i} = 1 - \frac{(\hat{x}_i - x_i)^2}{(1 - c_{ii})\left\|\tilde{C}\overline{x}_i\right\|} \tag{7-12}$$

由式（7-12）可知，$\eta_i \in (0,1]$。η_i 称为传感器有效度指标——SVI。

当 SVI 值接近 1 时，表明传感器的变动与其他传感器的变动相一致。当传感器 i 发生故障时，η_i 值趋近零。当多个变量打破了由主成分模型给出的相关性时，因为在 E_i 的计算值过程没有使用第 i 个测量值，所以

$$\frac{(\hat{x}_i - x_i)^2}{(1 - c_{ii})\left\|\tilde{C}\overline{x}_i\right\|} \to 0 \tag{7-13}$$

可知 η_i 值趋近 1。这表明，该性能指标可以把异常操作条件与传感器故障区分开来。

本节给出的辨识算法采用重构变量来计算 E 型残差。由于假设的第 i 个故障传感器没有在重构过程中被使用，因此就消除了故障的影响。可以按顺序对 $i = 1, 2, \cdots, m$ 个变量分别进行校验，找出所有可能的故障传感器。当 E_i 值下降很快时，就表明第 i 个传感器发生了故障。

基于 E 型残差的 SVI 指标的优点如下：

（1）由于其值为 0～1，因此，使得阈值的选取变得比较容易。

（2）该性能指标对传感器故障很灵敏，其原因如下：若第 i 个传感器发生了故障，将导致 A 型残差的增加，但 E_i 不受影响，因为在 E_i 的计算过程没有使用第 i 个测量值，使得 η_i 值趋近零。

基于贡献率的辨识方法只能给出定性的辨识标准，而利用 SVI 可以定量地给出辨识指标，因此这种辨识方法更具有实用性。

利用 η_i 辨识故障传感器时，需要注意以下两个问题：

（1）当为测量值进行分步假设时，对于置信区间缺少理论计算。这是由于 D 型残差与 A 型残差的依赖性，使得两种残差之比的期望值与两种残差期望值之比并不一致。所以，置信区间的估计只能依据历史数据进行。

（2）当无故障发生时，SVI 指标可能发生振荡。这种振荡的发生是由于暂态过程和测试噪声引起的，要去除这些影响，应该对 SVI 增加一个滤波器。

2. 多尺度主成分分析故障诊断模型

文献[21]和文献[22]分别利用多分辨分析的细尺度参数和粗尺度参数建立主成分分析模型，进行传感器的故障检测。据此可以在所有尺度上建立主成分分析模型，实现对传感器故障诊断及数据重构。基于多尺度主成分分析的传感器故障诊断及数据重构模型如图 7-10 所示。

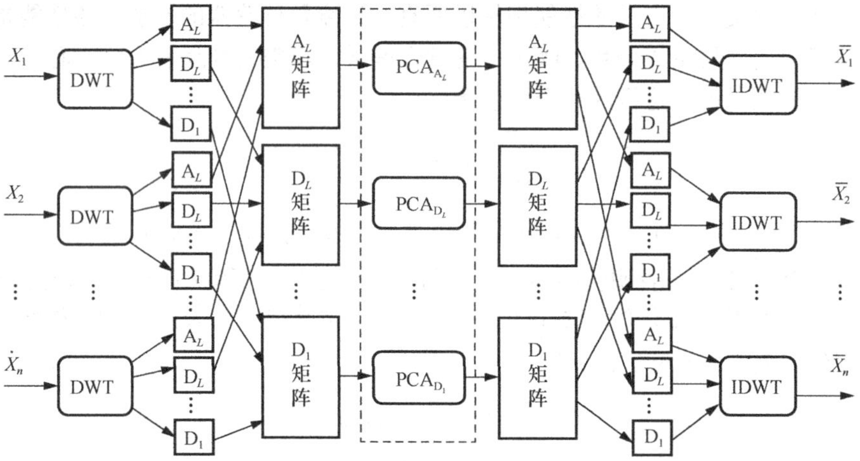

图 7-10　基于多尺度主成分分析的传感器故障诊断及数据重构模型

在图 7-10 中，从左向右依次是，传感器信号的小波变换多分辨分析，即 DWT；所得到的各个尺度的分解系数——$A_L, D_L, \cdots, D_1$；相同尺度的系数组合成系数矩阵——A_L 矩阵、D_L 矩阵 … D_1 矩阵；根据系数矩阵建立的多个主成分分析模型——$PCA_{A_L}, PCA_{D_L}, \cdots, PCA_{D_1}$，在这些模型上实现传感器故障检测与辨识；重新组成系数矩阵——$A_L, D_L, \cdots, D_1$；小波逆变换——IDWT，最终实现故障传感器的数据重构。

多尺度主成分分析故障诊断模型主要根据 SPE 检测传感器故障、利用 SVI 对故障传感器进行辨识、采用迭代解析公式的重构方式对故障传感器数据进行重构。利用图 7-10 中的 PCA 模型进行数据重构时得到的是小波变换多分辨分析的尺度系数，因此，为了得到原始量纲的数据，也需要对各个传感器的重构小波分解系数进行逆标准化，整理成原来量纲的系数后再进行小波逆变换来得到最终的重构结果。

进行小波变换多分辨分析时需要一定长度的历史数据，但为了保障诊断的实时性，须设计一个移动数据窗口，如图 7-11 所示。

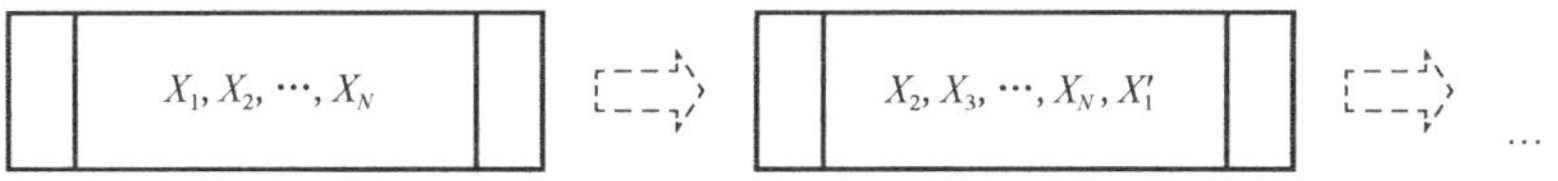

图 7-11　实时诊断模型的移动数据窗口

该数据窗口存放着建模的历史数据[$X_1, X_2, \cdots, X_N$]，在实时诊断中依次移入需要检测的新数据，去掉旧数据，得到[$X_1, X_2, \cdots, X_N, X_1'$]，从而保障移动数据窗口的长度不变。

基于多尺度主成分分析的故障诊断过程如下：

（1）设定移动数据窗口长度 $W = 2^N$，N 为任意正整数。

（2）预先采样传感器输出数据（长度为 W ）。

（3）对移动窗口内的数据进行 L 层小波分析，在各个尺度上获得对应的尺度系数。

（4）根据相关传感器的相同尺度系数矩阵分别建立 PCA 模型，并保留各个尺度系数的均值和方差。

（5）移动数据窗口的位置，将新数据移入、旧数据移出，长度 W 保持不变。

（6）对移动窗口内的数据进行 L 层小波分析，保留各个尺度上的最后一个尺度系数。

（7）利用步骤（4）中对应的均值和方差，对步骤（6）所得到的尺度系数进行标准化处理。

（8）根据对应尺度的 PCA 模型计算 SPE 和 SVI，以便进行故障诊断。若发现故障，则对故障传感器进行数据重构。

（9）返回步骤（5），对移动窗口内新的传感器数据序列再进行小波分析，如此反复进行。

文献[15]中介绍的方法并未使用建模数据的均值和方差进行标准化处理，而是使用新窗口中数据的均值和方差进行标准化。既然 PCA 模型是用归一化数据建立的，那么用来与建模数据进行统计一致性比较的在线数据也应该经过相同尺度的归一化处理。因此采用建模数据的均值和方差对在线数据进行标准化处理。

7.3.2　基于小波包的多尺度主成分分析故障诊断方法

多分辨分析可以对信号进行有效的时-频分解，但由于其尺度是按照二进制变化的，因此在高频段其频率分辨率较差，在低频段其时间分辨率较差。小波包分解能够为信号提供一种更加精细的分析方法，将频带进行多层次划分，对多分辨分析没有细化的高频部分进一步分解，并能够根据被分析信号的特征，自适应地选择相应频带，使之与信号频谱相匹配，从而提高时-频分辨率[23]。下面把小波包分解与多尺度主成分分析相结合，用于压力传感器的故障诊断。

基于小波包的多尺度主成分分析的故障诊断方法只需将其中的小波变换改成小波包分解、把小波逆变换改成小波包逆变换。具体模型如图 7-12 所示。

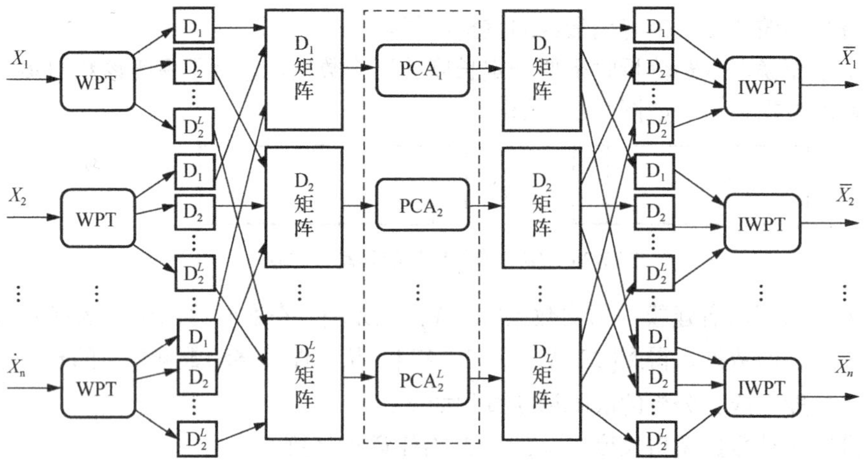

图 7-12 基于小波包的多尺度主成分分析故障诊断模型

在图 7-12 中从左向右依次是，传感器信号的小波包分解——WPT；得到各个尺度的分解系数——$D_1, D_2, \cdots, D_2^L$；由相同尺度的系数组合成的矩阵——D_1 矩阵、D_2 矩阵⋯ D_2^L 矩阵；在各个尺度上建立的主成分分析模型——$PCA_1, PCA_2, \cdots, PCA_2^L$；重新得到的系数组合成的矩阵——$D_1$ 矩阵、D_2 矩阵⋯ D_2^L 矩阵；小波包逆变换——IWPT。

实时诊断模型仍然采用 7.3.1 节所介绍的移动数据窗口模型，具体的故障诊断步骤如下：

（1）设定移动数据窗口长度 $W = 2^N$，N 为任意正整数。

（2）预先采样传感器的输出数据（长度为 W）。

（3）对移动窗口内的数据进行 L 层小波包分解，在各个分解节点上获得对应的尺度系数。

（4）根据相关传感器的相同尺度系数矩阵分别建立 PCA 模型，并保留各个尺度系数的均值和方差。

（5）移动数据窗口的位置，将新数据移入，旧数据移出，长度 W 保持不变。

（6）对移动窗口内的数据进行 L 层小波包分解，保留各个尺度上的最后一个尺度系数。

（7）利用步骤（4）中对应的均值和方差对步骤（6）所得到的尺度系数进行标准化处理。

（8）根据对应尺度的 PCA 模型计算 SPE 和 SVI，以便进行故障诊断。若发现故障，则对故障传感器进行重构。

（9）返回步骤（5），对移动数据窗口内新的传感器数据序列再进行小波包分解，如此反复进行。

7.4 故障诊断方法仿真验证

7.4.1 基于小波变换的多尺度主成分分析诊断方法仿真验证

根据多尺度主成分分析故障诊断方法，首先确定移动数据窗口长度 W=256。在对传感器数据进行小波分解之前，要确定小波基函数和小波分解的层数。Harr 小波是在小波分解中最早用到的一个具有紧支性的正交小波基函数。同时，Harr 小波对应的滤波器是因果的，当移动数据窗口长度满足 2 的幂次方条件时，采用 Harr 小波进行小波分解时不会产生任何延时效应[24]，因此选取 Harr 小波作为小波基函数。通过正交测试，确定小波分解层数 $L=\log_2 W-4=4$。取正常运行时的数据 $X_{256\times3}$ 作为建模数据，另外取 $X_{200\times3}$ 作为测试数据，利用上面介绍的模型对该方法的有效性进行验证。

1. 主成分分析（PCA）与多尺度主成分分析（MSPCA）模型的故障检测性能比较

为了验证 MSPCA 模型的故障检测性能比 PCA 模型有显著提高，这里仿真了压力传感器偏差、漂移和周期性干扰 3 种故障数据进行比对实验。

1）偏差故障检测性能比较

为了仿真偏差故障，在测试数据 P_{ohr} 的第 10s 开始加入−32dB 的偏差数据，得到故障测试数据 $X'_{200\times3}$，如图 7-13 所示。PCA 模型对偏差故障的检测结果如图 7-14（a）所示，MSPCA 模型在粗尺度 A_4 上对偏差故障的检测结果如图 7-14（b）所示。

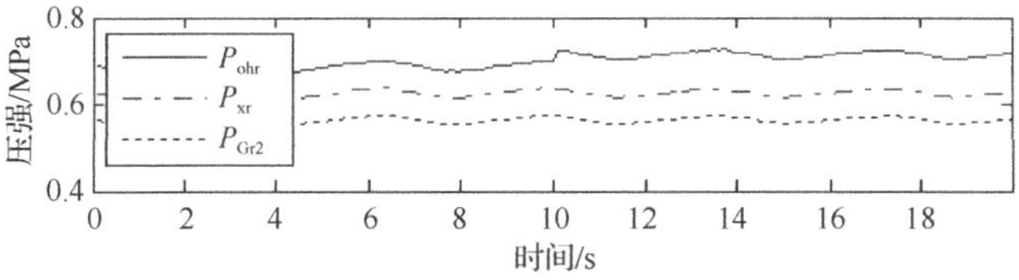

图 7-13　偏差故障的测试数据

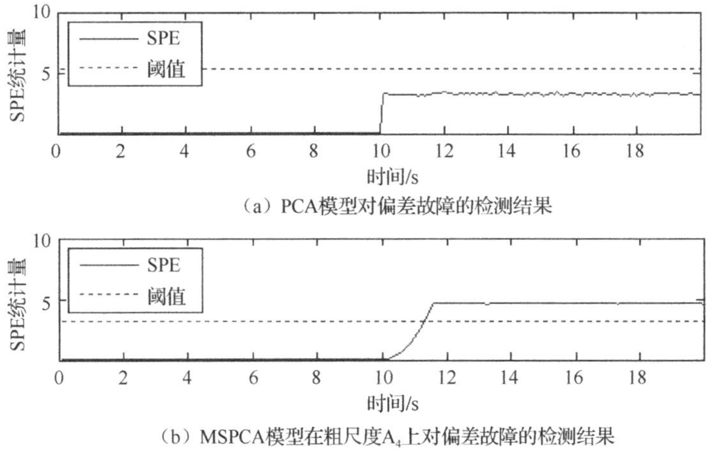

图 7-14　PCA 和 MSPCA 模型对偏差故障的检测结果

从图 7-14 可以看出，PCA 模型的检测方法在第 10s 的 SPE 计算结果虽然出现上升趋势，但是未超过阈值，说明没有检测到故障；而 MSPCA 模型在粗尺度 A_4 上能够检测到传感器故障。由于粗尺度上不包含信号快速变化的高频部分，使得 A_4 尺度模型的检测结果存在一定的延迟。

2）漂移故障检测性能比较

为了仿真漂移故障，在测试数据 P_{ohr} 第 10 秒之后的 30 个点都施加 0.0011MPa 的漂移数据，得到故障测试数据 $X'_{200\times3}$ ，如图 7-15 所示。PCA 模型对漂移故障的检测结果如图 7-16（a）所示，MSPCA 模型在粗尺度 A_4 上对漂移故障的检测结果如图 7-16（b）所示。

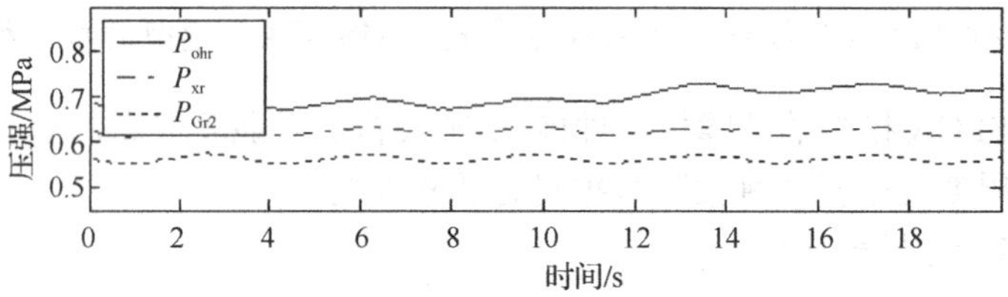

图 7-15　漂移故障的测试数据

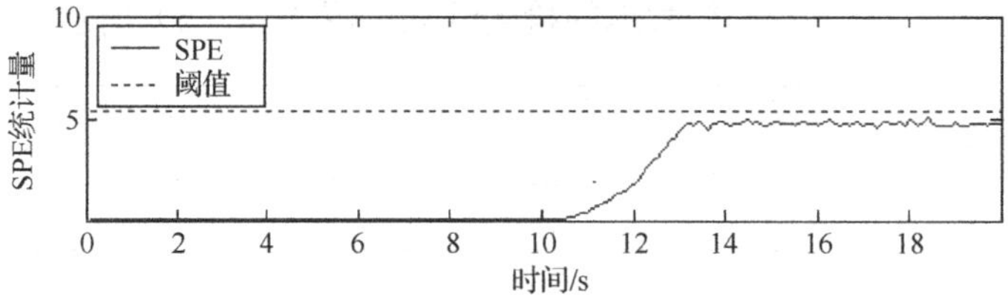

（a）PCA模型对漂移故障的检测结果

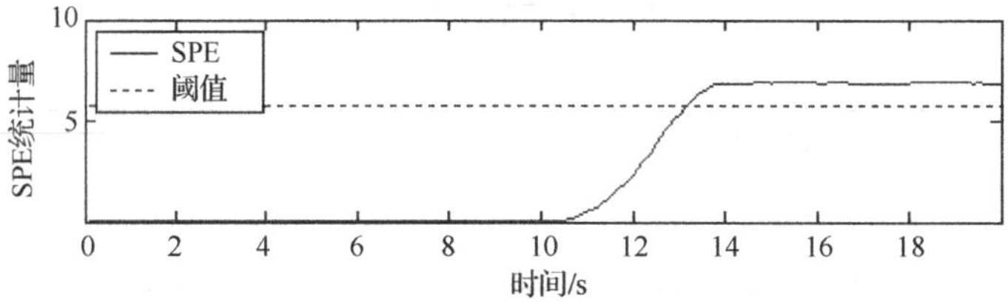

（b）MSPCA模型在粗尺度A_4上对漂移故障的检测结果

图 7-16　PCA 和 MSPCA 模型对漂移故障的检测结果

从图 7-16 可以看出，PCA 模型的检测方法在第 10 秒之后虽然 SPE 计算结果开始逐渐上升，但是未超过阈值，说明没有检测到故障；MSPCA 模型的粗尺度主要包含信号的低频部分，而漂移信号主要体现在低频部分，所以 MSPCA 模型在粗尺度 A_4 上检测到了漂移故障。

3）周期性干扰故障检测性能比较

为仿真周期性干扰故障，在测试数据 P_{ohr} 的第 10 秒开始施加-39dB 的正弦干扰信号，得到故障测试数据 $X'_{200\times3}$ ，如图 7-17 所示。PCA 模型对周期性干扰故障的检测结果如图 7-18（a）所示，MSPCA 模型在细尺度 D_1 上对周期性干扰故障的检测结果如图 7-18（b）所示。

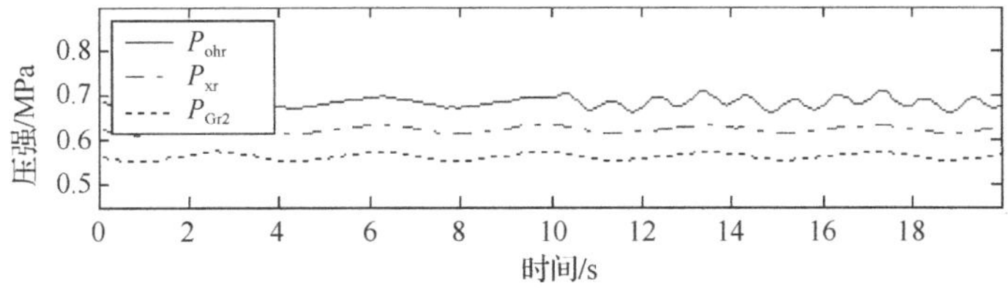

图 7-17　周期性干扰故障的测试数据

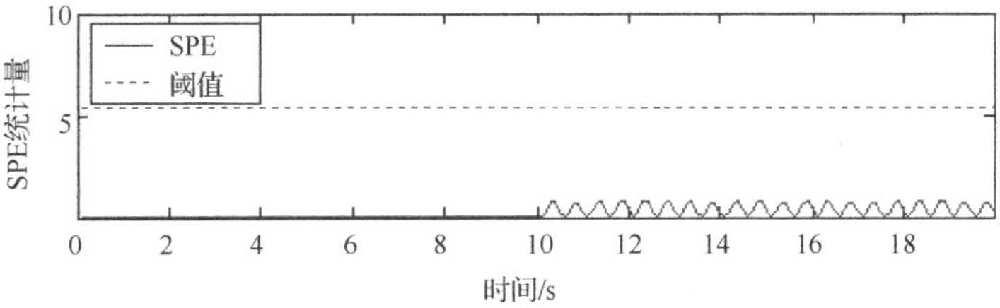

（a）PCA模型对周期性干扰故障的检测结果

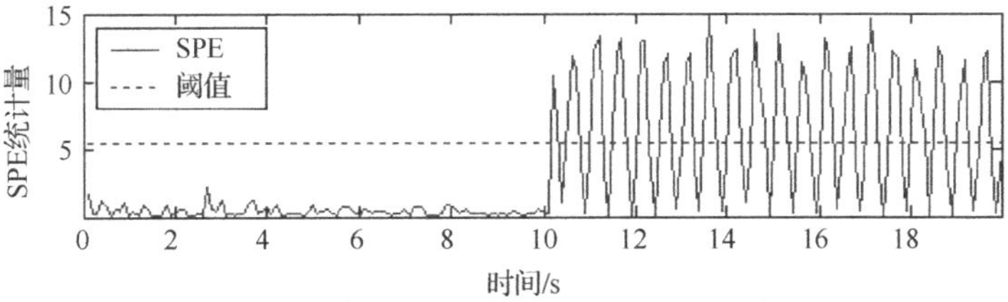

（b）MSPCA模型在细尺度D_1上对周期性干扰故障的检测结果

图 7-18　PCA 和 MSPCA 模型对周期性干扰故障的检测结果

从图 7-18 可以看出，PCA 模型的检测结果虽然在第 10 秒之后 SPE 计算结果有所上升，但是也没有检测到故障；由于周期性干扰故障主要体现在信号的高频部分，因此 MSPCA 模型在细尺度 D_1 上检测到了传感器故障。

通过对偏差、漂移和周期性干扰 3 种压力传感器故障检测结果的比对实验，说明 MSPCA 模型对压力传感器故障的检测能力得到有效提高。

2. MSPCA 模型全面故障检测方法验证

文献[14]和文献[15]都只是在粗尺度或细尺度上建立 PCA 模型进行压力传感器故障检测，因此，通过在所有尺度上建立 PCA 模型的方法，可以实现对压力传感器故障的全面检测。下面用所仿真的 3 种压力传感器典型故障（偏差、漂移、周期性干扰故障）数据来验证单一模型不能实现对传感器故障的全面检测。

1）偏差故障检测

图 7-14（b）给出了 MSPCA 模型在粗尺度 A_4 上对偏差故障的检测结果，下面给出在该模型在细尺度 D_1 上对偏差故障的检测结果，如图 7-19 所示。

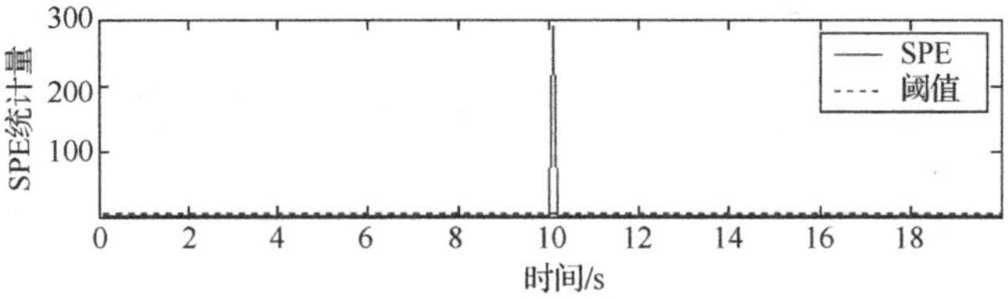

图 7-19 MSPCA 模型在细尺度 D_1 上对偏差故障的检测结果

从图 7-19 可以看出，虽然在细尺度 D_1 上检测到了一个突然上升的脉冲，但是由于细尺度 D_1 只反映信号的高频部分，因此不能确定传感器是否有故障发生。而粗尺度 A_4 上虽然存在一定的延迟，但是可以检测到故障。

2）漂移故障检测

图 7-16（b）给出了 MSPCA 模型在粗尺度 A_4 上对漂移故障的检测结果，下面给出该模型在细尺度 D_1 上对漂移故障的检测结果，如图 7-20 所示。

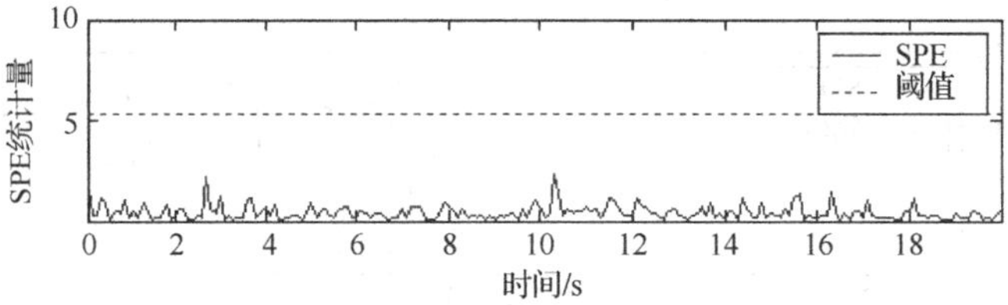

图 7-20 MSPCA 模型在细尺度 D_1 上对漂移故障的检测结果

对于漂移这类缓慢变化的低频故障，只反映高频部分的 D_1 尺度系数模型的检测结果几乎没有变化，不能检测到故障。而反映低频部分的 A_4 尺度系数模型则可以检测到故障。

3）周期性干扰故障检测

图 7-18（b）给出了 MSPCA 模型在细尺度 D_1 上对周期性干扰故障的检测结果，下面给出该模型在粗尺度 A_4 上对周期性干扰故障的检测结果，如图 7-21 所示。

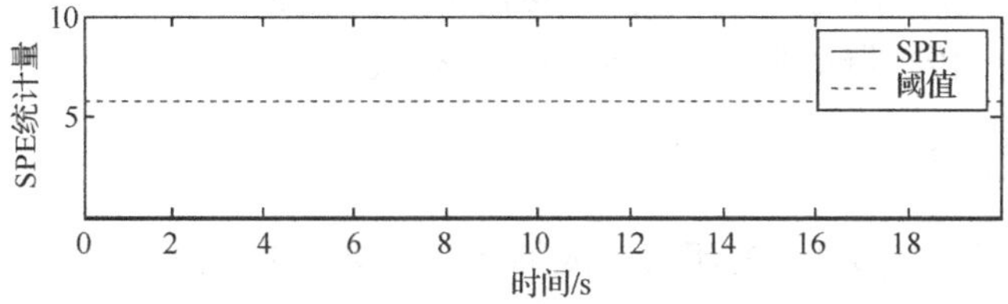

图 7-21 MSPCA 模型在粗尺度 A_4 上对周期性干扰故障的检测结果

对于周期性干扰这类快速变化的高频故障，只反映低频部分的 A_4 尺度系数模型的检测结果几乎没有变化，不能检测到故障，而反映高频部分的 D_1 尺度系数模型则可以检测到故障。

通过比较偏差、漂移和周期性干扰 3 种故障的检测结果可知，单纯在粗尺度或细尺度上建立 PCA 模型都不能对压力传感器故障进行全面诊断，只有按照 7.3.1 节中介绍的那样在所有的尺度上建立模型，才能实现全面诊断。

3. 基于 MSPCA 模型的传感器故障辨识验证

在利用 MSPCA 进行传感器故障诊断的文献中，文献[14]只进行了故障检测研究；文献[15]使用了 SPE 进行故障检测，并结合 SPE 贡献率的方法对传感器故障进行辨识。由于 SPE 贡献率提供的是一种定性辨识标准，因此使用时不够方便。结合传感器有效度指标（SVI）这个定量指标对传感器故障进行辨识。针对不同故障的检测结果，应用前面介绍的辨识方法，在相应的尺度模型上计算 SVI 值，实现对传感器故障的辨识。

1）偏差故障辨识

图 7-22 所示是 MSPCA 模型在粗尺度 A_4 上对偏差故障的辨识结果。

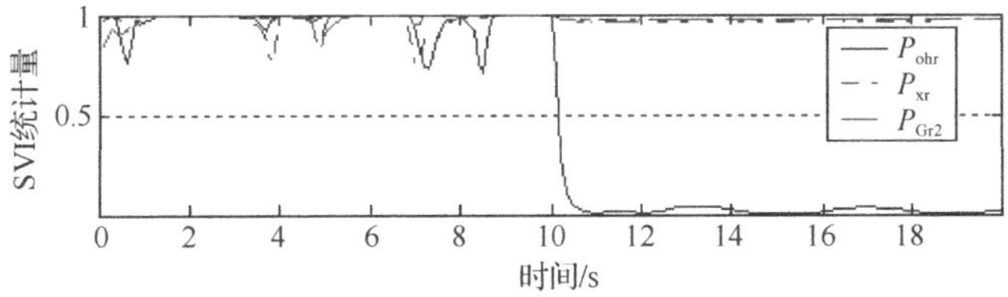

图 7-22　MSPCA 模型在粗尺度 A_4 上对偏差故障的辨识结果

2）漂移故障辨识

图 7-23 所示是 MSPCA 模型在粗尺度 A_4 上对漂移故障的辨识结果。

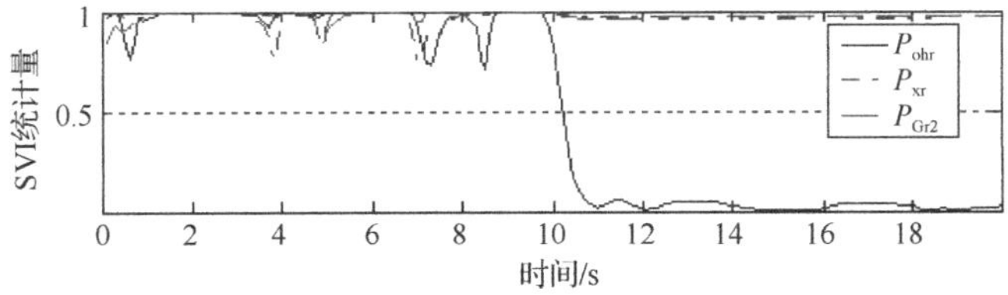

图 7-23　MSPCA 模型在粗尺度 A_4 上对漂移故障的辨识结果

3）周期性干扰故障辨识

图 7-24 所示是 MSPCA 模型在细尺度 D_1 上对周期性干扰故障的辨识结果。

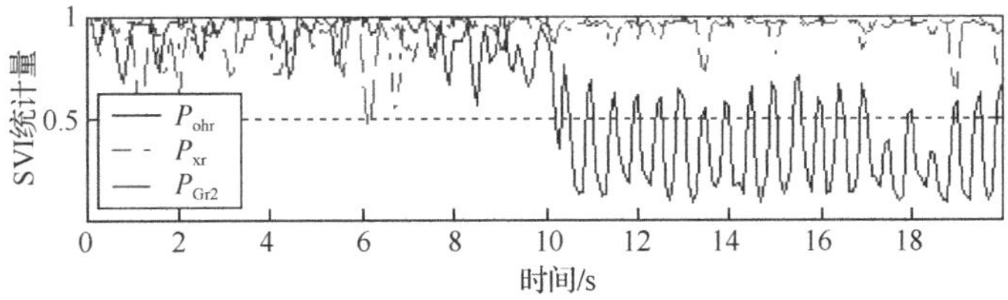

图 7-24　MSPCA 模型在细尺度 D_1 上对周期性干扰故障的辨识结果

通过比较相应尺度模型对故障的辨识结果可知，传感器的测试数据 P_{ohr} 的 SVI 值都趋向 0。如果将 SVI 的阈值设为 0.5，就能够很容易地辨识出传感器故障。

4. 基于 MSPCA 模型的传感器故障重构验证

在辨识出传感器故障之后，就可以根据重构模型对发生故障的传感器进行重构。首先，在检测到故障的 PCA 模型中对故障传感器进行重构，得到重构之后的尺度系数。然后，通过标准化的逆过程得到原量纲的小波系数。最后，经过小波逆变换得到与输入的原始数据相同量纲的重构数据。下面分别给出偏差、漂移和周期性干扰故障的数据重构结果。

1）偏差故障的数据重构

MSPCA 模型在粗尺度 A_4 上对偏差故障的数据重构结果如图 7-25 所示。

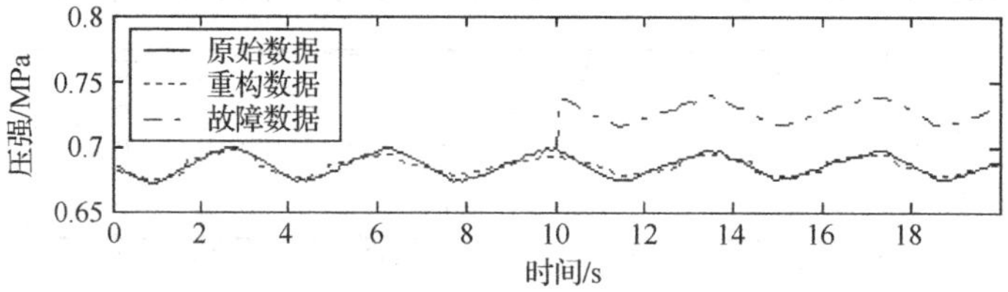

图 7-25　MSPCA 模型在粗尺度 A_4 上对偏差故障的数据重构结果

2）漂移故障数据重构

MSPCA 模型在粗尺度 A_4 上对漂移故障的数据重构结果如图 7-26 所示。

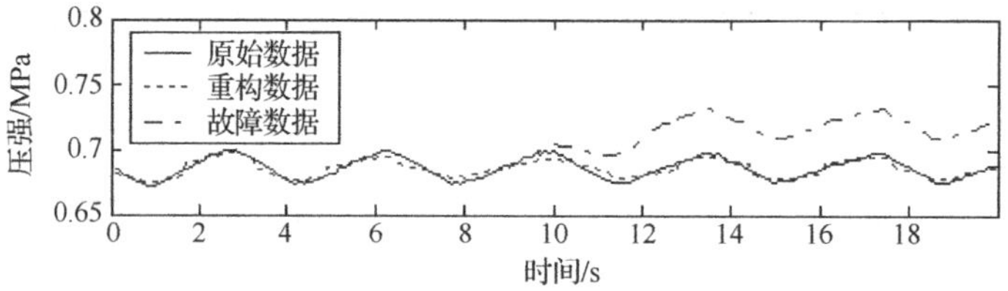

图 7-26　MSPCA 模型在粗尺度 A_4 上对漂移故障的数据重构结果

3）周期性干扰故障数据重构

MSPCA 模型在细尺度 D_1 上对周期性干扰故障的数据重构结果如图 7-27 所示。

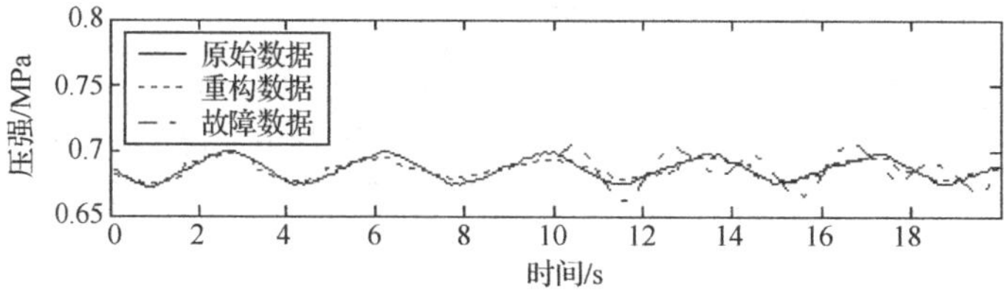

图 7-27　MSPCA 模型在细尺度 D_1 上对周期性干扰故障的数据重构结果

从以上实验结果可以看出，在检测并辨识出传感器故障之后，重构数据一直与原始数据非常接近，可以利用重构数据代替故障数据。

7.4.2　基于小波包的 MSPCA 诊断方法仿真验证

在本节所介绍的仿真验证中，移动数据窗口的长度仍然取 W=256，对小波基函数仍然选择 Harr 小波。根据小波包的组织方式，对于一个给定的正交小波，一个移动数据窗口的长度为 256 的信号最多可以有 256 种不同的分解方式，这恰好是一个深度为 8 的完整的二叉树的数目。可以根据一个简单又可行的标准寻找一个最佳的分解方式（最佳小波包分解树或最佳小波包基）和一个有效的算法，这里可以根据最小熵标准来进行相关处理[25]，从而得到最佳小波包分解树，如图 7-28 所示。按照最佳小波包分解树的节点系数，在相应的尺度上建立 PCA 模型，同样可以对压力传感器故障进行全面诊断和重构。

下面以 7.4.1 节中仿真的故障数据为例，对所建立的基于小波包的 MSPCA 模型的故障检测、辨识和重构进行验证。

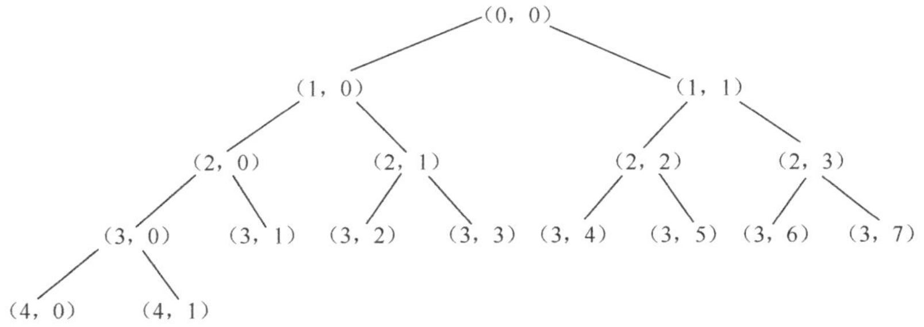

图 7-28　最佳小波包分解树

1. 基于小波包的 MSPCA 模型故障检测验证

这里除了要验证所用模型对传感器故障的全面检测，还要验证基于小波包的 MSPCA 模型对传感器高频故障信号的检测性能优于基于小波变换的 MSPCA。

1）偏差故障检测

基于小波包的 MSPCA 模型在细尺度 D_{40} 上对偏差故障的检测结果如图 7-29 所示，证明该方法同样可以检测到故障。

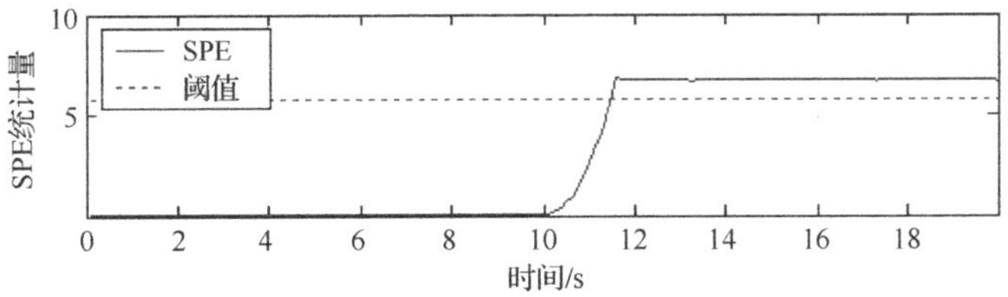

图 7-29　基于小波包的 MSPCA 模型在细尺度 D_{40} 上对偏差故障的检测结果

2）漂移故障检测

基于小波包的 MSPCA 模型在细尺度 D_{40} 上对漂移故障的检测结果如图 7-30 所示，证明该方法同样可以检测到故障。

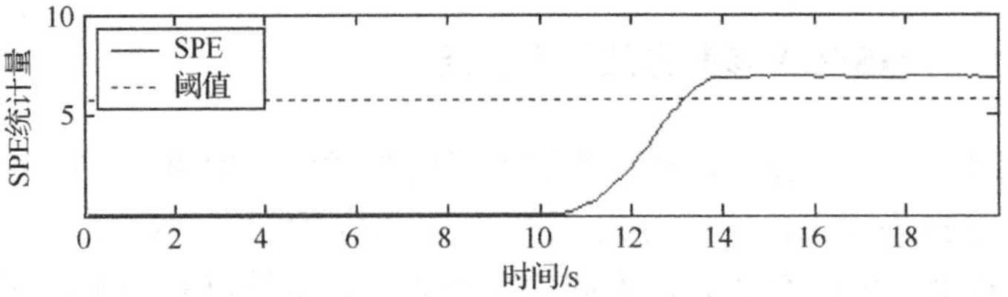

图 7-30　基于小波包的 MSPCA 模型在细尺度 D_{40} 上对漂移故障的检测结果

3）周期性干扰故障检测

基于小波包的 MSPCA 模型在细尺度 D_{37} 上对周期性干扰故障的检测结果如图 7-31 所示，证明该方法同样可以检测到故障，而且得到的 SPE 值比较大。

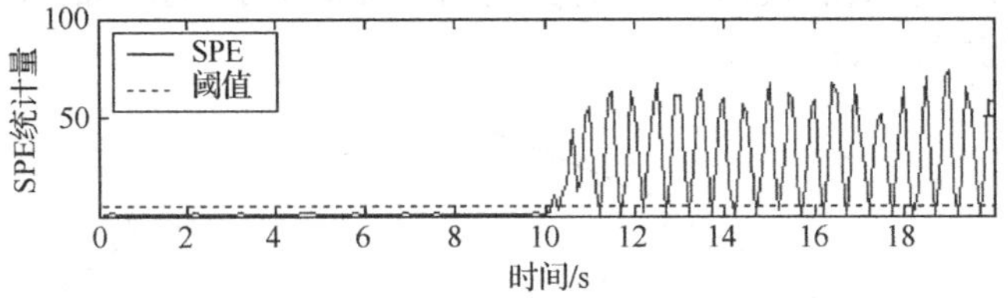

图 7-31　基于小波包的 MSPCA 模型在细尺度 D_{37} 上对周期性干扰故障的检测结果

为了检测所用模型对高频故障信号的检测性能得到提高，在测试数据 P_{ohr} 的第 100 点开始施加-46dB 的正弦干扰信号，以此仿真周期性干扰故障，得到的故障测试数据 $X'_{200\times3}$ 如图 7-32 所示。

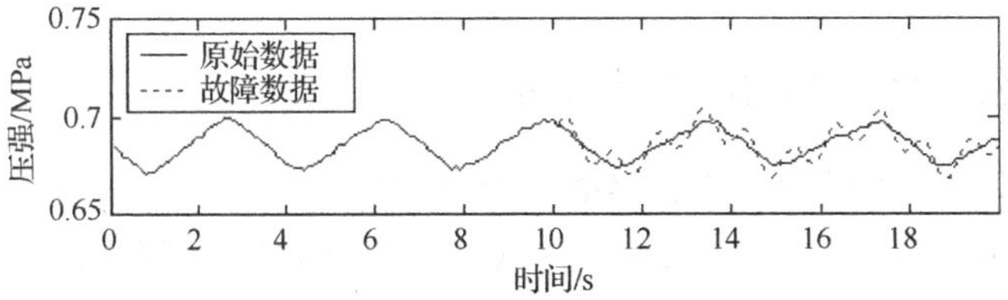

图 7-32　周期性干扰故障的测试数据

下面分别给出基于小波变换的 MSPCA 模型和基于小波包的 MSPCA 模型对周期性干扰故障的检测结果，如图 7-33（a）和如图 7.33（b）所示。

由于小波包对高频信号的分辨能力高于小波变换，因此对周期性干扰这种高频故障信号，基于小波包的 MSPCA 模型在细尺度 D_{37} 上可以检测到故障。而小波变换并不能对高频尺度进一步分解，所以基于小波变换的 MSPCA 模型在细尺度 D_1 上没有检测到故障。

为了进一步检验基于小波包的 MSPCA 模型的检测故障能力，在测试数据 P_{ohr} 的第 100 点开始施加-51dB 的正弦干扰信号，如图 7-34 所示。然后，分别用上面介绍的两种方法进行检测，检测结果如图 7-35（a）和图 7.35（b）所示。

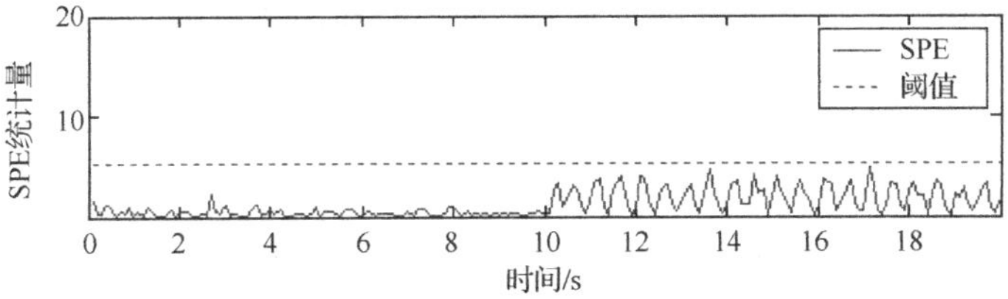

（a）基于小波变换的MSPCA模型在细尺度D_1上对周期性干扰故障的检测结果

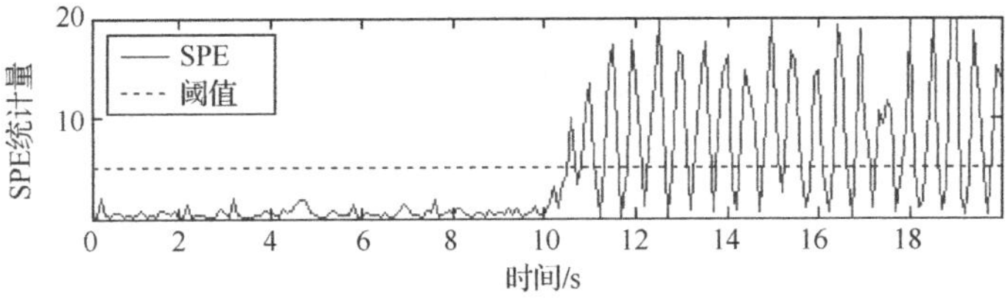

（b）基于小波包的MSPCA模型在细尺度D_{37}上对周期性干扰故障的检测结果

图 7-33　基于小波变换的 MSPCA 模型和基于小波包的 MSPCA 模型对周期性干扰故障的检测结果

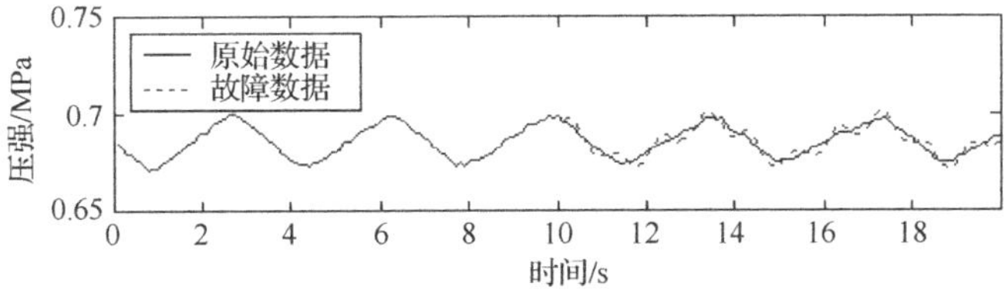

图 7-34　周期性干扰故障的测试数据

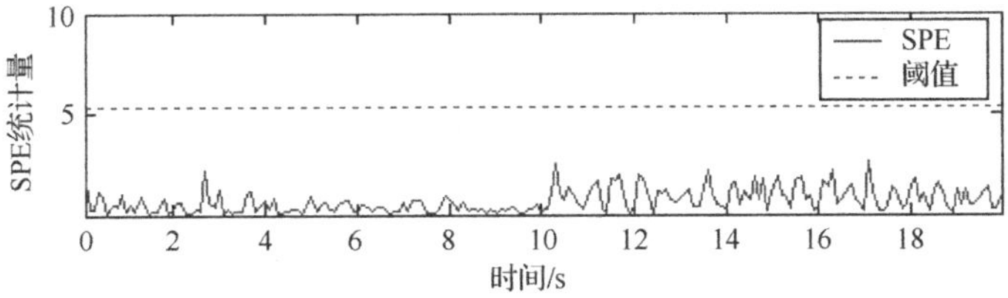

（a）基于小波变换的MSPCA模型在细尺度D_1上对周期性干扰故障的检测结果

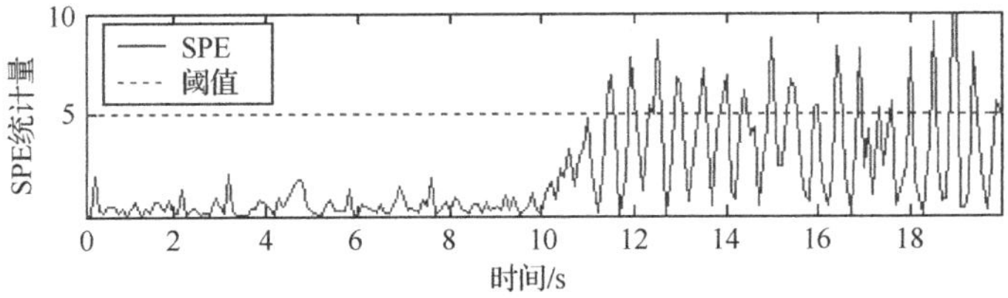

（b）基于小波包的MSPCA模型在细尺度D_{37}上对周期性干扰故障的检测结果

图 7-35　基于小波变换的 MSPCA 模型和基于小波包的 MSPCA 模型对周期性干扰故障检测结果

从图 7-35 可知，基于小波包的 MSPCA 模型仍然可以在细尺度 D37 上检测到故障，而基于小波包变换的 MSPCA 模型在细尺度 D_1 上已基本没有什么变化。因此，同基于小波变

换的 MSPCA 模型相比，基于小波包的 MSPCA 模型在高频故障信号方面的检测性能得到了有效提高。

2. 基于小波包的 MSPCA 模型的故障辨识验证

以 7.4.2 节中检测到的故障为例，仍然采用传感器有效度指标（SVI）作为辨识参数，下面列出辨识结果。

1）偏差故障辨识

基于小波包的 MSPCA 模型在细尺度 D_{40} 上对偏差故障的辨识结果如图 7-36 所示。

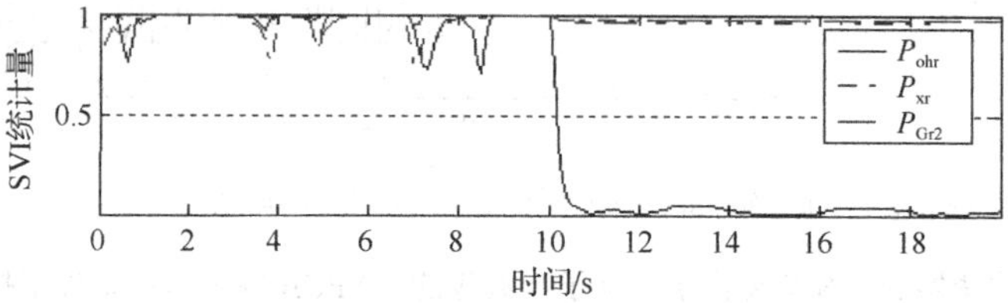

图 7-36　基于小波包的 MSPCA 模型在细尺度 D_{40} 上对偏差故障的辨识结果

2）漂移故障辨识

基于小波包的 MSPCA 模型的细尺度 D_{40} 上对漂移故障的辨识结果如图 7-37 所示。

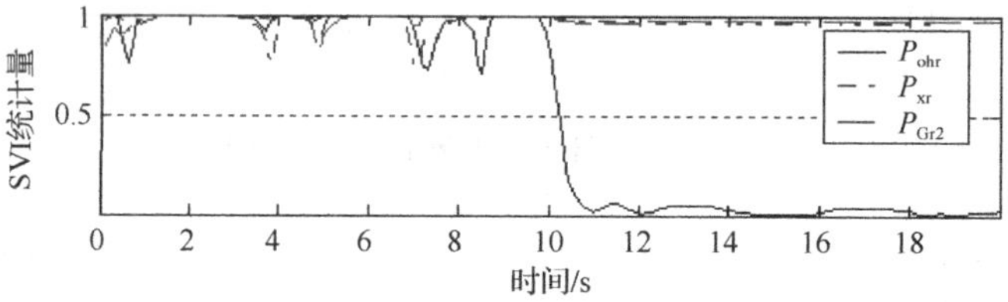

图 7-37　基于小波包的 MSPCA 模型的细尺度 D_{40} 上对漂移故障的辨识结果

3）周期性干扰故障辨识

基于小波包的 MSPCA 模型的细尺度 D_{37} 上对周期性干扰故障的辨识结果如图 7-38 所示。

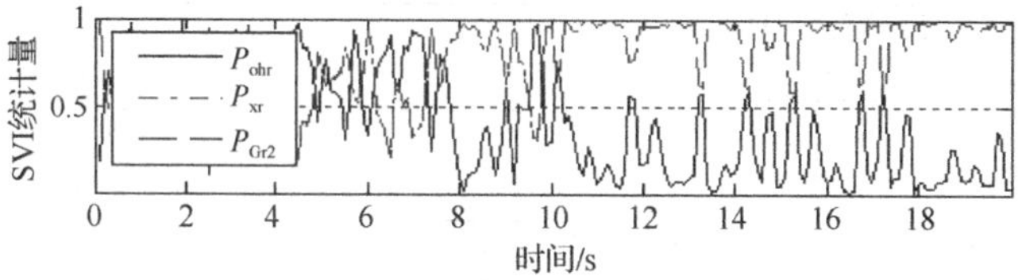

图 7-38　基于小波包的 MSPCA 模型的细尺度 D_{37} 上对周期性干扰故障的辨识结果

根据图 7-36 和图 7-37 的辨识结果，可以确定发生故障的传感器为用于测试氢储箱顶部压力（P_{ohr}），而图 7-38 中的 SVI 曲线虽然有些无规则性，但是在第 10 秒出现故障之后，P_{ohr} 的 SVI 值还是比较明显地趋向 0，由此可以判断用于测试 P_{ohr} 的传感器发生了故障。

3. 基于小波包的 MSPCA 模型对故障传感器重构验证

在辨识出故障传感器之后，就可以根据图 7-12 中介绍的数据重构模型对故障传感器进行数据重构。下面分别对发生偏差漂移和周期性故障的传感器进行数据重构，结果如图 7-39～图 7-41 所示。

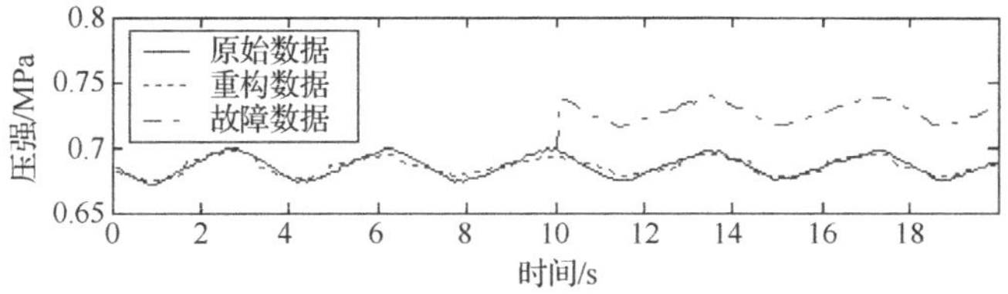

图 7-39　基于小波包的 MSPCA 模型对发生偏差故障的传感器进行数据重构的结果

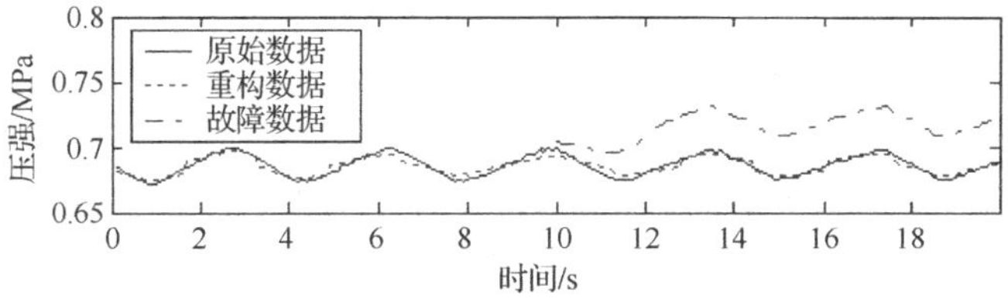

图 7-40　基于小波包的 MSPCA 模型对发生漂移故障的传感器进行数据重构的结果

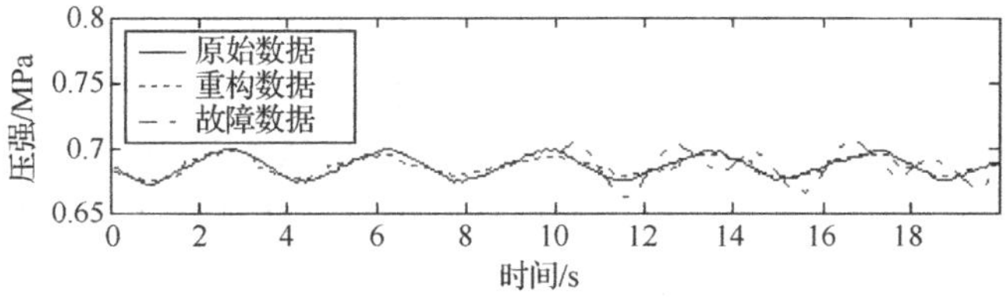

图 7-41　基于小波包的 MSPCA 模型对发生周期性干扰故障的传感器进行数据重构的结果

从实验结果可以看出，在检测并辨识出传感器的故障后，重构数据与原始数据非常接近，说明可以利用重构数据代替故障数据。

7.5　基于径向基函数（RBF）神经网络的数据恢复方法

7.5.1　RBF 神经网络原理概述

RBF 神经网络属于人工神经网络。人工神经网络模拟人类神经系统结构，它是由大量简单神经元互联构成的一种计算结构，在某种程度上可以模拟人脑神经网络的工作过程，从而在实际应用中表现出与众不同的功能。它代表了一种新的方法体系，具有以下 4 个基本特征。

（1）神经元之间广泛连接。人工神经网络着眼于模拟人脑，相邻层的神经元都建立连接。虽然目前人工神经网络还无法实现和人脑一样庞大的结构体系，但从本质上说，它是一个广泛连接的巨型系统。

（2）分布式存储信息。信息存储在神经元节点和神经元之间的连接权值内，实现了信息的分布式存储，使得人工神经网络的鲁棒性很强。

（3）并行处理功能。由于人工神经网络实现了信息的分布式存储，因此可以使得信息并行处理，从而大大提高了运算的效率。

（4）自学习、自组织和自适应功能。学习功能是人工神经网络的一个重要特征，它可以根据学习样本对网络的结构进行调整，从而更好地满足应用的需要。同时，这种学习能力使得它在应用中表现出强大的自组织和自适应能力。

在传感器的故障诊断应用中，人工神经网络可以通过样本的学习掌握系统的物理规律，而无须对传感器的测量信号进行模型假设，具有较强的鲁棒性。因此，它综合了传感器故障诊断的硬件冗余法和解析冗余法的优点，有更广泛的应用范围。

RBF 神经网络是一种性能良好的前向网络，与 BP 神经网络或线性网络相比，具有最佳逼近和能够较好地克服局部极小问题的性能。另外，BP 神经网络或线性网络的初始权重参数是随机产生的，而 RBF 神经网络的有关参数（如具有重要性能的隐层神经元的中心向量和宽度向量）则是根据训练集中的样本模式，按照一定的规则确定或初始化的。这使得 RBF 神经网络在训练过程中不易陷入局部极小的解域中，体现了 RBF 神经网络的优越性。

基于径向基函数神经网络时间序列预测器（简称 RBF 神经网络预测器）诊断传感器故障的方法原理如下：先用 RBF 神经网络对传感器输出时间序列建立神经网络预测模型，然后利用该预测模型对传感器的输出值进行预测，与传感器实际输出值进行比较，从而判断传感器是否发生故障。采取这种方法可以诊断系统中多个传感器的故障及多种类型的故障。

利用 RBF 神经网络进行传感器故障诊断时，操作步骤如下：在传感器的一定采样间隔内，首先，用其输出的前 m 个数据 $x(1), x(2), \cdots, x(m)$作为网络输入样本，用传感器输出的第 m+1 个数据 $x(m+1)$作为网络输出样本，进行在线训练，设定迭代次数或收敛精度作为训练终止条件。然后，把数据向前递推一步，再用 m 个数据 $x(2), x(3), \cdots, x(m+1)$作为网络输入样本，预测第 m+2 个输出数据 $\hat{x}(m+2)$。将其与传感器实测值 $x(m+2)$比较得到残差，若残差小于设定的阈值，则用 $x(2), x(3), \cdots, x(m+1)$作为网络输入样本，用 $x(m+2)$作为网络输出样本进行在线训练；若残差大于设定阈值，则可以判断传感器发生了故障。依此类推，完成样本的在线训练和传感器故障诊断。

7.5.2　RBF 神经网络结构

RBF 神经网络由输入层、隐层（中间层）和输出层组成，其结构如图 7-42 所示。

输入层节点只传递输入信号到隐层，隐层节点由像高斯核函数那样的辐射状作用的函数构成，而输出层节点通常是简单的线性函数。设输入层、隐层、输出层上的神经元数分别为 R、M、N，输入向量记为 $\boldsymbol{X}$，$\boldsymbol{X} = [x_1, x_2, \cdots, x_R]^{\mathrm{T}}$，输出向量记为 $\boldsymbol{Y}$，$\boldsymbol{Y} = [y_1, y_2, \cdots, y_N]^{\mathrm{T}}$。

隐层第 j 个神经元的输入与输出关系为

$$z_j = \exp\left(-\left\|\frac{\boldsymbol{X}-\boldsymbol{C}_j}{\boldsymbol{d}_j}\right\|^2\right),\quad j=1,2,\cdots,M \tag{7-14}$$

式中，z_j 为隐层第 j 个神经元的输出值，$\boldsymbol{C}_j$ 为隐层第 j 个神经元的中心向量，$\boldsymbol{C}_j=[c_{j1},c_{j2},\cdots,c_{jR}]^{\mathrm{T}}$，$\boldsymbol{d}_j$ 为隐层第 j 个神经元的宽度向量，与 $\boldsymbol{C}_j$ 相对应，$\boldsymbol{d}_j=[d_{j1},d_{j2},\cdots,d_{jR}]^{\mathrm{T}}$。当 RBF 神经网络的中心向量确定后，映射关系就确定了，把输入向量直接映射到隐层空间，不需要连接权值。输出层神经元的输入与输出关系表达式为

$$y_k=\sum_{j=1}^{M} w_{kj} z_j,\quad k=1,2,\cdots,N \tag{7-15}$$

式中，y_k 为输出层第 k 个神经元的输出值，w_{kj} 为输出层第 k 个神经元与隐层第 j 个神经元之间的调节权重。也就是说，隐层空间到输出层空间为线性映射，网络的输出是隐层单元输出的线性加权和。

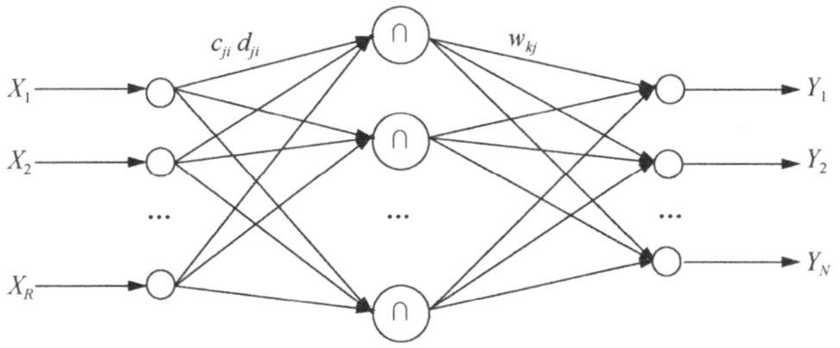

图 7-42　RBF 神经网络结构

7.5.3　RBF 神经网络的学习算法

RBF 神经网络的学习算法关键问题是隐层神经元中心参数的合理确定。这里，RBF 神经网络隐层神经元的中心并非训练集中的某些样本点或样本的聚类中心，而需要通过学习的方法获取，使所得到的中心参数能够更好地反映训练集数据所包含的信息。可选取有监督学习法来确定 RBF 神经网络中心参数，RBF 神经网络中心参数的初始取值可由下式给出：

$$C_{ji}=\min i+\frac{\max i-\min i}{2M}+(j-1)\frac{\max i-\min i}{M} \tag{7-16}$$

式中，C_{ji} 为第 i 个输入层神经元对应第 j 个隐层神经元的中心分量，min i 为训练集中第 i 个输入层神经元所有输入信息的最小值，max i 为训练集中第 i 个输入层神经元所有输入信息的最大值。

宽度向量影响着隐层神经元对输入信息的作用范围。宽度越小，相应隐层神经元作用函数的形状越窄，处于其他神经元中心附近的信息在该神经元处的响应就越小。宽度的初始值可表示为

$$d_{ji} = d_f \sqrt{\frac{1}{Q-1}\sum_{p=1}^{Q}(x_{pi} - C_{ji})^2} \tag{7-17}$$

式中，d_{ji}为与C_{ji}对应的宽度分量，d_f为宽度调节系数，Q 为训练集样本总数，x_{pi} 为第 i 个输入层神经元的第 p 个输入信息值。

RBF 神经网络调节权重的初始值如下所示：

$$w_{kj} = \min k + j\frac{\max k - \min k}{N+1} \tag{7-18}$$

式中，$\min k$ 为训练集中第 k 个输出层神经元所有期望输出的最小值，$\max k$ 为训练集中第 k 个输出层神经元所有期望输出的最大值。

这里，对 RBF 神经网络调节权重参数的训练方法选择梯度下降法。中心、宽度和调节权重参数均通过学习来自适应调节到最佳值，它们的迭代公式如下：

$$c_{ji}(t) = c_{ji}(t-1) - \eta\frac{\partial E}{\partial c_{ji}(t-1)} + \alpha[c_{ji}(t-1) - c_{ji}(t-2)] \tag{7-19}$$

$$d_{ji}(t) = d_{ji}(t-1) - \eta\frac{\partial E}{\partial d_{ji}(t-1)} + \alpha[d_{ji}(t-1) - d_{ji}(t-2)] \tag{7-20}$$

$$w_{kj}(t) = w_{kj}(t-1) - \eta\frac{\partial E}{\partial w_{kj}(t-1)} + \alpha[w_{kj}(t-1) - w_{kj}(t-2)] \tag{7-21}$$

式中，$c_{ji}(t)$为第 j 个隐层神经元对应第 i 个输入层神经元在第 t 次迭代计算时的中心分量，$d_{ji}(t)$为与中心分量 $c_{ji}(t)$对应的宽度，$w_{kj}(t)$为第 k 个输出层神经元与第 j 个隐层神经元之间在第 t 次迭代计算时的调节权重，η 为学习因子，α 为动态因子；E 为 RBF 神经网络评价函数，其值由下式给出：

$$E = \frac{1}{2}\sum_{p=1}^{Q}\sum_{k=1}^{N}(o_{pk} - y_{pk})^2 \tag{7-22}$$

式中，o_{pk}为第 k 个输出层神经元在第 p 个输入样本时的期望输出值，y_{pk}为第 k 个输出层神经元在第 p 个输入样本时的网络输出值。

7.5.4 压力传感器数据恢复仿真研究

当诊断出传感器有故障并用 RBF 神经网络进行信号恢复时，可用前面测量得到的有效数值为依据，预测其后将产生的信号，用预测值代替传感器的实际输出值。但由于网络训练样本维数有限（每次训练只有一组样本），对预测精度产生一定影响，特别是对具有周期性变化特征的信号，如具有正弦曲线特征的流量传感器信号，上述方法就不适用。这时需要对原始方法进行改进，可增加网络训练的样本维数。例如，把输入向量设为$\boldsymbol{X} = \boldsymbol{X}_1 = [x_1, x_2, \cdots, x_m; x_2, x_3, \cdots, x_{m+1}; \cdots, x_n, x_{n+1}, \cdots, x_{n+m-1}]$，把输出向量设为$\boldsymbol{Y} = \boldsymbol{Y}_1 = [x_{m+1}, x_{m+2}, \cdots, x_{m+n}]$。

在线信号恢复所需传感器正常输出数据为 $m+n$ 个，先用传感器输出的前 $m+n-1$ 个数据作为网络输入样本，用传感器正常输出的后 n 个数据作为网络输出样本在线学习，直到达到设定的迭代次数或网络收敛精度为止，然后用 m 个数据，即 $x_{n+1}, x_{n+2}, \cdots, x_{n+m}$ 作为网络输入样本，预测传感器第 $n+m+1$ 个输出数据 $\hat{x}_{n+m+1}$。

以 $\boldsymbol{X}_2$ 作为网络输入样本，以 $\boldsymbol{Y}_2$ 作为网络输出样本继续在线学习，其中，$\boldsymbol{X}_2 = [x_2, x_3, \cdots, x_{m+1}; x_3, x_4, \cdots, x_{m+2}; \cdots, x_{n+1}, x_{n+2}, \cdots, x_{n+m}]$，$\boldsymbol{Y}_2 = [x_{m+2}, x_{m+3}, \cdots, \hat{x}_{m+n+1}]$。

预测第 $n+m+2$ 个输出数据 $\hat{x}_{m+n+2}$，依此类推。当 m、n 取值不大时，只需要少量的初始数据就可以预测传感器在故障诊断后的信号变化。

故障诊断方法的准确性与有效性应通过试验进行验证，但由于实际试验中的故障数据较少，而在试验系统中直接进行破坏性的故障试验又受到各种因素的限制，不具备可行性。因此，下面以 MATLAB 软件仿真传感器故障数据进行算法在线验证。以某发动机试车点火试验氧系统中氧贮箱顶部压力传感器（压力参数为 P_{xy}）的失效、过载和变化率异常故障仿真为例，使用改进后的 RBF 神经网络预测器进行故障诊断和数据恢复。图 7-43 所示是失效故障数据曲线。

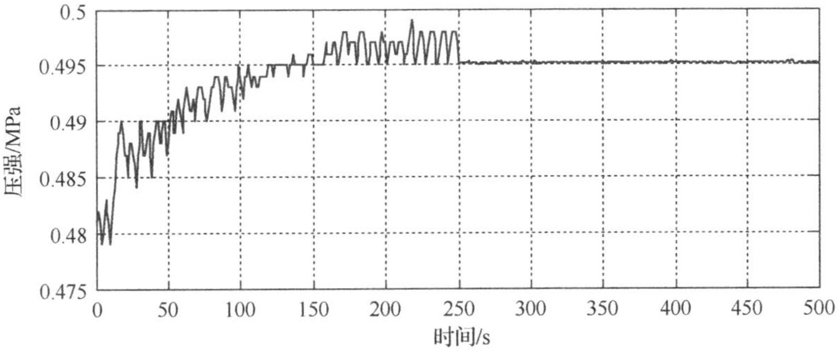

图 7-43　失效故障数据曲线

图 7-44 所示是失效故障的原始数据与预测数据曲线。

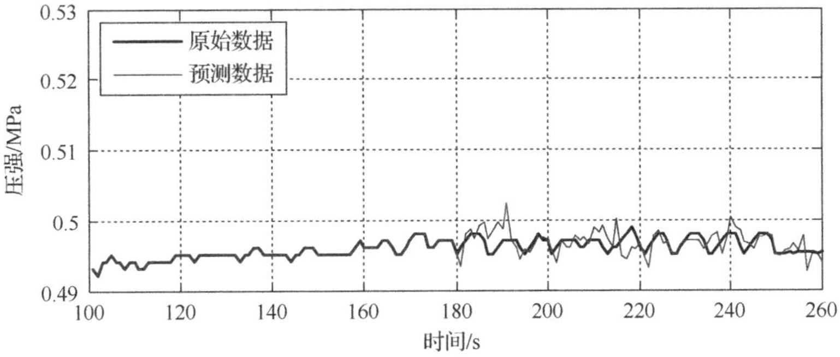

图 7-44　失效故障的原始数据与预测数据曲线

图 7-45 所示是过载故障的原始数据曲线。

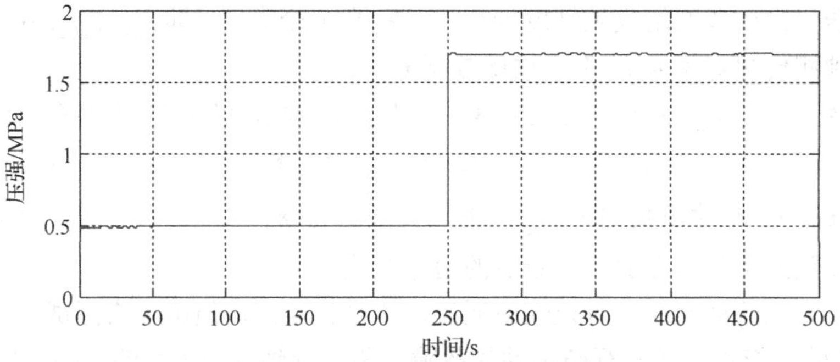

图 7-45　过载故障的原始数据曲线

图 7-46 所示是过载故障的原始数据与预测数据曲线。

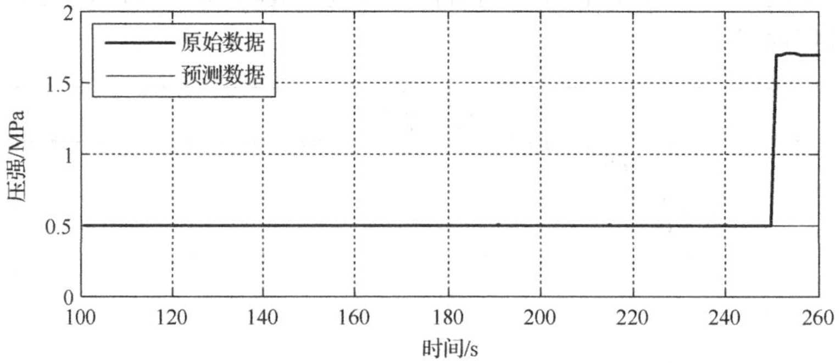

图 7-46　过载故障的原始数据与预测数据曲线

图 7-47 所示是变化率异常故障的原始数据曲线。

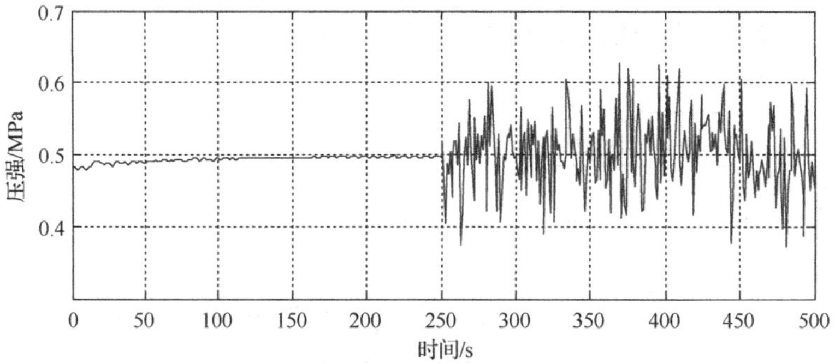

图 7-47　变化率异常故障的原始数据曲线

图 7-48 所示是变化率异常故障的原始数据与预测数据曲线。

根据对原始数据与预测数据的残差的跟踪结果，可知在第 250 点出现明显的增大趋势，可以确定在这里发生了传感器故障。利用相关软件，对某发动机试车点火试验数据进行多次故障仿真在线验证，通过分析证实了 RBF 神经网络对于传感器在线诊断和信号恢复的正确性。图 7-49 给出了在 MATLAB 环境下开发的基于 RBF 神经网络的传感器故障诊断软件界面（以某发动机试车点火试验数据为例）。但是注意，重构的精度与网络的输入节点个数、训练样本维数、传感器信号的表现形式以及故障模式等参数有关。实际应用时，应先通过仿真实验比较分析，选取最佳参数对故障传感器进行在线数据恢复。

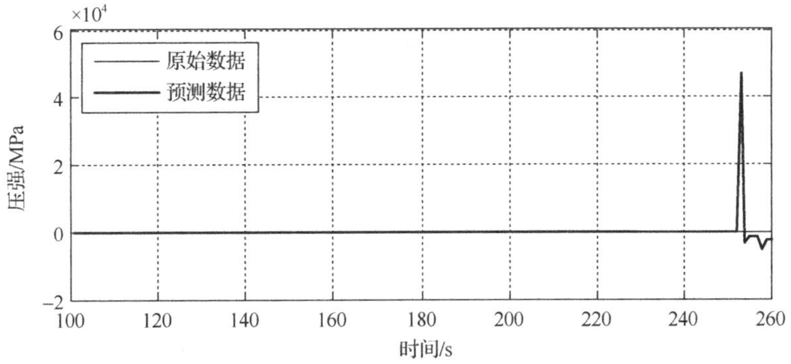

图 7-48　变化率异常故障的原始数据与预测数据曲线

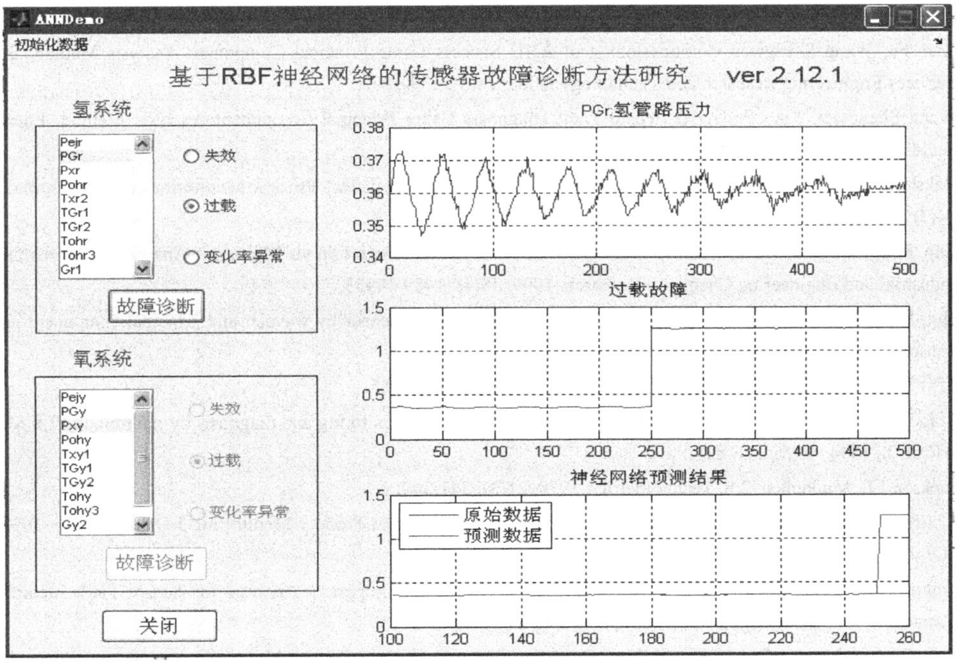

图 7-49　基于 RBF 神经网络的传感器故障诊断

参 考 文 献

[1] Anyakora S N, Lees F P. Detection of Instrument Malfunction by Process Operator. Chem Eng, 1972, 264: 304-309.

[2] Lees F P. Some Data on the Failure Modes of Instruments in the Chemical Plant Environment. Chem Eng, 1973, 277: 418-421.

[3] S. K. Yung, D. W. Clarke. Local Sensor Validation. Measurement and Control, 1989, 22(6): 132-141.

[4] J. C. Yang, D. W. Clarke. Control Using Self-Validating Sensors. Transaction of Institute of Measurement and Control, 1996, 18(1): 15-23.

[5] M. P. Henry, D. W. Clarke. The Self-Validating Sensor: Rationale, Definations and Examples. Control Engeering Practice, 1993, 1(4): 585-610.

[6] M. P. Henry. Self-Validation Improves Coriolis Flowmeter. Control Engineering, 1995, 5: 81-86.

[7] Manus, Henry. Sensor Validation and Fieldbus. Computer & Control Engneering Journal, 1995, 12: 263-269.

[8] 钮永胜. 基于神经网络的传感器故障诊断方法研究[D]. 哈尔滨工业大学博士学位论文. 1997: 3-4.

[9] 周东华, 孙优贤. 控制系统的故障检测与诊断技术[M]. 北京: 清华大学出版社, 1994.

[10] Dunia. Ricardo, Qin. S. Joe, et al. Identification of Faulty Sensors Using Principal Component Analysis. AIChE Journal. 1996, 42(10): 2797-2812.

[11] Xiao Fu, Wang Shengwei. Commissioning of AHU Sensors Using Principal Component Analysis Method. Building Services Engineering Research and Technology. 2003, 24(3): 179-189.

[12] Wang Shengwei, Xiao Fu. AHU Sensor Fault Diagnosis Using Principal Component Analysis Method. Energy and Building. 2004, 36(2): 147-160.

[13] Bakshi R B. Multiscale PCA with Application to Multivariate Statistical Process Monitoring. AIChE Journal. 1998, 44(7): 1596-1610.

[14] Luo, Rongfu; Misra, Manish; Himmelblau, David M. Sensor Fault Detection via Multiscale Analysis and Dynamic PCA. Industrial and Engineering Chemistry Research. 1999, 38(4): 1489-14953.

[15] Hui, Ding; Jun-Hua, Liu; Zhong-Ru Shen. Drift reduction of gas sensor by wavelet and principal component analysis. Sensors and Actuators, B:, 2003, 96(1-2): 354-363.

[16] 方开泰. 实用多元统计分析[M]. 上海: 华东师范大学出版社, 1986.

[17] MacGregor J F, Jaeckle C, Kiparissides C, Koutoudi M. Process monitoring and diagnosis by multiblock PLS Methods. AIChE J., 1994, 40(5): 826-838.

[18] Jackson J E, Mudholkar C S, Technometrics, 1979, 21(3): 341-349.

[19] Kourti T, MacGregor J F. Multvariate SPC Methods for Process and Product Monitoring. J Qual Technol. 1996, (28): 409-411.

[20] Dunia. Ricardo, Qin. S.J, Edgar. T. F, et al. Use of Principal Component Analysis for Sensor Fault Identification. Coputers & Chemical Engineering. 1996, 20(Suppl pt A): S713-S718.

[21] Luo, Rongfu; Misra, Manish; Himmelblau, David M. Sensor Fault Detection via Multiscale Analysis and Dynamic PCA. Industrial and Engineering Chemistry Research. 1999, 38(4): 1489-14953.

[22] Hui, Ding; Jun-Hua, Liu; Zhong-Ru Shen. Drift reduction of gas sensor by wavelet and principal component analysis. Sensors and Actuators, B: Chemical. 2003, 96(2): 354-363.

[23] M. V. Wichehauser. Lectures on wavelet packet algorithms. Information Theory, 1992, (38): 713-718.

[24] Mohamed N.Nounou, Bhavik R.Bakshi. On-line Multiscale Filtering of Random and Gross Errors without Process Models. AIChE Journal, 1999, (45): 1041-1055.

[25] R.Coifman, M.V.Wicherhauser, Entropy-based Algorithms for Best Basis Selection. IEEE Trans, Information Theory, 1992, (38): 713-718.